全国工程专业学位研究生教育国家级规划教材

杨虎 钟波 刘琼荪 编著

应用数理统计

清华大学出版社
北京

内 容 简 介

本书根据全国工程硕士专业学位教育指导委员会数学公共课改革协调小组制定的工程硕士数理统计课程教学基本要求,着重介绍统计思想和应用方法.内容包括概率知识、统计概念、参数估计、假设检验、回归分析、方差分析、试验设计等,在应用上增加了许多新的内容,如:非参数方法、回归诊断、因子分析等.为了方便实际分析和数据处理,本书采用常用的 Excel 软件设计了各类统计算法和应用案例.全书论述深入浅出,通俗易懂,富有启发性.

本书读者对象为各类工程硕士研究生,也可作为理工科本科生、教师、科技工作者和工程技术人员的参考书.

版权所有,侵权必究。举报:010-62782989,beiqinquan@tup.tsinghua.edu.cn。

图书在版编目(CIP)数据

应用数理统计/杨虎,钟波,刘琼荪编著. —北京:清华大学出版社,2006.12（2024.8重印）
（全国工程专业学位研究生教育国家级规划教材）
ISBN 978-7-302-13787-0

Ⅰ.应… Ⅱ.①杨… ②钟… ③刘… Ⅲ.数理统计－研究生－教材 Ⅳ.O212

中国版本图书馆 CIP 数据核字(2006)第 108401 号

责任编辑：刘 颖 赵从棉
责任校对：刘玉霞
责任印制：丛怀宇

出版发行：清华大学出版社
网　　址：https://www.tup.com.cn，https://www.wqxuetang.com
地　　址：北京清华大学学研大厦 A 座　　邮　编：100084
社 总 机：010-83470000　　邮　购：010-62786544
投稿与读者服务：010-62776969，c-service@tup.tsinghua.edu.cn
质量反馈：010-62772015，zhiliang@tup.tsinghua.edu.cn

印 装 者：三河市龙大印装有限公司
经　　销：全国新华书店
开　　本：185mm×230mm　　印　张：13.5　　字　数：273 千字
版　　次：2006 年 12 月第 1 版　　印　次：2024 年 8 月第 15 次印刷
定　　价：39.00 元

产品编号：021799-03

前 言

数理统计学是一门应用性很强的学科,其方法被广泛应用于现实社会的信息、经济、工程等各个领域,学习和运用数理统计方法已成为当今技术领域里的一种时尚.面对信息时代,要想处理大量的数据并从中得出有助于决策的量化结论,就必须掌握不断更新的数理统计知识.

工程硕士研究生究竟需要什么样的数理统计教材?重庆大学从 1997 年开始招收工程硕士研究生以来就一直在这方面进行探索,先是和工科研究生共用同样的教材,后来又在研究生院的资助下专门出版了一本工程硕士研究生教材.使用几年后感觉有不少问题,虽然减少了篇幅,但由于解释不够充分,证明很多,更像一本数学教材,工程硕士研究生学起来很费力,更谈不上对统计思想和方法的全面了解. 2002 年在重庆大学研究生院的支持下,我们开始全面分析工程硕士研究生的数理统计教材内容.感觉工程硕士研究生虽然没有全日制研究生那样多的时间用于消化课堂内容和课后训练,但大多具有丰富的实践经验,应用方法很容易上手并乐于在具体项目中采用.因此,我们认为训练思维和强化数学基础不是工程硕士研究生数理统计教学的目的,而应该更多地着眼于灌输统计思想和介绍应用统计方法.当然数理统计传统内容的介绍颇费精力,最后我们的思路是重点讲清楚原理,不过分强调数学的严密和论证的充分,毕竟工程硕士研究生基本上已经有稳定的工作,如何在实际中应用所学更为迫切.

本书对参数估计和假设检验作了局部的改动,主要是舍弃了理论上的严格阐述和论证,符号也尽量简化;应用上增加了很多新的内容,如:假设检验强调了非参数方法的应用,回归分析增加了回归诊断,第 8 章介绍了因子分析,这是心理统计分析的基础,在各个领域有广泛的应用前景,尤其适合工程硕士研究生在工作中应用.

对于如此丰富的内容,我们在编排上尽量用浅显的描述和说明文字,避免过多的符号演算,因此,阅读本书不需要太多的数学知识,学生必备的知识仅需要高等数学和线性代数,加 * 号的内容供教学取舍和学有余力的学生自学.当然,为了弥补本书在数学理论上的不足,书末附有部分参考书籍,供研究生进一步学习和科研查阅之需.因此本书更多的角色是充当传播统计思想、学习统计方法和研究统计应用的工具书和入门读物,以适应工程硕士各行业学生的需要.

本书需要 48 学时左右的课堂讲授, 为了方便实际分析和数据处理, 我们针对 Excel 设计了算法和实例, 而不是选用流行的大型统计软件(工程硕士研究生比较分散, 无法使用高校的实验设施, 为了学习购置这些软件意义不大). 这样做对于学生理解应用统计方法的整个计算过程很有必要, 比如因子分析的 Excel 求解, 是本书的亮点之一, 学生过度依赖软件而不是自己编程, 对计算过程不求甚解, 将无法真正了解统计方法的设计思想. 全书各章节的内容均被编者多次在重庆大学工程硕士研究生课程中讲授过, 很多授课老师提出的宝贵意见对全书的完善功不可没, 恕不一一致谢. 本书的出版得到清华大学出版社全国工程硕士核心教材基金资助和重庆大学研究生院的专项资助, 特在此表示衷心的感谢!

本书属于全新的尝试, 效果如何尚待检验, 书中使用的数据和 Excel 模板可以在重庆大学数理学院 Sci 论坛公共课辅导栏目里下载, 必要时将出版相应的课件和应用光盘以辅助教学. 限于编者水平, 全书错谬之处一定不少, 欢迎读者批评指正!

编 者

2006 年 5 月于重庆大学数理学院统计与精算科学系

符号说明

样本空间：Ω

参数空间：Θ

集合、随机事件：采用大括号$\{\}$

概率：$P(\cdot)$ 或 p

随机变量：$X, Y, \cdots$

分布函数：$F(x)$，标准正态分布函数 $\Phi(x)$

密度函数：$f(x)$ 或 $f(x, \theta)$，其中 θ 为参数

条件密度函数：$f(x|y)$，表示随机变量 $Y = y$ 时，X 的密度函数

常数：a, b, c, d, l, m, n, k

变量：x, y, z, t, u, v, w

样本：$X_1, X_2, \cdots, X_n$

样本观测值：$x_1, x_2, \cdots, x_n$

样本均值：$\overline{X} = \dfrac{1}{n} \sum\limits_{i=1}^{n} X_i$

样本中位数：$\widetilde{X}$

样本方差：$S^2 = \dfrac{1}{n-1} \sum\limits_{i=1}^{n} (X_i - \overline{X})^2$

样本标准差：$S = \sqrt{\dfrac{1}{n-1} \sum\limits_{i=1}^{n} (X_i - \overline{X})^2}$

样本 k 阶原点矩：$M_k = \dfrac{1}{n} \sum\limits_{i=1}^{n} X_i^k$，$k = 1, 2, \cdots$

样本 k 阶中心矩：$M_k^* = \dfrac{1}{n} \sum\limits_{i=1}^{n} (X_i - \overline{X})^k$，$k = 1, 2, \cdots$

总体均值：EX

总体方差：DX，$\text{var}\, X$

协方差：$\text{cov}(X, Y)$

当 $\boldsymbol{X}, \boldsymbol{Y}$ 分别表示随机向量时，$E\boldsymbol{X}, D\boldsymbol{X}, \text{cov}(\boldsymbol{X}, \boldsymbol{Y})$ 分别表示数学期望、方差向量和协方差矩阵，$\text{cov}(\boldsymbol{X}, \boldsymbol{X})$ 可简单表示为 $\text{cov}(\boldsymbol{X})$。

相关系数矩阵：$\boldsymbol{R}$

相关系数：r

n 阶单位矩阵：$\boldsymbol{I}_n$（常略去下标 n，可根据前后文判断其阶数）

目 录

第1章 概率知识 …………………………………………………………… 1
  1.1 概率的计算 ………………………………………………………… 1
  1.2 一维随机变量 ……………………………………………………… 5
  1.3 多维随机变量 ……………………………………………………… 11
  1.4 数字特征 …………………………………………………………… 13
  *1.5 大数定律和中心极限定理 ………………………………………… 18
  习题1 …………………………………………………………………… 20

第2章 统计概念 …………………………………………………………… 22
  2.1 数理统计的涵义 …………………………………………………… 22
  2.2 总体、样本与统计量 ……………………………………………… 24
  2.3 顺序统计量、经验分布函数和直方图 …………………………… 27
  2.4 抽样分布 …………………………………………………………… 31
  2.5 应用案例 …………………………………………………………… 37
  习题2 …………………………………………………………………… 38

第3章 参数估计 …………………………………………………………… 41
  3.1 点估计和区间估计的概念 ………………………………………… 41
  3.2 矩估计和极大似然估计 …………………………………………… 41
  *3.3 点估计的优良性准则 ……………………………………………… 46
  3.4 区间估计 …………………………………………………………… 52
  3.5 应用案例 …………………………………………………………… 59
  习题3 …………………………………………………………………… 60

第 4 章　假设检验 ……………………………………………………… 63

4.1　假设检验的基本概念 …………………………………………… 63
4.2　参数假设检验 …………………………………………………… 67
4.3　非参数假设检验 ………………………………………………… 75
4.4　应用案例 ………………………………………………………… 83
习题 4 …………………………………………………………………… 88

第 5 章　回归分析 ………………………………………………………… 91

5.1　回归分析的基本概念 …………………………………………… 91
5.2　一元线性回归 …………………………………………………… 92
*5.3　多元线性回归 …………………………………………………… 106
5.4　应用案例 ………………………………………………………… 113
习题 5 …………………………………………………………………… 119

第 6 章　方差分析 ……………………………………………………… 123

6.1　方差分析的基本原理 …………………………………………… 123
6.2　单因素方差分析 ………………………………………………… 124
*6.3　双因素方差分析 ………………………………………………… 130
6.4　应用案例 ………………………………………………………… 135
习题 6 …………………………………………………………………… 138

第 7 章　试验设计 ……………………………………………………… 141

7.1　正交设计的基本概念 …………………………………………… 141
7.2　无交互效应的正交设计与数据分析 …………………………… 145
7.3　有交互效应的正交设计与数据分析 …………………………… 150
7.4　应用案例 ………………………………………………………… 154
习题 7 …………………………………………………………………… 158

第 8 章　因子分析 ……………………………………………………… 161

8.1　因子分析的基本原理 …………………………………………… 161
8.2　因子分析模型 …………………………………………………… 162
8.3　因子分析模型中参数的估计方法 ……………………………… 165
8.4　因子旋转 ………………………………………………………… 167

  8.5 因子得分 ……………………………………………………… 168
  8.6 应用案例 ……………………………………………………… 169
 习题 8 …………………………………………………………………… 173

附录 常用数理统计表 ……………………………………………… 176

习题提示与解答 ………………………………………………………… 194

参考文献 ………………………………………………………………… 203

第 1 章

概 率 知 识

概率论是应用数理统计的重要工具,是研究随机现象统计规律性的数学学科.要用一章的篇幅介绍整个概率论的内容是不现实的,因此本书假定读者已经具备必要的概率论知识,仅仅为了检索或便于复习的考虑,对必备的概率论知识进行简要的归纳和总结,完全没有基础的读者应该参阅相关的概率论教材.

随机现象、随机试验、随机事件是我们进入概率论世界的三把钥匙.自然界中存在着大量的随机现象,称发生与否具有偶然性的事件为随机事件,通过随机试验可以观察到随机事件.第一个问题是既然是随机事件,规律性作何解释?这里指的是统计规律,即在大量重复试验时,这些随机事件所显示的必然的本质特征.第二个问题是为什么说它是一门数学学科?不是研究具体的试验和具体的事件,而是通过数学抽象和概括,用定量化的数学语言去研究一般的规律性,因此是数学的一个分支.

关于概率论的起源简单说明如下:作为机会游戏在纪元前就开始了,毋庸讳言,概率论萌芽于早期的赌博这一今天比较忌讳但又普遍存在的社会现象.概率论起源于赌博,还可以用 1494 年 Pacciolo 的著名分点问题[①](the problem of points)来说明.围绕着这一问题,Cardano 及随后的很多人进行了更深入的研究,特别是 Pascal 和 Fermat 一生致力于赌博问题的研究并把概率论引入正途.到 20 世纪初,概率论作为一门数学分支已经牢牢的站住了脚,1933 年 Kolmogorov 提出的概率空间及公理化定义使这一学科进一步完善.

---

① 分点问题:1494 年,在意大利出版的一本计算数学的教科书中,Pacciolo 写道:若一个比赛赢 6 次才算赢,两个赌徒,1 胜 5 次,另一胜 2 次,因故赌博中断,赌金应按 5∶2 分给他们.Cardano 认为第一个赌徒在以后的比赛中只有 5 种可能的结果,胜第 1 次,胜第 2 次,胜第 3 次,胜第 4 次或者全部输掉,因此应按 (1+2+3+4)∶1=10∶1 来分.实际上正确的结果为 15∶1.

1.1 概率的计算

将复杂的事件化为简单事件的关系和运算,有利于对复杂事件统计规律性的描述和研究.

1.1.1 事件的关系与运算

如果用英文字母 A,B,C 等来表示事件,通过集合论知识,可以方便地表示子事件 $A \subset B$,两事件相等 $A=B$,和事件 $A \cup B$,积事件 AB(或 $A \cap B$),差事件 $C=A-B$,互斥事件 $AB=\varnothing$,逆事件 $\bar{A}$,完备事件组 $A_1,A_2,\cdots,A_n$(两两互斥且 $\bigcup_{i=1}^{n} A_i=\Omega$)等,并可以建立下面的运算规律.

(1) 交换律:$A \cup B=B \cup A, AB=BA$;

(2) 结合律:$(A \cup B) \cup C=A \cup (B \cup C),(AB)C=A(BC)$;

(3) 分配律:$(A \cup B) \cap C=AC \cup BC,(A \cap B) \cup C=(A \cup C) \cap (B \cup C)$;

(4) 德摩根(De Morgan)定理(对偶律):$\overline{\bigcup_{i=1}^{n} A_i}=\bigcap_{i=1}^{n} \bar{A_i}, \overline{\bigcap_{i=1}^{n} A_i}=\bigcup_{i=1}^{n} \bar{A_i}$;

(5) 差化积:$A-B=A\bar{B}$;

(6) 吸收律:如果 $A \subset B$,则 $A \cup B=B, AB=A$.

注意 当 $AB=\varnothing$ 时,$A \cup B$ 常表示为 $A+B$.

1.1.2 概率的统计定义与公理化定义

在概率论早期的实践中,往往将随机事件的频率 $f_n(A)=\dfrac{r}{n}$ 当作概率.人们发现,随着试验次数的增加,频率具有一定的稳定性,并且会接近事件的概率.直到 20 世纪上半叶,一系列极限定理的建立,从理论上支持了这种观点.建立在这种观点之上的概率定义就称为概率的统计定义.

众所周知,数学在 20 世纪初开始了一场公理化革命,作为数学分支的概率论也不例外,在 1933 年苏联著名数学家 Kolmogorov 提出了概率的公理化定义.

定义 1.1.1 设 Ω 是试验 E 的样本空间,对于试验 E 的每个随机事件 $A(A \subset \Omega)$,有一个实数 $P(A)$ 与之对应,且 $P(A)$ 满足

公理 1(非负性):$P(A) \geqslant 0$;

公理 2(规范性):$P(\Omega)=1$;

公理 3(可列可加性):$P\left(\sum_{i=1}^{\infty} A_i\right)=\sum_{i=1}^{\infty} P(A_i)$;

则称 $P(A)$ 为事件 A 的概率.

利用这三条公理,可以推导出概率的许多性质,下面是其中的一些,证明请读者自行补上或参阅相关教材.

(1) 不可能事件的概率为零 $P(\varnothing)=0$;

(2) (有限可加性) $P\left(\sum_{i=1}^{m} A_i\right) = \sum_{i=1}^{m} P(A_i)$;

(3) 设 A 为任一随机事件,则 $P(A) = 1 - P(\bar{A})$;

(4) 设 A,B 为任两随机事件,则 $P(B-A) = P(B) - P(AB)$;

(5) (单调性) 若 $A \subset B$,则 $P(A) \leqslant P(B)$;

(6) 设 A,B 为任两事件,则 $P(A \cup B) = P(A) + P(B) - P(AB)$.

1.1.3 古典概型与古典概率计算

古典概型是这样的随机试验：①基本事件总数是有限的；②基本事件发生的可能性相等. 在古典概型下,概率的计算很简单,为

$$P(A) = \frac{r}{n} = \frac{A \text{ 包含的基本事件数}}{\text{基本事件总数}} \tag{1.1.1}$$

某些时候或者对于某些特定的问题,n 和 r 的求取会很困难,需要用到排列组合的知识,对这方面不熟悉的读者请参考相关教材. 对于古典概型中等可能的判断可以通过对称性、均衡性、平凡性等作出. 古典概率具有如下性质：

(1) 非负有界性 $0 \leqslant P(A) \leqslant 1$;

(2) 规范性 $P(\Omega) = 1$;

(3) 有限可加性 $P\left(\sum_{i=1}^{m} A_i\right) = \sum_{i=1}^{m} P(A_i)$.

例 1.1.1 设有 40 件产品,其中有 10 件为次品其余为正品,现从中任取 5 件,求取出的 5 件产品中至少有 4 件次品的概率.

解 "至少有 4 件次品"这一事件可表示成"恰有 4 件次品"与"5 件全是次品"这两个互斥事件的和事件.

设 $A=$ "恰有 4 件次品",$B=$ "5 件全是次品",$C=$ "至少有 4 件次品",则

$$C = A \cup B, \quad \text{且} \quad AB = \varnothing$$

利用概率的有限可加性,有

$$P(C) = P(A \cup B) = P(A) + P(B)$$

而基本事件总数 $n = C_{40}^{5}$ (这里 C_n^m 表示从 n 个元素中抽取 m 个元素的全部组合数),A 所含基本事件数为 $C_{10}^{4} C_{30}^{1}$,B 所含基本事件数为 C_{10}^{5},故

$$P(A) = \frac{C_{10}^{4} C_{30}^{1}}{C_{40}^{5}} = \frac{175}{18\,278} \approx 0.0096$$

$$P(B) = \frac{C_{10}^5}{C_{40}^5} = \frac{7}{18\,278} \approx 0.0004$$

因此
$$P(C) = P(A) + P(B) \approx 0.01$$

1.1.4 几何概型与几何概率计算

与古典概型相比,几何概型的基本试验结果可以是无穷多个,但它要求试验结果在空间区域中是均匀的,同时,该空间区域是可测的,整个概率空间具有有限测度. 在几何概型下,几何概率的计算公式如下:

$$P(A) = \frac{\mu(A)}{\mu(\Omega)} = \frac{A\text{ 的几何测度}}{\text{概率空间的几何测度}} \tag{1.1.2}$$

几何概率也有如下性质:

(1) 非负有界性 $0 \leqslant P(A) \leqslant 1$;

(2) 规范性 $P(\Omega) = 1$;

(3) 可列可加性 $P\left(\sum\limits_{i=1}^{\infty} A_i\right) = \sum\limits_{i=1}^{\infty} P(A_i)$.

例 1.1.2(蒲丰投针问题) 在平面上画一些距离都等于 a 的平行线,向此平面上任投一长为 $l(l<a)$ 的针,试求此针与任一平行线相交的概率.

解 以 x 表示针的中点 M 到最近一条平行线的距离,φ 表示针与平行线的交角. 据针与平行线的位置关系(如图 1.1.1),显然有

$$0 \leqslant x \leqslant \frac{a}{2}, \quad 0 \leqslant \varphi \leqslant \pi$$

满足上面两个不等式的点 (φ, x) 在 $\varphi\text{-}x$ 平面上构成一个矩形 G,如图 1.1.2.

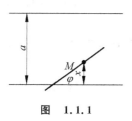

图 1.1.1

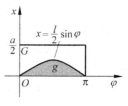

图 1.1.2

为使针与平行线相交,充要条件是

$$x \leqslant \frac{l}{2}\sin\varphi$$

此不等式构成图 1.1.2 中 G 的一个子区域 g. 于是,投针问题就等价于向 G 内投掷一点,求点落入 g 内的概率问题. 这是一个几何概率问题,于是得

$$P(\text{针与任一平行线相交}) = \frac{g \text{ 的面积}}{G \text{ 的面积}} = \frac{\frac{1}{2}\int_0^\pi l\sin\varphi \mathrm{d}\varphi}{\frac{1}{2}\pi a} = \frac{2l}{\pi a}$$

通过这个公式,Fox 在 1884 年取 $a=1, l=0.75$,投针 1030 次试验,实际相交次数 489 次,先计算出"针与任一平行线的相交"频率作为其概率的近似值,代入上面的公式,求出 π 的近似值为 3.1595.

1.2 一维随机变量

描述随机试验结果的变量 X 取什么值,在每次试验之前是不能确定的(试验前只知道它所有可能的取值或取值范围),它们的取值依赖于试验的结果,由于试验的结果是随机的,所以它们的取值具有随机性.像这种取值由随机试验的结果所确定的变量称为随机变量.随机变量主要有离散型随机变量与连续型随机变量两大类.

1.2.1 一维离散型随机变量及其分布列

设 X 是一个随机变量,如果 X 可能取的值只有有限个或可数个,则称 X 是一维离散型随机变量,简称离散型随机变量.

设离散型随机变量 X 可能取值为 $x_1, x_2, \cdots$(其中任何两个都不相同),X 取各个值的概率分别是 $p_1, p_2, \cdots$,记成

$$P(X = x_k) = p_k, \quad k = 1, 2, \cdots \tag{1.2.1}$$

称 p_k 为离散型随机变量 X 的分布列,也称为概率分布.显然分布列满足如下条件:

$$p_k \geqslant 0 (k=1,2,\cdots) \quad \text{且} \quad \sum_{k=1}^\infty p_k = 1$$

1.2.2 一维连续型随机变量及其密度函数

对于随机变量 X,如果存在一个非负可积函数 $f(x)$,对任意实数 x,有

$$P(X \leqslant x) = \int_{-\infty}^x f(u)\mathrm{d}u \tag{1.2.2}$$

则称 X 为连续型随机变量,称 $f(x)$ 为 X 的密度函数或分布密度.密度函数具有如下两个性质:

(1) $f(x) \geqslant 0, x \in (-\infty, +\infty)$;

(2) $\int_{-\infty}^{+\infty} f(x)\mathrm{d}x = 1$.

只要得到了连续型随机变量 X 的密度函数 $f(x)$,就可以解决任何事件的概率计算问题,比如

$$P(a<X<b)=\int_a^b f(x)\mathrm{d}x, \quad \text{对}\ a,b\ \text{取任意实数} \tag{1.2.3}$$

1.2.3 一维随机变量的分布函数

设 X 为随机变量，x 为任意实数，称 $F(x)=P(X\leqslant x)$ 为随机变量 X 的分布函数，简称分布．分布函数 $F(x)$ 与离散型随机变量 X 的分布列以及连续型随机变量 X 的密度函数 $f(x)$ 有如下关系：

$$F(x)=P(X\leqslant x)=\begin{cases}\sum_{x_k\leqslant x}P(X=x_k), & X\ \text{是离散随机变量}\\ \int_{-\infty}^x f(x)\mathrm{d}x, & X\ \text{是连续随机变量}\end{cases} \tag{1.2.4}$$

分布函数 $F(x)$ 有如下性质：

(1) $0\leqslant F(x)\leqslant 1$；

(2) $F(-\infty)=0, F(+\infty)=1$；

(3) $F(x)$ 是单调递增函数；

(4) $F(x)$ 是右连续函数．

特别地，连续型随机变量 X 的分布有如下性质：

(1) 若 $f(x)$ 在 x 点连续，则 $F(x)$ 在 x 点可导，且 $F'(x)=f(x)$；

(2) $F(x)$ 是连续函数．

例 1.2.1 现有 7 件产品，其中一等品 4 件，二等品 3 件，从中任取 3 件（不放回抽取）．求：

(1) 抽取的 3 件产品中含一等品件数 X 的分布列；

(2) X 的分布函数；

(3) 抽取的 3 件产品中至少含一件一等品的概率．

解 (1) X 的可能取值为：0,1,2,3，利用古典概率及性质计算：

$$P(X=0)=\frac{C_4^0 C_3^3}{C_7^3}=\frac{1}{35}, \quad P(X=1)=\frac{C_4^1 C_3^2}{C_7^3}=\frac{12}{35}$$

$$P(X=2)=\frac{C_4^2 C_3^1}{C_7^3}=\frac{18}{35}, \quad P(X=3)=\frac{C_4^3 C_3^0}{C_7^3}=\frac{4}{35}$$

X 的分布列为

$$\begin{bmatrix} 0 & 1 & 2 & 3 \\ \dfrac{1}{35} & \dfrac{12}{35} & \dfrac{18}{35} & \dfrac{4}{35} \end{bmatrix}$$

显然，该分布列满足性质：$p_k\geqslant 0(k=1,2,\cdots)$ 和 $\sum_{k=1}^{\infty}p_k=1$．

(2) 根据分布函数定义,即参照公式(1.2.4),计算 X 的分布函数如下:

$$F(x) = P(X \leqslant x) = \begin{cases} 0, & x < 0 \\ \dfrac{1}{35}, & 0 \leqslant x < 1 \\ \dfrac{13}{35}, & 1 \leqslant x < 2 \\ \dfrac{31}{35}, & 2 \leqslant x < 3 \\ 1, & x \geqslant 3 \end{cases}$$

(3) 所求概率可以表示为 $\{X \geqslant 1\}$,即

$$P(X \geqslant 1) = 1 - P(X < 1) = 1 - P(X = 0) = \frac{34}{35}$$

例 1.2.2 设连续型随机变量 X 的分布函数为

$$F(x) = \begin{cases} A\mathrm{e}^x, & x < 0 \\ B, & 0 \leqslant x < 1 \\ 1 - A\mathrm{e}^{-(x-1)}, & x \geqslant 1 \end{cases}$$

求:(1)常数 A, B;(2)X 的密度函数;(3)概率 $P\left(X > \dfrac{1}{3}\right)$.

解 (1) 由于 X 是连续型随机变量,故 $F(x)$ 是连续函数,所以 $F(x)$ 在 $x = 0$ 和 $x = 1$ 两点连续,由

$$\lim_{x \to 0^-} F(x) = \lim_{x \to 0^-} A\mathrm{e}^x = A, \quad \lim_{x \to 0^+} F(x) = \lim_{x \to 0^+} B = B$$

可知 $A = B$. 又由于

$$\lim_{x \to 1^-} F(x) = \lim_{x \to 1^-} B = B$$

$$\lim_{x \to 1^+} F(x) = \lim_{x \to 1^+} (1 - A\mathrm{e}^{-(x-1)}) = 1 - A$$

可知 $B = 1 - A$,故有 $A = B = \dfrac{1}{2}$,于是

$$F(x) = \begin{cases} \dfrac{1}{2}\mathrm{e}^x, & x < 0 \\ \dfrac{1}{2}, & 0 \leqslant x < 1 \\ 1 - \dfrac{1}{2}\mathrm{e}^{-(x-1)}, & x \geqslant 1 \end{cases}$$

(2) 因为 X 的密度函数在连续点处与分布函数有关系 $f(x) = F'(x)$,所以 X 的密度函数为

$$f(x) = \begin{cases} \dfrac{1}{2}e^x, & x < 0 \\ 0, & 0 < x < 1 \\ \dfrac{1}{2}e^{-(x-1)}, & x > 1 \end{cases}$$

(3) $P\left(X > \dfrac{1}{3}\right) = 1 - P\left(X \leqslant \dfrac{1}{3}\right) = 1 - F\left(\dfrac{1}{3}\right) = 1 - \dfrac{1}{2} = \dfrac{1}{2}$

或

$$P\left(X > \dfrac{1}{3}\right) = \int_{\frac{1}{3}}^{+\infty} f(x)\mathrm{d}x = \int_{\frac{1}{3}}^{1} 0\mathrm{d}x + \int_{1}^{+\infty} \dfrac{1}{2}e^{-(x-1)}\mathrm{d}x = \dfrac{1}{2}$$

1.2.4 常见的分布列或密度函数

1. 二项分布

若随机变量 X 满足 $P(X=k) = C_n^k p^k q^{n-k}$, $k=0,1,\cdots,n$, 其中 $0<p<1$, $q=1-p$, 则称 X 服从参数为 (n,p) 的二项分布,记作 $X \sim B(n,p)$. 当 $n=1$ 时,称 $B(1,p)$ 为两点分布(或 0-1 分布). 图 1.2.1 给出了 $B(10,0.2)$ 的概率分布图形.

二项分布的实际背景:在 n 重 Bernoulli 试验(n 次重复独立试验,每次试验只有两种可能结果)中,若每次试验事件 A 出现的概率为 p,则事件 A 出现的次数 X 就服从参数为 (n,p) 的二项分布. 例如在产品检验中,观察次品数 X 的分布状况;又如观察某幢大楼电梯的运行状况,需要了解每年电梯出故障次数 X 的分布情况等.

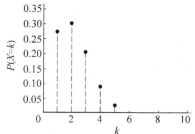

图 1.2.1 $B(10,0.2)$ 概率分布

二项分布具有线性可加性:若 $X_1 \sim B(n_1,p)$, $X_2 \sim B(n_2,p)$, 并且 X_1 与 X_2 独立,则 $X_1 + X_2 \sim B(n_1+n_2,p)$; 特别地,若 $X_1, X_2, \cdots, X_n$ 独立同分布,均服从 0-1 分布,则 $\sum_{i=1}^{n} X_i \sim B(n,p)$.

2. Poisson 分布

若随机变量 X 满足 $P(X=k) = \dfrac{\lambda^k}{k!}e^{-\lambda}$, $k=0,1,2,\cdots,\lambda>0$, 则称 X 服从参数为 λ 的 Poisson 分布,记作 $X \sim P(\lambda)$. 图 1.2.2 给出了 $\lambda=1$ 的 Poisson 分布图形.

常见的例子有:一块钢板上出现的气泡数 X, 一本书上的印刷错误数 X, 某超市排队等候的人数 X 等都服从 Poisson 分布.

3. 几何分布

若随机变量 X 满足 $P(X=k)=pq^{k-1}, k=1,2,\cdots$,其中 $0<p<1, q=1-p$,称 X 服从参数为 p 的几何分布,记作 $X\sim G(p)$.

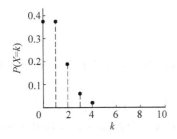

图 1.2.2 $P(1)$ 概率分布

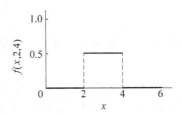

图 1.2.3 $U[2,4]$ 分布密度函数曲线

4. 均匀分布

若随机变量 X 的分布密度为

$$f(x,a,b)=\begin{cases}\dfrac{1}{b-a}, & a\leqslant x\leqslant b \\ 0, & 其他\end{cases}$$

则称 X 服从区间 $[a,b]$ 上的均匀分布,简记为 $X\sim U[a,b]$. 图 1.2.3 给出了区间 $[2,4]$ 上的均匀分布密度函数的图形.

5. 指数分布

若随机变量 X 的分布密度为

$$f(x,\lambda)=\begin{cases}\lambda e^{-\lambda x}, & x\geqslant 0 \\ 0, & x<0\end{cases}$$

其中 $\lambda>0$ 为常数,则称 X 服从参数为 λ 的指数分布,记为 $X\sim \Gamma(1,\lambda)$. $\lambda=1$ 或 2 时密度函数图形如图 1.2.4 所示.

应用范围广泛的一类寿命问题如电子元件的寿命、设备的寿命、人的寿命等,其分布特征都与指数分布相近.

6. 正态分布

若随机变量 X 的分布密度为

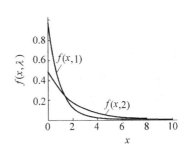

图 1.2.4 指数分布密度函数曲线

$$f(x,\mu,\sigma^2) = \frac{1}{\sqrt{2\pi}\sigma}e^{-\frac{(x-\mu)^2}{2\sigma^2}}, \quad -\infty < x < +\infty$$

其中 $\sigma > 0$, μ 为常数,则称 X 服从参数为 (μ,σ^2) 的正态分布,记作 $X \sim N(\mu,\sigma^2)$. 特别地,当 $\mu=0, \sigma=1$ 时,则 $X \sim N(0,1)$ 是正态分布的特殊情形,称为标准正态分布,其密度函数为

$$f(x) = \frac{1}{\sqrt{2\pi}}e^{-\frac{x^2}{2}}, \quad -\infty < x < +\infty$$

它的分布函数记为 $\Phi(x)$. 图 1.2.5 给出了参数为 $(2,1)$ 和 $(2,3)$ 时正态分布密度函数的图形.

正态分布在数理统计中起着特别重要的作用,其应用例子举不胜举,如人的身高、动物的睡眠时间、产品的某规格尺寸上的测量误差、某地区粮食产量等都是随机变量,其分布特征服从或近似服从正态分布.

正态分布具有如下性质.

① 分布密度 $f(x)$ 关于轴 $x = \mu$ 对称,如图 1.2.5 所示.

② 密度曲线呈单峰状,最大值为 $(\sqrt{2\pi}\sigma)^{-1}$,随 σ 的值增加而减少.

③ 一般正态分布函数 $F(x)$ 与标准正态分布函数 $\Phi(x)$ 具有如下关系:

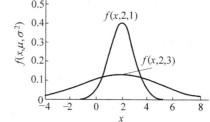

图 1.2.5 正态分布密度函数曲线

$$F(x) = \Phi\left(\frac{x-\mu}{\sigma}\right)$$

④ 正态分布具有线性性质,即若 $X \sim N(\mu_1,\sigma_1^2)$, $Y \sim N(\mu_2,\sigma_2^2)$,并且 X 与 Y 独立,则
$$cX \pm dY \sim N(c\mu_1 \pm d\mu_2, c^2\sigma_1^2 + d^2\sigma_2^2)$$

例 1.2.3 设顾客到某银行窗口等待服务的时间 X(单位:min)服从指数分布,其密度函数为

$$f(x) = \begin{cases} \frac{1}{5}e^{-\frac{x}{5}}, & x > 0 \\ 0, & x \leqslant 0 \end{cases}$$

某顾客在窗口等待服务,如超过 10min 他就离开. 他一个月要到银行 5 次,以 Y 表示一个月内未等到服务而离开窗口的次数,试写出 Y 的分布列,并求 $P(Y \geqslant 1)$.

解 Y 的取值为 $0,1,2,3,4,5$,且 $Y \sim B(5,p)$(二项分布),而

$$p = P(X > 10) = \int_{10}^{+\infty} f(x)\mathrm{d}x = \int_{10}^{+\infty} \frac{1}{5}e^{-\frac{x}{5}}\mathrm{d}x = e^{-2}$$

故 Y 的分布列为

$$P(Y = k) = C_5^k e^{-2k}(1-e^{-2})^{5-k}, \quad k = 0,1,2,3,4,5$$

$$P(Y \geqslant 1) = 1 - P(Y=0) = 1 - (1-\mathrm{e}^{-2})^5 \approx 0.5167$$

例 1.2.4 某种电池寿命 X 服从正态分布 $N(300, 35^2)$(单位:h),

(1) 求电池寿命在 250h 以上的概率;

(2) 求 x,使 $P(|X-300| \leqslant x) \geqslant 0.9$.

解 (1) $P(X > 250) = 1 - P(X \leqslant 250)$

$$= 1 - P\left(\frac{X-300}{35} \leqslant \frac{250-300}{35}\right)$$

$$= 1 - \Phi(-1.4285) = \Phi(1.4285) = 0.9236$$

(2) 因为

$$P(|X-300| < x) = P(300-x < X < 300+x)$$

$$= P\left(-\frac{x}{35} < \frac{X-300}{35} < \frac{x}{35}\right)$$

$$= \Phi\left(\frac{x}{35}\right) - \Phi\left(-\frac{x}{35}\right) = 2\Phi\left(\frac{x}{35}\right) - 1 \geqslant 0.9$$

则 $\Phi\left(\frac{x}{35}\right) \geqslant 0.95$,查表可得 $\frac{x}{35} \geqslant 1.65$,即 $x \geqslant 57.75$.

1.3 多维随机变量

1.3.1 多维离散型随机变量及其分布列

设 $X_1, X_2, \cdots, X_n$ 是 n 个随机变量,则称由它们构成的向量 $(X_1, X_2, \cdots, X_n)$ 为 n 维随机变量或随机向量. 若 n 维随机变量 $(X_1, X_2, \cdots, X_n)$ 的每一个分量 $X_i(i=1,2,\cdots,n)$ 是离散型随机变量,则称 $(X_1, X_2, \cdots, X_n)$ 为 n 维离散型随机变量.

设 (X,Y) 为二维离散型随机变量,它可能取的一切值为 $(x_i, y_j), i,j=1,2,\cdots$,则定义二维离散型随机变量 (X,Y) 的联合分布列为

$$P(X=x_i, Y=y_j) = p_{ij}, \quad i,j=1,2,\cdots \tag{1.3.1}$$

记随机变量 X 的分布列为

$$P(X=x_i) = p_{i\cdot}, \quad i=1,2,\cdots \tag{1.3.2}$$

记随机变量 Y 的分布列为

$$P(Y=y_j) = p_{\cdot j}, \quad j=1,2,\cdots \tag{1.3.3}$$

分别称式(1.3.2)和式(1.3.3)为 (X,Y) 的边缘分布列. 一般地,二维离散型随机变量 (X,Y) 的联合分布与边缘分布的关系如下:

$$\begin{cases} p_{i\cdot} = P(X=x_i) = \sum_j p_{ij}, & i=1,2,\cdots \\ p_{\cdot j} = P(Y=x_j) = \sum_i p_{ij}, & j=1,2,\cdots \end{cases} \tag{1.3.4}$$

1.3.2 多维连续型随机变量及其联合密度函数

如果存在一个非负可积函数 $f(x_1, x_2, \cdots, x_n)$，使得对任意实数 $x_1, x_2, \cdots, x_n$，有

$$P(X_1 \leqslant x_1, X_2 \leqslant x_2, \cdots, X_n \leqslant x_n) = \int_{-\infty}^{x_1} \int_{-\infty}^{x_2} \cdots \int_{-\infty}^{x_n} f(u_1, u_2, \cdots, u_n) \mathrm{d}u_1 \mathrm{d}u_2 \cdots \mathrm{d}u_n$$

则称 $(X_1, X_2, \cdots, X_n)$ 为 n 维连续型随机变量，称 $f(x_1, x_2, \cdots, x_n)$ 为 $(X_1, X_2, \cdots, X_n)$ 的联合密度函数，简称密度或分布密度。

若给定二维连续型随机变量 (X, Y) 的密度函数 $f(x, y)$，可以得到 X 和 Y 各自的密度函数 $f_X(x)$ 与 $f_Y(y)$，其计算公式为

$$f_X(x) = \int_{-\infty}^{+\infty} f(x, y) \mathrm{d}y, \quad f_Y(y) = \int_{-\infty}^{+\infty} f(x, y) \mathrm{d}x \tag{1.3.5}$$

称 $f_X(x), f_Y(y)$ 为二维随机变量 (X, Y) 分别关于 X 与 Y 的边缘密度函数。

1.3.3 多维随机变量的分布函数

设 $X_1, X_2, \cdots, X_n$ 为 n 个随机变量，$x_1, x_2, \cdots, x_n$ 为 n 个任意实数，定义 n 维分布函数为

$$F(x_1, x_2, \cdots, x_n) = P(X_1 \leqslant x_1, X_2 \leqslant x_2, \cdots, X_n \leqslant x_n) \tag{1.3.6}$$

以二维分布函数为例，分布函数与分布列（密度函数）有如下关系：

$$F(x, y) = P(X \leqslant x, Y \leqslant y) = \begin{cases} \sum_{x_i \leqslant x} \sum_{y_j \leqslant y} P(X = x_i, Y = y_j), & (X, Y) \text{ 是离散型随机变量} \\ \int_{-\infty}^{x} \int_{-\infty}^{y} f(x, y) \mathrm{d}x \mathrm{d}y, & (X, Y) \text{ 是连续型随机变量} \end{cases}$$

(1.3.7)

多维分布函数的例子很多，多维正态分布就是典型的代表，感兴趣者参阅相关书籍，此处从略。

1.3.4 多维随机变量的独立性

设 (X, Y) 是离散型随机变量，若对于随机变量 (X, Y) 取值为 $(x_i, y_j), i, j = 1, 2, \cdots$，均有

$$P(X = x_i, Y = y_j) = P(X = x_i) P(Y = y_j) \tag{1.3.8}$$

成立，则称 X 和 Y 相互独立。更一般地，若 $X_1, X_2, \cdots, X_n$ 是 n 个离散型随机变量，对于 $(X_1, X_2, \cdots, X_n)$ 取离散值为 $(x_{1i_1}, x_{2i_2}, \cdots, x_{ni_n}), i_1, i_2, \cdots, i_n = 1, 2, \cdots$，如果总有

$$P(X_1 = x_{1i_1}, X_2 = x_{2i_2}, \cdots, X_n = x_{ni_n})$$
$$= P(X_1 = x_{1i_1}) P(X_2 = x_{2i_2}) \cdots P(X_n = x_{ni_n}) \tag{1.3.9}$$

成立，则称 $X_1, X_2, \cdots, X_n$ 是相互独立的。

设 (X,Y) 为连续型随机变量,其联合密度函数为 $f(x,y)$,边缘密度函数为 $f_X(x)$, $f_Y(y)$,如果对于一切实数 x,y,有

$$f(x,y) = f_X(x)f_Y(y) \tag{1.3.10}$$

成立,则称 X 与 Y 相互独立. 更一般地,若 $(X_1,X_2,\cdots,X_n)$ 是 n 维连续型随机变量,其联合密度函数为 $f(x_1,x_2,\cdots,x_n)$,边缘分布密度分别为 $f_{X_1}(x_1),f_{X_2}(x_2),\cdots,f_{X_n}(x_n)$,如果对于一切实数 $x_1,x_2,\cdots,x_n$,有

$$f(x_1,x_2,\cdots,x_n) = f_{X_1}(x_1)f_{X_2}(x_2)\cdots f_{X_n}(x_n) \tag{1.3.11}$$

成立,则称随机变量 $X_1,X_2,\cdots,X_n$ 相互独立.

例 1.3.1 若 (X,Y) 的联合密度函数为

$$f(x,y) = \begin{cases} 8xy, & 0 \leqslant x \leqslant y, 0 \leqslant y \leqslant 1 \\ 0, & \text{其他} \end{cases}$$

(1) 求 $P\left(X > \dfrac{1}{2}\right)$;

(2) X 与 Y 是否独立?

解 (1) $P\left(X > \dfrac{1}{2}\right) = \iint\limits_{x>\frac{1}{2}} f(x,y)\mathrm{d}x\mathrm{d}y = \int_{\frac{1}{2}}^{1} y\mathrm{d}y \int_{\frac{1}{2}}^{y} 8x\mathrm{d}x = \int_{\frac{1}{2}}^{1} 4\left(y^2 - \dfrac{1}{4}\right)y\mathrm{d}y = \dfrac{9}{16}$

(2) 先分别求 X 与 Y 的边缘密度函数

$$f_X(x) = \int_{-\infty}^{+\infty} f(x,y)\mathrm{d}y = \begin{cases} \int_x^1 8xy\mathrm{d}y, & 0 \leqslant x \leqslant 1 \\ 0, & \text{其他} \end{cases}$$

$$= \begin{cases} 4x(1-x^2), & 0 \leqslant x \leqslant 1 \\ 0, & \text{其他} \end{cases}$$

$$f_Y(y) = \int_{-\infty}^{+\infty} f(x,y)\mathrm{d}x = \begin{cases} \int_0^y 8xy\mathrm{d}x, & 0 \leqslant y \leqslant 1 \\ 0, & \text{其他} \end{cases}$$

$$= \begin{cases} 4y^3, & 0 \leqslant y \leqslant 1 \\ 0, & \text{其他} \end{cases}$$

很明显, $f(x,y) \neq f_X(x)f_Y(y)$,所以 X 与 Y 不独立.

1.4 数字特征

1.4.1 一维随机变量的数字特征

设离散型随机变量 X 的分布列为

第 1 章 概率知识

$$\begin{bmatrix} x_1 & x_2 & \cdots & x_k & \cdots \\ p_1 & p_2 & \cdots & p_k & \cdots \end{bmatrix}$$

如果级数 $\sum\limits_{k=1}^{\infty} |x_k| p_k$ 收敛,则定义 X 的数学期望(简称期望)为

$$EX = \sum_{k=1}^{\infty} x_k p_k \tag{1.4.1}$$

设连续性随机变量 X 的分布密度为 $f(x)$,当 $\int_{-\infty}^{+\infty} |x| f(x) \mathrm{d}x < \infty$ 时,则定义 X 的数学期望为

$$EX = \int_{-\infty}^{+\infty} x f(x) \mathrm{d}x \tag{1.4.2}$$

一般地,求随机变量函数 $g(X)$ 的数学期望计算公式为

$$Eg(X) = \begin{cases} \sum\limits_{k=1}^{\infty} g(x_k) p_k, & X \text{ 为离散型随机变量} \\ \int_{-\infty}^{+\infty} g(x) f(x) \mathrm{d}x, & X \text{ 为连续型随机变量} \end{cases} \tag{1.4.3}$$

若 $E(X-EX)^2$ 存在,则称 $E(X-EX)^2$ 为 X 的方差,记为 DX 或 $\mathrm{var}X$,而称 $\sqrt{DX}$ 为 X 的标准差. 容易导出方差的计算公式:$DX = EX^2 - (EX)^2$.

1.4.2 多维随机变量的数字特征

以二维随机变量为例.

设离散型随机变量 (X,Y) 的分布列为 $P(X=x_i, Y=y_j) = p_{ij}$,$i,j=1,2,\cdots$,称 (EX, EY) 为随机变量 (X,Y) 的数学期望,其计算公式如下:

$$EX = \sum_{i=1}^{\infty} \sum_{j=1}^{\infty} x_i p_{ij}, \quad EY = \sum_{i=1}^{\infty} \sum_{j=1}^{\infty} y_j p_{ij} \tag{1.4.4}$$

设连续型随机变量 (X,Y) 的密度函数为 $f(x,y)$,则计算数学期望 (EX, EY) 的公式为

$$\begin{cases} EX = \int_{-\infty}^{+\infty} \int_{-\infty}^{+\infty} x f(x,y) \mathrm{d}x \mathrm{d}y \\ EY = \int_{-\infty}^{+\infty} \int_{-\infty}^{+\infty} y f(x,y) \mathrm{d}x \mathrm{d}y \end{cases} \tag{1.4.5}$$

一般地,求随机变量函数 $Z = g(X,Y)$ 的数学期望计算公式为

$$Eg(X,Y) = \begin{cases} \sum\limits_{i=1}^{\infty} \sum\limits_{j=1}^{\infty} g(x_i, y_j) p_{ij}, & (X,Y) \text{ 为离散型随机变量} \\ \int_{-\infty}^{+\infty} \int_{-\infty}^{+\infty} g(x,y) f(x,y) \mathrm{d}x \mathrm{d}y, & (X,Y) \text{ 为连续型随机变量} \end{cases}$$

$$\tag{1.4.6}$$

1.4.3 数学期望和方差的性质

数学期望 EX 和方差 DX 具有如下性质:
(1) c 为常数,则 $Ec=c, Dc=0$;
(2) 如果 a,b 为任意实数,则 $E(aX+b)=aEX+b$, $D(aX+b)=a^2DX$;
(3) 如果 X 与 Y 独立,则 $E(XY)=EXEY$;
(4) 若 X 与 Y 独立,则 $D(aX+bY)=a^2DX+b^2DY$;
(5) $DX=0$ 的充要条件是 $P(X=c)=1$, c 是常数.

常见随机变量的数学期望和方差如表 1.4.1 和表 1.4.2 所示.

表 1.4.1 离散型随机变量的数学期望和方差

常见离散型随机变量的分布列	数学期望 EX	方差 DX
$P(X=c)=1$	c	0
$X \sim B(1,p)$	p	$p(1-p)$
$X \sim B(n,p)$	np	$np(1-p)$
$X \sim P(\lambda)$	λ	λ
$X \sim G(p)$	$1/p$	$(1-p)/p^2$

表 1.4.2 连续型随机变量的数学期望和方差

常见连续型随机变量的分布	数学期望 EX	方差 DX
$X \sim U[a,b]$	$(a+b)/2$	$(b-a)^2/12$
$X \sim \Gamma(1,\lambda)$	$1/\lambda$	$1/\lambda^2$
$X \sim N(\mu,\sigma^2)$	μ	σ^2

例 1.4.1 一台设备由三大部件构成,在设备运转中各部件需要调整的概率分别为 0.1, 0.2 和 0.3. 假设各部件的状态相互独立,以 X 表示同时需要调整的部件数. 试求 X 的数学期望和方差.

解 该问题有两种方法求解.

方法 1 令 A_i 表示"第 i 个部件需要调整", $i=1,2,3$, 则 $P(A_1)=0.1$, $P(A_2)=0.2$, $P(A_3)=0.3$, 并且随机事件 $A_i(i=1,2,3)$ 之间相互独立, X 的可能取值为: 0, 1, 2, 3, 可求出 X 的分布.

$$P(X=0) = P(\overline{A}_1\overline{A}_2\overline{A}_3) = P(\overline{A}_1)P(\overline{A}_2)P(\overline{A}_3) = 0.504$$

$$P(X=1) = P(A_1\overline{A}_2\overline{A}_3) + P(\overline{A}_1A_2\overline{A}_3) + P(\overline{A}_1\overline{A}_2A_3) = 0.398$$

$$P(X=2) = P(A_1A_2\overline{A}_3) + P(\overline{A}_1A_2A_3) + P(A_1\overline{A}_2A_3) = 0.092$$

$$P(X=3) = P(A_1 A_2 A_3) = 0.006$$

即 X 的分布列为

$$\begin{pmatrix} 0 & 1 & 2 & 3 \\ 0.504 & 0.398 & 0.092 & 0.006 \end{pmatrix}$$

利用数学期望和方差的计算公式,有

$$EX = 1 \times 0.398 + 2 \times 0.092 + 3 \times 0.006 = 0.6$$
$$EX^2 = 1^2 \times 0.398 + 2^2 \times 0.092 + 3^2 \times 0.006 = 0.82$$
$$DX = EX^2 - (EX)^2 = 0.82 - 0.36 = 0.46$$

方法 2 令

$$X_i = \begin{cases} 1, & A_i \text{ 出现} \\ 0, & A_i \text{ 不出现} \end{cases} \quad i = 1, 2, 3$$

则 X_i 服从 0-1 分布,因此有 $EX_i = P(A_i)$,$DX_i = P(A_i)[1-P(A_i)]$,并且,$X = X_1 + X_2 + X_3$,X_1, X_2, X_3 之间独立. 利用数学期望和方差的性质,得

$$EX = EX_1 + EX_2 + EX_3 = P(A_1) + P(A_2) + P(A_3) = 0.6$$
$$DX = DX_1 + DX_2 + DX_3 = 0.1 \times 0.9 + 0.2 \times 0.8 + 0.3 \times 0.7 = 0.46$$

1.4.4 协方差、相关系数和矩

设 X, Y 为随机变量,它们的方差都存在,定义 X 与 Y 的协方差为

$$\text{cov}(X, Y) = E(X - EX)(Y - EY) \tag{1.4.7}$$

容易验证计算公式 $\text{cov}(X,Y) = E(XY) - EXEY$. 在此基础上,定义随机变量 X,Y 的相关系数为

$$r = \frac{\text{cov}(X, Y)}{\sqrt{DX}\sqrt{DY}} \tag{1.4.8}$$

若随机变量 X, Y 的相关系数 $r=0$,则称 X 与 Y 不相关(或零相关).

协方差和相关系数具有如下性质:

(1) $\text{cov}(X,Y) = \text{cov}(Y,X)$;
(2) $\text{cov}(aX+b, cY+d) = ac\,\text{cov}(X,Y)$;
(3) $\text{cov}(X_1+X_2, Y) = \text{cov}(X_1, Y) + \text{cov}(X_2, Y)$;
(4) $D(X \pm Y) = DX + DY \pm 2\text{cov}(X,Y)$;
(5) $|r| \leqslant 1$;
(6) 若 X, Y 独立,则 $r=0$;
(7) $|r|=1$ 的充要条件是 X 与 Y 以概率 1 线性相关,即存在常数 a 与 b,使得 $P(Y = aX + b) = 1$.

例 1.4.2 设随机变量 (X,Y) 服从区域 $G = \{(x,y) | 0 < y < 1, 0 < x < y\}$ 上的均匀分

布,试求 $\mathrm{cov}(X-Y,X)$.

解 显然,区域 G 上的面积为 $\frac{1}{2}$,所以 (X,Y) 的联合密度函数为

$$f(x,y) = \begin{cases} 2, & (x,y) \in G \\ 0, & (x,y) \notin G \end{cases}$$

根据协方差的计算公式和性质,有

$$\mathrm{cov}(X-Y,X) = \mathrm{cov}(X,X) - \mathrm{cov}(Y,X) = DX - (E(XY) - EXEY)$$

因为

$$EX = \iint\limits_{(x,y)\in \mathbb{R}^2} xf(x,y)\mathrm{d}x\mathrm{d}y = \iint\limits_{(x,y)\in G} 2x\mathrm{d}x\mathrm{d}y = \int_0^1 \mathrm{d}y \int_0^y 2x\mathrm{d}x = \frac{1}{3}$$

$$EY = \iint\limits_{(x,y)\in \mathbb{R}^2} yf(x,y)\mathrm{d}x\mathrm{d}y = \iint\limits_{(x,y)\in G} 2y\mathrm{d}x\mathrm{d}y = \int_0^1 2y\mathrm{d}y \int_0^y \mathrm{d}x = \frac{2}{3}$$

$$EX^2 = \iint\limits_{(x,y)\in \mathbb{R}^2} x^2 f(x,y)\mathrm{d}x\mathrm{d}y = \iint\limits_{(x,y)\in G} 2x^2 \mathrm{d}x\mathrm{d}y = \int_0^1 \mathrm{d}y \int_0^y 2x^2 \mathrm{d}x = \frac{1}{6}$$

$$E(XY) = \iint\limits_{(x,y)\in \mathbb{R}^2} xyf(x,y)\mathrm{d}x\mathrm{d}y = \iint\limits_{(x,y)\in G} 2xy\mathrm{d}x\mathrm{d}y = \int_0^1 y\mathrm{d}y \int_0^y 2x\mathrm{d}x = \frac{1}{4}$$

$$DX = EX^2 - (EX)^2 = \frac{1}{2} - \left(\frac{2}{3}\right)^2 = \frac{1}{18}$$

所以

$$\mathrm{cov}(X-Y,X) = DX - (E(XY) - EXEY)$$
$$= \frac{1}{18} - \left(\frac{1}{4} - \frac{1}{3} \times \frac{2}{3}\right) = \frac{1}{36}$$

设 X 为随机变量,k 为正整数,若 EX^k 和 $E(X-EX)^k$ 存在,则它们分别称为 X 的 k 阶原点矩和 k 阶中心矩. 又如 (X,Y) 是二维随机变量,k 和 l 为正整数,若 EX^kY^l 和 $E(X-EX)^k(Y-EY)^l$ 存在,则它们分别称为 (X,Y) 的 $k+l$ 阶原点混合矩和 $k+l$ 阶中心混合矩.

1.4.5 条件分布与条件数学期望

设 (X,Y) 是二维离散型随机变量,对固定的 j,若 $P(Y=y_j)=p_{\cdot j}>0$,则称

$$P(X=x_i \mid Y=y_j) = \frac{P(X=x_i, Y=y_j)}{P(Y=y_j)} = \frac{p_{ij}}{p_{\cdot j}}, \quad i=1,2\cdots \quad (1.4.9)$$

为在 $Y=y_j$ 条件下随机变量 X 的条件分布列. 若级数

$$\sum_{i=1}^{\infty} |x_i| P(X=x_i \mid Y=y_j) < \infty$$

则定义 X 在 $Y=y_j$ 条件下的条件数学期望为

$$E(X\mid Y=y_j)=\sum_{i=1}^{\infty}x_iP(X=x_i\mid Y=y_j) \tag{1.4.10}$$

设 (X,Y) 为二维连续型随机变量,它的联合分布密度为 $f(x,y)$,关于 Y 的边缘分布 $f_Y(y)$ 连续,当 $f_Y(y)>0$ 时,称

$$P(X\leqslant x\mid Y=y)=\int_{-\infty}^{x}\frac{f(u,y)}{f_Y(y)}\mathrm{d}u \tag{1.4.11}$$

为已知 $Y=y$ 发生的条件下 X 的条件分布函数,记作 $F_{X|Y}(x|y)$,并称满足

$$f_{X|Y}(x\mid y)=F'_{X|Y}(x\mid y)=\frac{f(x,y)}{f_Y(y)} \tag{1.4.12}$$

的 $f_{X|Y}(x|y)$ 为已知 $Y=y$ 发生的条件下 X 的条件分布密度. 又若

$$\int_{-\infty}^{+\infty}\mid x\mid f_{X|Y}(x\mid y)\mathrm{d}x<+\infty$$

则

$$E(X\mid Y=y)=\int_{-\infty}^{+\infty}xf_{X|Y}(x\mid y)\mathrm{d}x \tag{1.4.13}$$

称为在 $Y=y$ 发生的条件下 X 的条件数学期望,简称条件期望.

注:$E(X|Y=y)$ 是 y 的函数,它依赖于随机变量 Y 的取值,故定义 $E(X|Y)$ 为 Y 的如下函数:当 $Y=y$ 时,$E(X|Y)=E(X|Y=y)$,可以证明 $E(X|Y)$ 是随机变量. 例如,设 $(X,Y)\sim N(\mu_1,\sigma_1^2;\mu_2,\sigma_2^2;r)$,可以求出

$$E(X\mid Y=y)=\mu_1+\frac{r\sigma_1}{\sigma_2}(y-\mu_2)$$

从而

$$E(X\mid Y)=\mu_1+\frac{r\sigma_1}{\sigma_2}(Y-\mu_2)$$

条件数学期望具有下面几个性质:

(1) 若 c 是常数,则 $E(c|Y=y)=c$;

(2) 若 a,b 是常数,又 $E(X_1|Y=y)$,$E(X_2|Y=y)$ 存在,则 $E((aX_1+bX_2)|Y=y)$ 存在,且

$$E((aX_1+bX_2)\mid Y=y)=aE(X_1\mid Y=y)+bE(X_2\mid Y=y)$$

(3) 设 EX 存在,则 $E(E(X|Y))=EX$.

*1.5 大数定律和中心极限定理

大数定律刻画的是频率收敛于概率这一频率学派的基本观点,而中心极限定理刻画的是和的分布收敛于正态分布的那一类定理.

设 $X_1, X_2, \cdots$ 是独立同分布的随机变量序列,记 $\overline{X} = \dfrac{1}{n}\sum_{i=1}^n X_i$,且已知 $EX_i = a$,则对任意给定常数 $\varepsilon > 0$ 有大数定律:

$$\lim_{n\to\infty} P(|\overline{X} - a| < \varepsilon) = 1 \tag{1.5.1}$$

式(1.5.1)的一个重要特例是

$$\lim_{n\to\infty} P(|f_n - p| < \varepsilon) = 1 \tag{1.5.2}$$

其中 f_n 为事件的频率,p 为事件的概率. 此即频率收敛于概率的著名结果,是最早的大数定律,由 Bernoulli 在 1713 年获得.

中心极限定理:设 $DX_i = \sigma^2$,对任意 $x \in \mathbb{R}$,有

$$\lim_{n\to\infty} P\left(\frac{\overline{X} - a}{\sigma/\sqrt{n}} \leqslant x\right) = \int_{-\infty}^x \frac{1}{\sqrt{2\pi}} e^{-\frac{u^2}{2}} du = \Phi(x) \tag{1.5.3}$$

记为 $\dfrac{\overline{X} - a}{\sigma/\sqrt{n}} \stackrel{\text{近似}}{\sim} N(0, 1)$.

这一结果称为 Lindeberg-Lévy 定理,是这两位学者在 20 世纪 20 年代证明的. 历史上最早的中心极限定理是 1716 年建立的 De Moivre-Laplace 定理,它是前一个结果的特例,具体为

$$\lim_{n\to\infty} P\left(\frac{n\overline{X} - np}{\sqrt{np(1-p)}} \leqslant x\right) = \Phi(x) \tag{1.5.4}$$

例 1.5.1 设某地扩建电影院,据分析平均每场观众数 $n = 1600$ 人,预计扩建后,平均 3/4 的观众仍然会去该电影院,在设计座位数时,要求座位数尽可能多,但空座达到 200 或更多的概率不能超过 0.1,问应设多少座位?

解 把每日看电影的人编号为 $1, 2, \cdots, 1600$,且令

$$X_i = \begin{cases} 1, & \text{第 } i \text{ 个观众还去电影院} \\ 0, & \text{不然} \end{cases} \quad i = 1, 2, \cdots, 1600 \tag{1.5.5}$$

则由题意 $P(X_i = 1) = 3/4, P(X_i = 0) = 1/4$. 又假定各观众去电影院是独立选择,则 $X_1, X_2, \cdots$ 是独立随机变量,现设座位数为 m,则按要求

$$P(X_1 + X_2 + \cdots + X_{1600} \leqslant m - 200) \leqslant 0.1 \tag{1.5.6}$$

在这个条件下取 m 最大. 当上式取等号时,m 取最大,因为 $np = 1600 \times (3/4) = 1200$,$\sqrt{np(1-p)} = 10\sqrt{3}$,由式(1.5.4),$m$ 应满足

$$\Phi\left(\frac{m - 200 - 1200}{10\sqrt{3}}\right) = 0.1$$

查正态分布表即可确定 $m \approx 1377$.

习 题 1

1. 假定某射手有 5 发子弹,射击一次命中目标的概率为 0.9,如果命中了就停止射击,否则一直射击到子弹用尽. 求：

(1) 耗用子弹数 X 的分布列；

(2) 随机变量 X 的分布函数；

(3) 最多用 3 发子弹的概率.

2. 在一繁忙的汽车站,有大量汽车通过,设每辆汽车在一天的某段时间内出事故的概率为 0.0001,在某天该段时间内有 1000 辆汽车通过,问出事故的次数不少于 2 的概率是多少？

3. 已知连续型随机变量 X 的密度函数为

$$f(x) = \begin{cases} Ae^x, & x < 0 \\ \dfrac{1}{4}, & 0 \leqslant x < 2 \\ 0, & x \geqslant 2 \end{cases}$$

求：(1) 系数 A；(2) X 的分布函数 $F(x)$；(3) $P(1 \leqslant X < 3)$.

4. 某地抽样调查结果表明,考生的外语成绩（百分制）近似地服从正态分布,平均成绩为 72 分,96 分以上的考生占总数的 2.3%,试求考生的外语成绩在 60 分至 84 分之间的概率.

5. 设随机变量 $X_i (i=1,2,3,4,5)$ 独立,与 X 同分布,写出下列 4 种情况下 $(X_1, X_2, X_3, X_4, X_5)$ 的联合概率分布.

(1) $X \sim B(1,p)$；(2) $X \sim P(\lambda)$；(3) $X \sim U[a,b]$；(4) $X \sim N(\mu,1)$.

6. 设随机向量 (X,Y) 的密度函数为

$$f(x,y) = \begin{cases} 1, & |y| < x, 0 < x < 1 \\ 0, & \text{其他} \end{cases}$$

求：(1) X 和 Y 的边缘密度函数；(2) X 和 Y 是否独立？(3) X 和 Y 的相关系数 r.

7. 假设一部机器在一天内发生故障的概率为 0.2,机器发生故障时全天停止工作,若一周 5 个工作日里无故障,可获利润 10 万元；发生一次故障仍可获利润 5 万元；发生 2 次故障所获利润为 0 元；发生 3 次或 3 次以上故障就要亏损 2 万元,一周内期望利润是多少？

8. 设随机变量 X,Y 相互独立,且有共同的分布 $N(0,0.5)$,求 $|X-Y|$ 的数学期望.

9. 已知 $X \sim N(1,3^2), Y \sim N(0,4^2)$,且 X,Y 的相关系数 $r = -0.5$,设 $Z = \dfrac{1}{3}X +$

$\frac{1}{2}Y$,求：

(1) EZ 和 DZ；(2) X 与 Z 的相关系数.

10. 一台设备由三大部件组成,在设备运转中部件需要调整的概率分别为 $0.1,0.2,0.3$. 假设各部件的状态相互独立,用 X 表示同时需要调整的部件数,试求 X 的数学期望和方差.

第 2 章

统 计 概 念

用观察和试验的方法去研究一个问题时,第一步需要通过观察或试验收集必要的数据.这些数据会受到偶然性(随机性)因素的影响,因此第二步需要对所收集的数据进行分析,以便对所要研究的问题下某种形式的结论.在这两个步骤中,都将碰到许多数学问题,为了解决这些问题,发展了许多理论和方法并以此构成了数理统计学的主体内容.

2.1 数理统计的涵义

数理统计是研究怎样用有效的方法去收集和使用带随机性影响的数据的学科.

(1) 数据必须带有随机性的影响,才能成为数理统计学的研究对象.考虑一个国家的人口普查,如果人力、物力、时间允许对每个人的状况进行调查,而这种调查又是准确无误的,则可利用普查所得数据,通过预先确定的方法,计算出需要的指标,例如,男性人口占全体人口的百分之多少,在所作假定之下这是准确无误的.这里就不需要用到数理统计方法.

(2) 数据随机性的来源.一是所研究对象为数很多,不可能一一加以研究,而只能采用一定的方式挑选一部分加以考察.一般地,诸如社会调查一类的问题中,规定了调查的范围,比如要研究某一地区内以农户为单位的经济状况,则该地区的全体农户都是调查对象.若这个数目太大,只能挑一部分作深入调查.这时,所得数据的随机性就来自被挑出农户的随机性.对这种数据作分析,就必须使用数理统计方法.二是试验的随机误差,这是存在于试验过程中,由无法控制甚至不了解的因素引起的误差.

(3) "用有效的方法收集数据"中有效一词的解释:一是可以建立一个在数学上可以处理并尽可能方便的模型来描述所得数据,二是数据中要包含尽可能多的、与所研究的问题有关的信息.

研究如何用有效的方式收集数据的问题构成了数理统计学的两个分支,一是抽样理论,二是试验设计.

(4)"有效地使用数据"的含义.获取数据的目的是提供与所研究问题有关的信息.但这种信息的获取却不是一目了然的,需要用有效的方式去集中、提取,进而加以利用,并在此基础上作出结论.这种结论在统计上称为"推断".有效地使用数据,就是使用有效的方法去集中和提取试验数据中的有关信息,对所研究的问题作出尽可能精确和可靠的推断.之所以只能做到尽可能而非绝对精确的原因是由于数据本身受到随机性因素的影响.这种影响可以通过统计方法去估计或缩小其干扰作用,但不能完全消除.

数理统计方法应用极其广泛,可以说,几乎人类活动的一切领域中都能不同程度地找到它的应用,如产品的质量控制和检验、新产品的评价、气象(地震)预报、自动控制等.这主要是因为试验是科学研究的根本方法,而随机性因素对试验结果的影响是无所不在的;反过来,应用上的需要又是统计方法发展的动力.

数理统计方法在社会、经济领域中有很多应用,如抽样调查,经验表明经过精心设计和组织的抽样调查其效果可以达到甚至超过全面调查的水平;另外,对社会现象的研究也有向定量化发展的趋势.在经济学中,早在20世纪二三十年代,时间序列的统计分析方法就应用于市场预测,发展到今天,各种统计方法,从简单的到深奥的,都可以在数量经济学和数理经济学中找到应用.

数理统计方法是科学研究的重要工具,为了便于处理各种统计问题的计算,已经开发出了一些非常实用的统计软件和数学软件,如 R、SAS、SPSS、SYSTAT、S-Plus、Eviews、MATHEMATICA、MATHCAD、MATLAB 等,这些软件采用模块化的方式使计算变得简单和通俗化.本书为了使来自实际工作岗位的工程硕士方便地使用计算工具和了解统计方法的计算过程,采用常用的办公软件 Excel 作为应用案例的计算工具.

数理统计学的发展是从20世纪初开始的,在早期,起领导作用的是以 Fisher 和 K. Pearson 为首的英国学派.特别是 Fisher,在本学科的发展中起着重要的作用.目前许多常用的统计方法以及教科书中的内容都与他的名字有关.其他一些著名的学者如 Gosset (Student)、J. Neyman、E. S. Pearson、Wald 以及我国的许宝騄等,都作出了根本性的贡献,他们的工作奠定了许多统计分支的基础,提出了一系列有重要应用价值的统计方法、基本概念和重要理论问题.瑞典统计学家 Cramer 在1946年发表的著作 *Mathematical Methods of Statistics* 标志着数理统计学已发展成熟.

20世纪前40年是数理统计学辉煌发展的时期.第二次世界大战后,许多在战前开始形成的统计分支飞速发展,数学上的深度比以前大大加强,也出现了若干根本性的新发展如 Wald 的统计判决理论与 Bayes 学派的兴起.20世纪末,由于计算机这一有力工具的迅速普及,统计理论和方法开始孕育全新的形象,伴随着数据挖掘技术和方法的迅速普及,数理统计学也开始面临全新的应用层面和学科本身的现代化问题.

2.2 总体、样本与统计量

总体、个体、样本是数理统计中三个最基本的概念. 称研究对象的全体为总体(population),称组成总体的每个单元为个体.从总体中随机抽取 n 个个体,称这 n 个个体为容量为 n 的样本(sample).

例 2.2.1 为了研究某厂生产的一批灯泡质量的好坏,规定使用寿命低于 1000h 的灯泡为次品. 则该批灯泡的全体就是总体,每个灯泡就是个体. 实际上,数理统计中的总体是灯泡的使用寿命 X 的取值全体,称随机变量 X 为总体,它的分布称为总体分布,记为 $F(x)$,即 $F(x)=P(X\leqslant x), x\in\mathbb{R}$.

为了判断该批灯泡的次品率,最精确的办法是把每个灯泡的寿命都测试出来. 然而,寿命试验是破坏性试验(即使试验是非破坏性的,由于试验要花费人力、物力、时间),只能从总体中抽取一部分,比如,抽取 n 个个体进行试验,试验结果可得一组数值 $x_1, x_2, \cdots, x_n$,由于这组数值是随着每次抽样而变化的,所以,$x_1, x_2, \cdots, x_n$ 是一个 n 维随机变量 $X_1, X_2, \cdots, X_n$ 的一个观察值.

称 $X_1, X_2, \cdots, X_n$ 为总体 X 的一组样本,n 为样本容量,$x_1, x_2, \cdots, x_n$ 为样本的一组观测值.

为了保证所得到的样本能够客观地反映总体的统计特征,设计随机抽样方案是非常重要的. 实际使用的抽样方法有很多种,要使抽取的样本能对总体作出尽可能好的推断,需要对抽样方法提出一些要求,这些要求需要满足以下两点:

(1) 独立性   要求样本 $X_1, X_2, \cdots, X_n$ 为相互独立的随机变量;
(2) 代表性   要求每个样本 $X_i (i=1,2,\cdots,n)$ 与总体 X 具有相同分布.

称满足以上要求抽取的样本 $X_1, X_2, \cdots, X_n$ 为简单样本(simple sample). 本书今后提到的样本都是指简单样本. 由所有样本值组成的集合 $\Omega=\{(x_1, x_2, \cdots, x_n) | x_i \in \mathbb{R}, i=1, 2, \cdots, n\}$ 称为样本空间.

在无放回抽样情况下得到的样本,从理论上说就不再是简单样本,但当总体中个体的数目很大或可以认为很大时,从总体中抽取一些个体对总体成分没有太大的影响,因此,即使是无放回抽样也可近似地看成是有放回抽样,其样本仍可看成是独立同分布的.

本节最后讨论样本的分布.

设总体 X 的分布函数为 $F(x)$,$X_1, X_2, \cdots, X_n$ 是来自总体 X 的样本,则该样本的联合分布函数为

$$F(x_1, x_2, \cdots, x_n) = P(X_1 \leqslant x_1, X_2 \leqslant x_2, \cdots, X_n \leqslant x_n)$$

$$= \prod_{i=1}^{n} P(X_i \leqslant x_i) = \prod_{i=1}^{n} F(x_i), \quad x_i \in \mathbb{R}; i=1,\cdots,n$$

当总体 X 是连续型随机变量且具有密度函数 $f(x)$ 时，样本的联合密度函数为 $\prod_{i=1}^{n} f(x_i)$.

当总体 X 是离散型随机变量且具有分布律 $P(X=x_i), i=1,2,\cdots$ 时，为今后叙述上方便起见，采用记号

$$f(x) = \begin{cases} P(X=x), & x=x_i; i=1,2,\cdots \\ 0, & \text{其他} \end{cases}$$

从而样本 $X_1, X_2, \cdots, X_n$ 的概率分布仍为 $\prod_{i=1}^{n} f(x_i)$.

例 2.2.2 设总体 X 服从 0-1 分布，即 $X \sim B(1,p)$，$X_1, X_2, \cdots, X_n$ 为该总体的样本，记

$$f(x) = \begin{cases} p^x(1-p)^{1-x}, & x=0,1; 0<p<1 \\ 0, & \text{其他} \end{cases}$$

则样本 $X_1, X_2, \cdots, X_n$ 的联合概率分布为

$$\prod_{i=1}^{n} f(x_i) = \prod_{i=1}^{n} p^{x_i}(1-p)^{1-x_i} = p^{n\bar{x}}(1-p)^{n-n\bar{x}}$$

其中 $\bar{x} = \frac{1}{n}\sum_{i=1}^{n} x_i$.

例 2.2.3 假设灯泡的使用寿命 X 服从指数分布，密度函数为

$$f(x) = \begin{cases} \lambda e^{-\lambda x}, & x \geq 0 \\ 0, & x < 0 \end{cases}$$

则样本的联合分布密度为

$$\prod_{i=1}^{n} f(x_i) = \prod_{i=1}^{n} \lambda e^{-\lambda x_i} = \lambda^n e^{-\lambda \sum_{i=1}^{n} x_i} = \lambda^n e^{-n\bar{x}\lambda}, \quad x_i \geq 0; i=1,2,\cdots,n$$

样本是对总体 X 进行估计或推断的依据. 由于样本是 n 个随机变量或 n 维随机向量，使用起来很不方便，通常是将样本提供的信息集中起来，这就是针对不同的问题构造出适当的样本函数，在统计学中称样本的函数为统计量.

设 $X_1, X_2, \cdots, X_n$ 为总体 X 的一个样本，$G(x_1, x_2, \cdots, x_n)$ 为关于 n 维变量 $x_1, x_2, \cdots, x_n$ 的连续函数，且该函数中不含任何未知参数，则称 $G(X_1, X_2, \cdots, X_n)$ 为统计量，很明显，统计量是一个随机变量. 下面介绍几个常用的统计量.

样本均值： $$\bar{X} = \frac{1}{n}\sum_{i=1}^{n} X_i \tag{2.2.1}$$

样本方差： $$S^2 = \frac{1}{n-1}\sum_{i=1}^{n}(X_i - \bar{X})^2 \tag{2.2.2}$$

样本 k 阶原点矩：$\quad M_k = \dfrac{1}{n}\sum\limits_{i=1}^{n} X_i^k, \quad k=1,2,\cdots$

样本 k 阶中心矩：$\quad M_k^* = \dfrac{1}{n}\sum\limits_{i=1}^{n}(X_i-\overline{X})^k, \quad k=1,2,\cdots$

样本标准差：$\quad S = \sqrt{\dfrac{1}{n-1}\sum\limits_{i=1}^{n}(X_i-\overline{X})^2}$

显然 $\overline{X}, S^2, M_k, M_k^*, S$ 是统计量，并且有如下关系：

$$M_1 = \overline{X} \tag{2.2.3}$$

$$M_2^* = \dfrac{n-1}{n}S^2 \tag{2.2.4}$$

另外，常用的样本方差有如下计算公式：

$$S^2 = \dfrac{1}{n-1}\Big(\sum_{i=1}^{n} X_i^2 - n\overline{X}^2\Big) \tag{2.2.5}$$

样本均值 $\overline{X}$ 有如下性质：

(1) $\sum\limits_{i=1}^{n}(X_i-\overline{X}) = 0$；

(2) 若总体 X 的均值、方差存在，且 $EX=a, DX=\sigma^2$，则

$$E\overline{X} = a, \quad D\overline{X} = \dfrac{\sigma^2}{n}$$

(3) 当 $n\to\infty$ 时，$\overline{X} \xrightarrow{p} a$.

证明 (1) $\sum\limits_{i=1}^{n}(X_i-\overline{X}) = \sum\limits_{i=1}^{n} X_i - n\overline{X} = n\overline{X} - n\overline{X} = 0$

(2) $E\overline{X} = E\Big(\dfrac{1}{n}\sum\limits_{i=1}^{n} X_i\Big) = \dfrac{1}{n}\sum\limits_{i=1}^{n} EX_i = \dfrac{1}{n}\sum\limits_{i=1}^{n} EX = a$

$D\overline{X} = D\Big(\dfrac{1}{n}\sum\limits_{i=1}^{n} X_i\Big) = \dfrac{1}{n^2}\sum\limits_{i=1}^{n} DX_i = \dfrac{1}{n^2}\sum\limits_{i=1}^{n} DX = \dfrac{1}{n^2}\cdot n\cdot\sigma^2 = \dfrac{\sigma^2}{n}$

(3) 由概率论中的大数定律知，当 $n\to\infty$ 时，$\overline{X}\xrightarrow{p} a$.

上述性质(3)表明，随着样本容量 n 的逐渐增大，样本均值 $\overline{X}$ 依概率收敛于总体均值 a. 因此，样本均值常用于估计总体均值，或用它来检验关于总体均值 a 的各种假设.

样本方差 S^2 的性质：

(1) 如果 DX 存在，则 $ES^2 = DX$，$EM_2^* = \dfrac{n-1}{n}DX$；

(2) 对任意实数 a，有 $\sum\limits_{i=1}^{n}(x_i-\overline{x})^2 \leqslant \sum\limits_{i=1}^{n}(x_i-a)^2$.

证明 (1) 由公式(2.2.5)知，

$$ES^2 = E\left(\frac{1}{n-1}\sum_{i=1}^{n}X_i^2 - \frac{n}{n-1}\overline{X}^2\right) = \frac{1}{n-1}\sum_{i=1}^{n}EX_i^2 - \frac{n}{n-1}E\overline{X}^2$$

$$= \frac{n}{n-1}EX^2 - \frac{n}{n-1}E\overline{X}^2 = \frac{n}{n-1}(DX + (EX)^2 - D\overline{X} - (E\overline{X})^2)$$

$$= \frac{n}{n-1}\left(DX + (EX)^2 - \frac{DX}{n} - (EX)^2\right) = DX$$

(2) $\sum_{i=1}^{n}(x_i - \overline{x})^2 = \sum_{i=1}^{n}((x_i - a) + (a - \overline{x}))^2$

$$= \sum_{i=1}^{n}(x_i - a)^2 + n(a - \overline{x})^2 + 2(a - \overline{x})\sum_{i=1}^{n}(x_i - a)$$

$$= \sum_{i=1}^{n}(x_i - a)^2 + n(a - \overline{x})^2 - 2(a - \overline{x})\sum_{i=1}^{n}(a - x_i)$$

$$= \sum_{i=1}^{n}(x_i - a)^2 - n(a - \overline{x})^2 \leqslant \sum_{i=1}^{n}(x_i - a)^2$$

例 2.2.4 设总体 $X \sim U[0,\theta], \theta > 0, X_1, X_2, \cdots, X_n$ 为 X 的样本. 求 $E\overline{X}, D\overline{X}, EM_2^*$.

解 $E\overline{X} = EX = \dfrac{\theta}{2}$

$D\overline{X} = \dfrac{1}{n}DX = \dfrac{1}{n}\dfrac{(\theta-0)^2}{12} = \dfrac{\theta^2}{12n}$

$EM_2^* = \dfrac{n-1}{n}DX = \dfrac{(n-1)\theta^2}{12n}$

2.3 顺序统计量、经验分布函数和直方图

2.3.1 顺序统计量

定义 2.3.1 设 $X_1, X_2, \cdots, X_n$ 为总体 X 的样本，$x_1, x_2, \cdots, x_n$ 为样本观测值，将 $x_1, x_2, \cdots, x_n$ 按从小到大的递增顺序进行排序：$x_{(1)} \leqslant x_{(2)} \leqslant \cdots \leqslant x_{(n)}$. 当样本 $X_1, X_2, \cdots, X_n$ 取值为 $x_1, x_2, \cdots, x_n$ 时，定义 $X_{(k)}$ 取值为 $x_{(k)}$, $k = 1, 2, \cdots, n$, 由此得到 n 个统计量 $X_{(1)}, X_{(2)}, \cdots, X_{(n)}$, 称其为样本 $X_1, X_2, \cdots, X_n$ 的顺序统计量.

特别地，称 $X_{(1)}$ 为最小顺序统计量，$X_{(n)}$ 为最大顺序统计量，称 $X_{(n)} - X_{(1)}$ 为极差，称

$$\widetilde{X} = \begin{cases} X_{(\frac{n+1}{2})}, & n \text{ 为奇数} \\ \dfrac{1}{2}(X_{(\frac{n}{2})} + X_{(\frac{n}{2}+1)}), & n \text{ 为偶数} \end{cases} \tag{2.3.1}$$

为样本中位数. 样本中位数反映了随机变量 X 在实轴上分布的位置特征，而极差反映了

随机变量 X 取值的分散程度. 由于在计算上它们比 $\overline{X}, S^2$ 容易, 更适于现场使用, 但理论研究较为困难, 特别是研究极差和样本中位数的分布特征有一定的难度.

设 $F(x)$ 是总体 X 的分布函数, $X_1, X_2, \cdots, X_n$ 为 X 的样本, $X_{(1)}, X_{(2)}, \cdots, X_{(n)}$ 为顺序统计量, $F_{(1)}(x), F_{(n)}(x)$ 分别表示随机变量 $X_{(1)}, X_{(n)}$ 的分布函数. 则对任意的实数 x, 有

$$F_{(n)}(x) = P(X_{(n)} \leqslant x) = P(X_1 \leqslant x, X_2 \leqslant x, \cdots, X_n \leqslant x)$$
$$= \prod_{i=1}^{n} P(X_i \leqslant x) = \prod_{i=1}^{n} P(X \leqslant x) = F^n(x) \tag{2.3.2}$$

$$F_{(1)}(x) = P(X_{(1)} \leqslant x) = 1 - P(X_{(1)} > x)$$
$$= 1 - P(X_1 > x, X_2 > x, \cdots, X_n > x)$$
$$= 1 - \prod_{i=1}^{n} P(X_i > x) = 1 - \prod_{i=1}^{n} P(X > x)$$
$$= 1 - (P(X > x))^n = 1 - (1 - F(x))^n \tag{2.3.3}$$

当 X 为连续型随机变量且有密度函数 $f(x)$ 时, 则 $X_{(1)}, X_{(n)}$ 也是连续型随机变量, 且它们的密度函数分别为

$$f_{(1)}(x) = \frac{dF_{(1)}(x)}{dx} = n(1 - F(x))^{n-1} f(x) \tag{2.3.4}$$

$$f_{(n)}(x) = \frac{dF_{(n)}(x)}{dx} = n(F(x))^{n-1} f(x) \tag{2.3.5}$$

以上公式在统计分析中经常遇到, 如何应用它们呢? 下面给出一个例子.

例 2.3.1 设总体 $X \sim U[0, \theta], \theta > 0, X_1, X_2, \cdots, X_n$ 为 X 的样本. 分别求 $X_{(1)}, X_{(n)}$ 的密度函数 $f_{(1)}(x), f_{(n)}(x)$.

解 因为 $X \sim U[0, \theta], \theta > 0$, 所以 X 的密度函数与分布函数分别为

$$f(x) = \begin{cases} \dfrac{1}{\theta}, & x \in [0, \theta] \\ 0, & x \notin [0, \theta] \end{cases} \qquad F(x) = \begin{cases} 0, & x \leqslant 0 \\ \dfrac{x}{\theta}, & 0 < x \leqslant \theta \\ 1, & x > \theta \end{cases}$$

因此, 由式(2.3.4)和式(2.3.5)得

$$f_{(1)}(x) = n(1 - F(x))^{n-1} f(x)$$
$$= \begin{cases} n\left(1 - \dfrac{x}{\theta}\right)^{n-1} \dfrac{1}{\theta}, & x \in [0, \theta] \\ 0, & x \notin [0, \theta] \end{cases}$$

$$f_{(n)}(x) = n\,(F(x))^{n-1} f(x)$$
$$= \begin{cases} n\left(\dfrac{x}{\theta}\right)^{n-1}\dfrac{1}{\theta}, & x \in [0,\theta] \\ 0, & x \notin [0,\theta] \end{cases}$$

思考：样本 $X_1, X_2, \cdots, X_n$ 是一组独立同分布的随机变量，那么顺序统计量 $X_{(1)}, X_{(2)}, \cdots, X_{(n)}$ 是否是一组独立同分布的随机变量？

2.3.2 经验分布函数

样本是总体的代表和反映. 总体 X 的分布函数 $F(x)$ 称为理论分布，往往是未知的，如何由样本对总体的分布进行推断呢？一般可用经验分布函数去描述（推断）总体的分布，用直方图去描述（推断）总体 X（连续）的密度函数.

定义 2.3.2 设 $x_1, x_2, \cdots, x_n$ 为来自于总体 X 的样本的观测值，将这些值从小到大排序：$x_{(1)} \leqslant x_{(2)} \leqslant \cdots \leqslant x_{(n)}$，对任意实数 x，有

$$F_n(x) = \begin{cases} 0, & x < x_{(1)} \\ \dfrac{k}{n}, & x_{(k)} \leqslant x < x_{(k+1)}; k=1,2,\cdots,n-1 \\ 1, & x \geqslant x_{(n)} \end{cases} \quad (2.3.6)$$

则称 $F_n(x)$ 为总体 X 的经验分布函数（empirical distribution function）.

由式（2.3.6）及图 2.3.1 知，$F_n(x)$ 是 x 的单调不减函数，且具有如下性质：

(1) $0 \leqslant F_n(x) \leqslant 1$；
(2) $F_n(-\infty)=0, F_n(+\infty)=1$；
(3) $F_n(x+0) = F_n(x)$（右连续性）.

即 $F_n(x)$ 满足分布函数 $F(x)$ 的三个基本性质. 值得注意的是：对于样本的不同观测值 $x_1, x_2, \cdots, x_n$，得到的经验分布函数 $F_n(x)$ 是不同的. 因此，在试验之前，对应每个固定的 x 值，$F_n(x)$ 是样本 $X_1, X_2, \cdots, X_n$ 的函数. 从而 $F_n(x)$ 是一个随机变量，即是一个统计量.

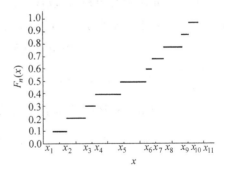

图 2.3.1 $n=11$ 的经验分布曲线 $F_n(x)$

为什么可以用 $F_n(x)$ 近似于总体 X 的分布函数 $F(x)$ 呢？理论上可以证明

$$P(\lim_{n\to\infty} \sup_{-\infty < x < \infty} |F_n(x) - F(x)| < \varepsilon) = 1 \text{（对任意的 } \varepsilon > 0\text{）}$$

这是著名的 Гленко（格里汶科）定理. 该定理的证明已经超出了本书的要求，感兴趣的读者可参阅相关书籍. 但可以从一个实际例子的图形得到启示，当 n 愈大时，用 $F_n(x)$ 作为

分布函数 $F(x)$ 的估计将会愈精确. 图 2.3.2 给出了某正态总体 X 的理论分布函数 $F(x)$ 的曲线和经验分布函数 $F_{76}(x)$ 的曲线拟合情况.

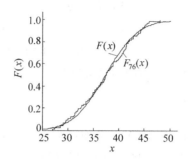

图 2.3.2　数据的正态分布曲线 $F(x)$ 与经验分布拟合曲线 $F_{76}(x)$

2.3.3　直方图

直方图是用来近似描述连续型总体的密度函数曲线的. 当样本容量 n 越大,且分组比较细时,近似程度也就越好.

构造直方图的步骤如下.

假设 $x_1, x_2, \cdots, x_n$ 为连续型总体 X 的样本观测值.

(1) 求出样本观测值 $x_1, x_2, \cdots, x_n$ 的极差 $x_{(n)} - x_{(1)}$.

(2) 确定组数与组距. 将包含 $x_{(1)}, x_{(n)}$ 的区间 $[a,b]$ 分成 m 个小区间: $[t_i, t_{i+1})$, $i = 1, 2, \cdots, m$, 其中 a 略小于 $x_{(1)}$, b 略大于 $x_{(n)}$. m 不能太小, 也不能太大, 一般的经验公式是: $m \approx 1.87(n-1)^{0.4}$. 组距由下式确定: 组距 $= (b-a)/m$. 各上、下限的公式为: $t_{i+1} = t_i + \dfrac{b-a}{m}$, $i = 1, 2, \cdots, m$, $t_1 = a$.

(3) 计算落入各区间样品个数. 记落入区间 $[t_i, t_{i+1})$ 内的样品个数为 v_i, 称它为样本落入第 i 个区间的频数, 称 $f_i = \dfrac{v_i}{n}$ 为样本落入区间 $[t_i, t_{i+1})$, $i = 1, 2, \cdots, m$ 内的频率.

(4) 作图. 在 xOy 平面上, 以 x 轴上第 i 个小区间 $[t_i, t_{i+1})$ 为底, 以 $\dfrac{f_i}{t_{i+1} - t_i}$ 为高作第 i 个长方形, 这样一排竖着的长方形所构成的图形就叫做直方图. 第 i 个长方形的面积为 f_i, 所有长方形的面积之和为 1. 沿直方图边缘的曲线就是连续型总体的密度函数曲线的近似曲线.

例 2.3.2　某轧钢厂生产了一批 $\phi 85$mm 的钢材, 为了研究这批钢材的抗张力, 从中随机地抽取了 76 个样品进行抗张力试验, 测出数据见表 2.3.1.

表 2.3.1　钢材抗张力数据表　　　　　　　　　　kg/cm²

41.0	37.0	33.0	44.2	30.5	27.0	45.0	28.5	31.2	33.5	38.5	41.5
42.0	45.5	42.5	39.0	38.8	35.5	32.5	29.6	32.6	34.5	37.5	39.5
42.8	45.1	42.8	45.8	39.8	37.2	33.8	31.2	29.0	35.2	37.8	41.2
43.8	48.0	43.6	41.8	36.6	34.8	31.0	32.0	33.5	37.4	40.8	44.7
40.2	41.3	38.8	34.1	31.8	34.6	38.3	41.3	30.0	35.2	37.5	40.5
38.1	37.3	37.1	41.5	29.5	29.1	27.5	34.8	36.5	44.4	40.0	44.5
40.6	36.2	35.8	31.5								

试用直方图法求出总体 X 密度函数曲线的近似曲线.

解　根据作直方图的步骤,计算结果如表 2.3.2,其图形如图 2.3.3 所示.

表 2.3.2　直方图计算表

分组区间	频数 v_i	频率 f_i	纵坐标值 y_i
[27,30)	8	0.105	0.035
[30,33)	10	0.132	0.044
[33,36)	12	0.158	0.053
[36,39)	17	0.224	0.074
[39,42)	14	0.184	0.061
[42,45)	11	0.145	0.048
[45,48)	4	0.053	0.018

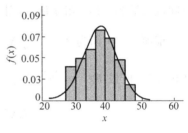

图 2.3.3　数据的直方图与拟合曲线

2.4　抽样分布

在数理统计中,统计量是对总体分布和参数进行推断的基础,由于统计量是一个随机变量,称统计量的分布为抽样分布(sampling distribution).从应用的角度来看,对于统计量分布的研究是很有必要的.一般地,要确定一个统计量的分布是十分复杂的,要用到许多概率知识.本节将讨论正态总体下一些常用的抽样分布.

2.4.1　几个重要的分布

1. 卡方分布

设 $X_1,X_2,\cdots,X_n$ 为 n 个独立且都服从标准正态分布的随机变量.记 $\chi^2 = \sum_{i=1}^{n} X_i^2$.则称随机变量 χ^2 服从参数为 n 的卡方分布,记为 $\chi^2 \sim \chi^2(n)$.可以证明,χ^2 有如下的密度函数:

$$f(x,n) = \begin{cases} \dfrac{1}{2^{n/2}\Gamma(n/2)} x^{n/2-1} e^{-x/2}, & x > 0 \\ 0, & x \leqslant 0 \end{cases} \quad (2.4.1)$$

称其中的参数 n 为自由度. 密度函数曲线如图 2.4.1 所示.

显然,随机变量 χ^2 是一个非负的连续型随机变量. 图 2.4.1 中给出了三条参数分别为 $1,3,8$ 的卡方密度函数曲线.

卡方分布具有如下两个重要性质：

(1) 设 $\chi^2 \sim \chi^2(n)$,则 $E\chi^2 = n, D\chi^2 = 2n$；

(2) (线性可加性) 设 $\chi_1^2 \sim \chi^2(n_1), \chi_2^2 \sim \chi^2(n_2)$,且随机变量 χ_1^2 和 χ_2^2 相互独立,则 $\chi_1^2 + \chi_2^2 \sim \chi^2(n_1 + n_2)$.

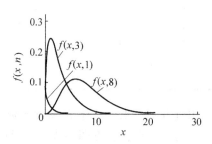

图 2.4.1 χ^2 分布密度函数曲线

证明 (1) 因为 $\chi^2 = \sum\limits_{i=1}^{n} X_i^2$,其中 $X_1, X_2, \cdots, X_n$ 为 n 个相互独立的标准正态分布的随机变量. 所以 $E\chi^2 = \sum\limits_{i=1}^{n} EX_i^2 = \sum\limits_{i=1}^{n} DX_i = n$. 又因

$$EX_i^4 = \frac{1}{\sqrt{2\pi}} \int_{-\infty}^{+\infty} x^4 e^{-\frac{x^2}{2}} dx = 3$$

所以 $DX_i^2 = EX_i^4 - (EX_i^2)^2 = 3 - 1 = 2, D\chi^2 = \sum\limits_{i=1}^{n} DX_i^2 = \sum\limits_{i=1}^{n} 2 = 2n$.

(2) 由卡方分布的定义可以直接证明(略).

推论 2.4.1 设 $X_1, X_2, \cdots, X_n$ 独立同分布于 $N(\mu, \sigma^2)$,令 $\widetilde{S}^2 = \dfrac{1}{n} \sum\limits_{i=1}^{n} (X_i - \mu)^2$,则 $\dfrac{n\widetilde{S}^2}{\sigma^2} \sim \chi^2(n)$,并且 $E\widetilde{S}^2 = \sigma^2, D\widetilde{S}^2 = \dfrac{2\sigma^4}{n}$.

证明 令 $Y_i = \dfrac{X_i - \mu}{\sigma}, i = 1, 2, \cdots, n$,则 $Y_1, Y_2, \cdots, Y_n$ 也独立同分布于 $N(0,1)$,由卡方分布的定义可得

$$\chi^2 = \sum_{i=1}^{n} Y_i^2 = \sum_{i=1}^{n} \left(\frac{X_i - \mu}{\sigma} \right)^2 = \frac{1}{\sigma^2} \sum_{i=1}^{n} (X_i - \mu)^2 = \frac{n\widetilde{S}^2}{\sigma^2} \sim \chi^2(n)$$

并且由卡方分布的性质 1 知

$$E\left(\frac{n\widetilde{S}^2}{\sigma^2} \right) = n, \quad D\left(\frac{n\widetilde{S}^2}{\sigma^2} \right) = 2n$$

解出

$$E\widetilde{S}^2 = \sigma^2, \quad D\widetilde{S}^2 = \frac{2\sigma^4}{n}$$

特别地,若 $X \sim N(\mu, \sigma^2)$,则 $\left(\dfrac{X-\mu}{\sigma}\right)^2 \sim \chi^2(1)$.

2. t 分布

设 $X \sim N(0,1), Y \sim \chi^2(n)$,且 X 与 Y 相互独立,记 $T = \dfrac{X}{\sqrt{Y/n}}$,则称 T 服从自由度为 n 的 t 分布,记为 $T \sim t(n)$. 同样可以证明,T 的密度函数为

$$f(x,n) = \dfrac{\Gamma\left(\dfrac{n+1}{2}\right)}{\sqrt{n\pi}\,\Gamma(n/2)}\left(1+\dfrac{x^2}{n}\right)^{-\frac{n+1}{2}}, \quad x \in \mathbb{R} \qquad (2.4.2)$$

易知 $f(x,n)$ 是变量 x 的偶函数,且含有一个参数 n,$f(x,n)$ 的曲线如图 2.4.2 所示.

t 分布有如下性质:

(1) 当 $n>1$ 时,$ET=0$,密度函数曲线关于轴 $x=0$ 对称;

(2) 当 $n>2$ 时,$DT=\dfrac{n}{n-2}$;

(3) 当 $n=1$ 时,T 的密度函数为:$f(x,n)=\dfrac{1}{\pi}\dfrac{1}{1+x^2}, x \in \mathbb{R}$(Cauchy 分布);

(4) 当 $n \to \infty$ 时,$f(x,n) \to \dfrac{1}{\sqrt{2\pi}}\mathrm{e}^{-\frac{x^2}{2}}, x \in \mathbb{R}$.

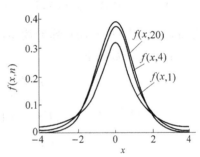

图 2.4.2 t 分布密度函数曲线

这说明当 n 充分大时,随机变量 T 近似服从标准正态分布.

例 2.4.1 设 X_1, X_2, X_3, X_4 独立同分布于 $N(0, 2^2)$,令

$$Y_1 = a(X_1-2X_2)^2 + b(3X_3-4X_4)^2$$

$$Y_2 = c\dfrac{X_1-X_2}{\sqrt{X_3^2+X_4^2}}$$

(1) 求参数 a,b,使 Y_1 服从 χ^2 分布,并求其自由度;

(2) 求参数 c,使 Y_2 服从 t 分布,并求其自由度.

解 (1) 因为 $X_1-2X_2 \sim N(0, 20)$,$3X_3-4X_4 \sim N(0, 100)$,则 $\dfrac{X_1-2X_2}{\sqrt{20}}$ 与 $\dfrac{3X_3-4X_4}{10}$ 相互独立,且都服从标准正态分布 $N(0,1)$,根据卡方分布的定义,有

$$\left(\dfrac{X_1-2X_2}{\sqrt{20}}\right)^2 + \left(\dfrac{3X_3-4X_4}{10}\right)^2 \sim \chi^2(2)$$

即参数 $a=\dfrac{1}{20}, b=\dfrac{1}{100}$,使

$$Y_1 = \frac{1}{20}(X_1 - 2X_2)^2 + \frac{1}{100}(3X_3 - 4X_4)^2 \sim \chi^2(2),$$ 并且自由度为 2.

(2) 因为 $X_1 - X_2 \sim N(0,8)$, $\frac{1}{2^2}(X_3^2 + X_4^2) \sim \chi^2(2)$, 由 t 分布的定义知

$$\frac{X_1 - X_2}{\sqrt{8}} \bigg/ \sqrt{\frac{X_3^2 + X_4^2}{2 \times 2^2}} \sim t(2)$$

当参数 $c = 1$ 时, $Y_2 = \frac{X_1 - X_2}{\sqrt{X_3^2 + X_4^2}} \sim t(2)$, 并且 t 分布的自由度为 2.

3. F 分布

设 $X \sim \chi^2(m)$, $Y \sim \chi^2(n)$, 且 X 与 Y 独立. 记 $F = \dfrac{X/m}{Y/n}$, 则称 F 服从参数为 (m,n) 的 F 分布, 记为 $F \sim F(m,n)$, 称参数 m,n 分别为第一自由度和第二自由度.

F 的密度函数如下:

$$f(x,m,n) = \begin{cases} \dfrac{\Gamma\left(\dfrac{m+n}{2}\right)}{\Gamma\left(\dfrac{m}{2}\right)\Gamma\left(\dfrac{n}{2}\right)} \left(\dfrac{m}{n}\right)^{\frac{m}{2}} x^{\frac{m}{2}-1} \left(1 + \dfrac{mx}{n}\right)^{-\frac{n+m}{2}}, & x > 0 \\ 0, & x \leqslant 0 \end{cases} \quad (2.4.3)$$

其曲线图形见图 2.4.3.

易见, F 分布具有如下性质:

(1) 当 $F \sim F(m,n)$ 时, $\dfrac{1}{F} \sim F(n,m)$;

(2) 当 $T \sim t(n)$ 时, $T^2 \sim F(1,n)$. (读者自证)

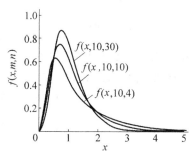

图 2.4.3 F 分布密度函数曲线

2.4.2 分位数

设 X 为一随机变量, 若已知 X 的分布函数 $F(x)$, 给定任意实数 x, 可以求出事件 $\{X \leqslant x\}$ 的概率. 在统计中, 经常会遇到上述问题的逆问题, 即已知概率 $P(X \leqslant x)$, 求实数 x 的值, 有如下定义.

定义 2.4.1 设 X 是连续型随机变量, 密度函数为 $f(x)$, 给定概率 p, 如果可以确定常数 v_p, 使得

$$P(X \leqslant v_p) = \int_{-\infty}^{v_p} f(x) \mathrm{d}x = p \quad (2.4.4)$$

则称 v_p 为密度函数 $f(x)$ 的(下侧) p 分位数.

如图 2.4.4 所示，分位数 v_p 表示刻度 v_p 以左的一块阴影面积为 p.

在数理统计中，常见的分位数有正态分布密度的 u 分位数，χ^2 分位数，t 分位数，F 分位数等，分别记为 $u_p, \chi_p^2(n), t_p(n), F_p(m,n)$. 它们有如下性质：

(1) $u_p = -u_{1-p}$；

(2) $t_p(n) = -t_{1-p}(n)$；

(3) 当 $n > 45$ 时，$t_p(n) \approx u_p$，$\chi_p^2(n) \approx \dfrac{1}{2}(u_p + \sqrt{2n-1})^2$；

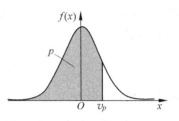

图 2.4.4 分位数示意图

(4) $F_p(m,n) = \dfrac{1}{F_{1-p}(n,m)}$；

(5) $t_{1-\frac{p}{2}}^2(n) = F_{1-p}(1,n)$.

证明 (1) 由标准正态分布密度函数关于 y 轴的对称性知
$$P(X < -u_p) = P(X > u_p) = 1 - P(X \leqslant u_p) = 1 - p$$
所以 $-u_p = u_{1-p}$.

(2) 因为 t 分布的密度函数也是关于 y 轴对称，所以证明同 (1)，读者自证.

(3) 对于较大的 n，t 分布和 χ^2 分布具有渐近正态性，所以该结论成立.

(4) 如果 $F \sim F(m,n)$，则 $\dfrac{1}{F} \sim F(n,m)$（由 F 分布的性质知），
$$P\left(F < \dfrac{1}{F_p(n,m)}\right) = P\left(\dfrac{1}{F} > F_p(n,m)\right)$$
$$= 1 - P\left(\dfrac{1}{F} \leqslant F_p(n,m)\right) = 1 - p$$
所以 $\dfrac{1}{F_p(n,m)} = F_{1-p}(m,n)$.

(5) 利用 F 分布的性质证明（读者自证）.

下面结合例题分别介绍如何查表计算分位数.

例 2.4.2 求下列分位数：

(1) $u_{0.95} = 1.65, u_{0.975} = 1.96; u_{0.05} = -u_{0.95} = -1.65$；

(2) $t_{0.975}(10) = 2.2281, t_{0.025}(10) = -t_{0.975}(10) = -2.2281, t_{0.95}(50) \approx u_{0.95} = 1.65$；

(3) $\chi_{0.90}^2(9) = 14.684, \chi_{0.25}^2(9) = 5.899$；

(4) $F_{0.95}(2,5) = 5.79, F_{0.05}(2,5) = \dfrac{1}{F_{0.95}(5,2)} = \dfrac{1}{19.3} = 0.052$；

(5) 求 $\chi_{0.993}^2(10)$.

在所给的 χ^2 分位数表中无法查到,这时需要利用插值法. 此处采用线性插值,因为概率 0.993 介于表中 0.99 与 0.995 之间,通过查表得知:$\chi^2_{0.99}(10)=23.209$,$\chi^2_{0.995}(10)=25.188$,则令

$$a = 23.209, \quad f(a) = 0.99$$
$$b = 25.188, \quad f(b) = 0.995$$

欲求 x,使得 $f(x)=0.993$.

由线性插值公式 $\dfrac{x-a}{b-a}=\dfrac{f(x)-f(a)}{f(b)-f(a)}$ 得

$$x = a + \frac{f(x)-f(a)}{f(b)-f(a)}(b-a)$$
$$= 23.209 + \frac{0.993-0.99}{0.995-0.99} \times (25.188-23.209) = 24.3964$$

即 $\chi^2_{0.993}(10)=24.3964$.

2.4.3 抽样分布定理

下面介绍总体为正态分布时的一个重要的抽样分布定理和推论,它们在以后各章中起着重要的作用.

定理 2.4.1 设总体 $X\sim N(\mu,\sigma^2)$,$X_1,X_2,\cdots,X_n$ 为总体 X 的样本,$\overline{X}$,S^2 分别为样本均值和样本方差,则

(1) $\overline{X}\sim N\left(\mu,\dfrac{\sigma^2}{n}\right)$,或 $\dfrac{\overline{X}-\mu}{\sigma/\sqrt{n}}\sim N(0,1)$; \hfill (2.4.5)

(2) $\dfrac{(n-1)S^2}{\sigma^2}\sim \chi^2(n-1)$; \hfill (2.4.6)

(3) $\overline{X}$ 与 S^2 相互独立. \hfill (2.4.7)

证明 请参阅书末所附参考文献中的相关书籍,此处从略.

利用定理 2.4.1,可以得出一些常用的统计量的分布,如下面的一些重要的结论.

推论 2.4.1 设 $X_1,X_2,\cdots,X_n$ 来自于正态总体 $N(\mu,\sigma^2)$,则

$$T = \frac{\overline{X}-\mu}{S/\sqrt{n}} \sim t(n-1) \tag{2.4.8}$$

推论 2.4.2 设 $X_1,X_2,\cdots,X_n$;$Y_1,Y_2,\cdots,Y_m$ 分别来自正态总体 $N(\mu_1,\sigma^2)$,$N(\mu_2,\sigma^2)$,并且两组样本相互独立,则

$$T = \frac{(\overline{X}-\overline{Y})-(\mu_1-\mu_2)}{\sqrt{(n-1)S_X^2+(m-1)S_Y^2}}\sqrt{\frac{nm(n+m-2)}{n+m}} \sim t(n+m-2) \tag{2.4.9}$$

$$\frac{S_X^2}{S_Y^2} \sim F(n-1,m-1) \tag{2.4.10}$$

2.5 应用案例

随着计算机技术的飞速发展,现代统计方法的应用变得普遍和深入,各种专业的大型统计软件开始为大众所熟悉,如 R,SAS,SPSS,S-Plus,等等,还有一些数学专业软件如 MATLAB 等也可以用于统计计算和应用案例. 但考虑到工程硕士的实际背景以及专业软件昂贵的购买和使用成本,本书所有的应用案例使用最简单的 Excel 电子表格进行统计计算,这样做的好处是可以让学员了解所用统计方法的详尽步骤,尤其是所用公式的编辑和修改过程. 这对于改正初学者过度依赖大型统计软件,对于统计方法和计算过程越来越不求甚解的弊端大有裨益.

下面利用 2004 重庆统计年鉴 14-3 表分析重庆市国际旅游人数和外汇收入分布情况,Excel 数据表见表 2.5.1.

表 2.5.1 重庆市国际旅游人数和外汇收入(1985—2003 年)

	A 年份	B 接待旅游 人数/人次	C 外国人	D 港澳台同胞	E 旅游外汇 收入/万美元	F 平均每人 逗留天数/天
3	1985	49 508	40 460	8370	527	2.1
4	1986	55 152	44 290	8904	860	1.7
5	1987	60 894	52 177	8253	1063	1.5
6	1988	64 181	45 193	18 711	1281	1.5
7	1989	41 248	21 454	19 595	1027	1.6
8	1990	69 609	19 913	49 570	1823	1.3
9	1991	81 745	29 625	51 950	2354	1.6
10	1992	141 165	52 949	88 050	3997	1.3
11	1993	135 596	59 140	76 025	4819	1.4
12	1994	138 593	93 408	44 180	5432	1.5
13	1995	142 892	93 625	48 942	6333	2.0
14	1996	161 761	108 163	53 238	7090	2.3
15	1997	259 414	154 919	103 720	10 548	2.7
16	1998	163 738	116 288	47 211	8837	3.2
17	1999	184 936	133 629	51 173	9726	3.2
18	2000	266 081	192 863	73 218	13 837	3.2
19	2001	313 254	219 214	94 040	16 341	3.1
20	2002	461 484	310 934	150 550	21 802	2.7
21	2003	234 521	181 744	52 777	11 323	2.8

首先来看直方图的生成.如果打开 Excel 后"工具"菜单栏没有"数据分析"选项,则需要先加载宏.选择"工具"、"加载宏"并确定后,工具栏中多了"数据分析"选项.先调用上表数据,选择"数据分析"中的"直方图".现在考虑平均每人逗留的天数的情况,该数据在 Excel 表中位于第 F 列,第一个数据在第 3 行,最后一个数据在第 21 行,在弹出的直方图表单输入区域处输入 F3:F21,或者拉动鼠标点选 F3 到 F21;接下来在第 G 列(空列)填入数据分区的端点,根据经验公式计算分组区间数为 6,故此处选择 0.4 为区间长度,可以在 G 列依次填入 1.3,1.7,…,3.3(这里 1.3 就是 a,它不大于样本最小值,3.3 就是 b,它不小于最大样本值);然后在直方图对话框的接收区域输入 G3:G13 或者用鼠标点选 G3 到 G13 的所有数据,选择确定,在接收区域就会得到频数表;计算出频率再计算出纵坐标值,见表 2.5.2;最后在 Excel 的菜单中选择插入图表.注意各个步骤中的选择(作为课后练习,请读者补全步骤,在数据分析直方图选项中不要选择"图表输出",否则得到的是频数分布图).得到的直方图如图 2.5.1 所示.

表 2.5.2

右端点	频数	频率	纵坐标值
1.3	2	0.11	0.26
1.7	7	0.37	0.92
2.1	2	0.11	0.26
2.5	1	0.05	0.13
2.9	3	0.16	0.39
3.3	4	0.21	0.53

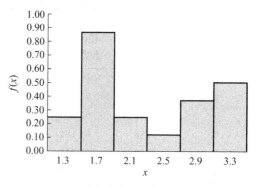

图 2.5.1 直方图

以上直方图主要显示了平均每人逗留天数的分布状态,类似地可以分析旅游外汇收入的分布状况,请读者自己分析.

习 题 2

1. 为了研究玻璃产品在集装箱托运过程中的损坏情况,现随机抽取 20 个集装箱检查其产品损坏的件数,记录结果为

    1,1,1,1,2,0,0,1,3,1,0,0,2,4,0,3,1,4,0,2.

写出样本频率分布、经验分布函数,并画出其图形.

2. 某地区测量了 95 位男性成年人身高,得数据(单位:cm)如下:

组下限	165	167	169	171	173	175	177
组上限	167	169	171	173	175	177	179
人数	3	10	21	23	22	11	5

试画出身高直方图,它是否近似服从某个正态分布.

3. 设总体 X 的方差为 4,均值为 a,现抽取容量为 100 的样本,试确定常数 k,满足 $P(|\overline{X}-a|<k)=0.9$.

4. 从总体 $X \sim N(52, 6.3^2)$ 中抽取容量为 36 的样本,求样本均值落在 50.8 到 53.8 之间的概率.

5. 从总体 $X \sim N(20,3)$ 中分别抽取容量为 10 与 15 的两个独立的样本,求它们的均值之差的绝对值大于 0.3 的概率.

6. 设 $X_1, X_2, \cdots, X_{10}$ 是总体 $X \sim N(0,4)$ 的样本,试确定 C,使得 $P\left(\sum_{i=1}^{10} X_i^2 > C\right) = 0.05$.

7. 设 $X_1, X_2, \cdots, X_n$ 是总体 $X \sim N(\mu, 4)$ 的样本,$\overline{X}$ 为样本均值,问样本容量 n 应分别取多大,才能使以下各式成立:

(1) $E|\overline{X}-\mu|^2 \leqslant 0.1$; (2) $E|\overline{X}-\mu| \leqslant 0.1$; (3) $P(|\overline{X}-\mu| \leqslant 1) = 0.95$.

8. 设 $X_1, X_2, \cdots, X_n$ 和 $Y_1, Y_2, \cdots, Y_n$ 是两个样本,且有关系式:$Y_i = \frac{1}{b}(X_i - a)$($a, b$ 均为常数,$b \neq 0$),试求两样本均值 $\overline{X}$ 和 $\overline{Y}$ 之间的关系,两样本方差 S_X^2 和 S_Y^2 之间的关系.

9. 设 $X_1, X_2, \cdots, X_5$ 是总体 $X \sim N(0,1)$ 的样本.

(1) 试确定常数 c_1, d_1,使得 $c_1(X_1+X_2)^2 + d_1(X_3+X_4+X_5)^2 \sim \chi^2(n)$,并求出 n;

(2) 试确定常数 c_2,使得 $c_2(X_1^2+X_2^2)/(X_3+X_4+X_5)^2 \sim F(m,n)$,并求出 m 和 n.

10. 设 $T \sim t(n)$,试证:$T^2 \sim F(1,n)$.

11. 设 $X_1, X_2, \cdots, X_n$ 为总体 $X \sim N(\mu, \sigma^2)$ 的样本,$\overline{X}$ 为样本均值,求 n,使得
$$P(|\overline{X}-\mu| \leqslant 0.25\sigma) \geqslant 0.95$$

12. 设 $X_1, X_2, \cdots, X_n$ 为总体 $X \sim U[a,b]$ 的样本,试求:

(1) $X_{(1)}$ 的密度函数;(2) $X_{(n)}$ 的密度函数.

13. 设 $X_1, X_2, \cdots, X_5$ 为总体 $X \sim N(12,4)$ 的样本,试求:

(1) $P(X_{(1)} < 10)$;(2) $P(X_{(5)} < 15)$.

14. 从两个正态总体中分别抽取容量为 20 和 15 的两独立的样本,设总体方差相等,S_X^2, S_Y^2 分别为两样本方差,求 $P\left(\dfrac{S_X^2}{S_Y^2} > 2.39\right)$.

15. 设 $X_1, X_2, \cdots, X_n$ 为总体 $X \sim N(\mu, \sigma^2)$ 的样本,$\overline{X}, S^2$ 为样本均值和样本方差,当 $n=20$ 时,求:

(1) $P\left(\overline{X} < \mu + \dfrac{\sigma}{4.472}\right)$;

(2) $P\left(|S^2 - \sigma^2| < \dfrac{\sigma^2}{2}\right)$;

(3) 确定 C,使 $P\left(\dfrac{S}{\overline{X} - \mu} > C\right) = 0.90$.

第 3 章

参 数 估 计

统计分析的基本任务是从样本出发推断总体分布或总体的某些数字特征,称这个过程为统计推断(statistics inference).统计推断可分为两大类,一类是参数估计,另一类是假设检验.参数估计问题又分两个子问题:点估计和区间估计.本章主要介绍参数估计的内容.

3.1 点估计和区间估计的概念

如果已经知道总体分布的类型,仅仅需要通过样本推断分布中含有的未知参数,这就是数理统计中的参数估计问题.设总体 X 的密度函数为 $f(x)$,其中往往含有未知参数,记为 θ(可看成由多个未知参数组成的参数向量 $\theta = (\theta_1, \theta_2, \cdots, \theta_m)$,此时也可以将 X 的密度函数记为 $f(x, \theta)$,在不致混淆的情况下常可省略参数,下文不再说明).设 X_1, $X_2, \cdots, X_n$ 为取自总体 X 的样本,点估计(point estimate)就是研究如何通过样本 X_1, $X_2, \cdots, X_n$ 提供的信息确定出未知参数 θ 的估计值,即寻找统计量 $\hat{\theta}(X_1, X_2, \cdots, X_n)$,使得当样本观测值为 $x_1, x_2, \cdots, x_n$ 时,用 $\hat{\theta}(x_1, x_2, \cdots, x_n)$ 作为总体分布中未知参数 θ 的估计值.

除了点估计外,还用区间估计(interval estimation)去估计未知参数可能的取值范围.例如估计一个人的年龄在 40 岁到 45 岁之间,或购买某产品的所需费用在 1000~1200 元之间等.区间估计是一种常用的估计形式,其好处是增加了估计的可靠性,当然它是以牺牲估计精度为代价的.

3.2 矩估计和极大似然估计

从样本出发寻求参数的点估计并不是件容易的事,也没有绝对正确的方法,在实际中根据不同的出发点、不同的要求可以设计出形形色色的点估计方法,这些方法不能简单地说谁对谁错,而是互相弥补、互为支撑.本节重点介绍两种常用的方法.

3.2.1 矩法

矩法(method of moments)是 K. Pearson 在 20 世纪初的一系列文章中引进的一种寻找估计量的简单易算的方法.该方法的基本原理是:用样本 k 阶原点矩 $M_k = \frac{1}{n}\sum_{i=1}^{n} X_i^k$ 去估计总体的 k 阶原点矩 EX^k.条件是总体的 k 阶矩必须存在.

设样本 $X_1, X_2, \cdots, X_n$ 来自总体 X,该总体具有密度函数 $f(x, \boldsymbol{\theta})$,其中参数 $\boldsymbol{\theta} = (\theta_1, \theta_2, \cdots, \theta_m)$ 未知.如果总体 k 阶矩 EX^k 存在,则有计算公式 $EX^k = \int_{-\infty}^{+\infty} x^k f(x, \boldsymbol{\theta}) \mathrm{d}x$,显然 EX^k 是参数 $\boldsymbol{\theta}$ 的函数,记为 $\mu_k(\boldsymbol{\theta})$.由 Khinchine(辛钦)大数定律知,当 n 充分大时,有

$$M_k = \frac{1}{n}\sum_{i=1}^{n} X_i^k \xrightarrow{p} EX^k, \quad k = 1, 2, \cdots$$

定义 3.2.1 当 n 充分大时,令

$$\frac{1}{n}\sum_{i=1}^{n} x_i^k = EX^k = \mu_k(\theta_1, \theta_2, \cdots, \theta_m), \quad k = 1, 2, \cdots, m \tag{3.2.1}$$

通过求解以上 m 个方程组得到的解称为 $\theta_1, \theta_2, \cdots, \theta_m$ 的矩估计值,分别记为 $\hat{\theta}_1, \hat{\theta}_2, \cdots, \hat{\theta}_m$.显然它们是 $x_i(i=1,2,\cdots,n)$ 的函数,如果将观测值 x_i 用随机变量(样本)X_i 代替,则称 $\hat{\theta}_1, \hat{\theta}_2, \cdots, \hat{\theta}_m$ 为参数 $\theta_1, \theta_2, \cdots, \theta_m$ 的矩估计量.

特别地,假设总体 X 的数学期望和方差存在,分别表示为 $a = EX$,$\sigma^2 = DX$,它们是未知的.总体的二阶矩 $EX^2 = DX + (EX)^2 = \sigma^2 + a^2$.

由定义 3.2.1 知,对两个未知参数,建立如下两个方程:

$$\begin{cases} \overline{x} = a \\ \frac{1}{n}\sum_{i=1}^{n} x_i^2 = \sigma^2 + a^2 \end{cases}$$

解以上方程组,得到参数 a 和 σ^2 的矩估计量为

$$\hat{a} = \overline{X}, \quad \hat{\sigma}^2 = M_2^* \tag{3.2.2}$$

例 3.2.1 设总体 X 的分布是均匀分布 $U[\theta_1, \theta_2]$,其中 $\theta_1, \theta_2(\theta_1 < \theta_2)$ 为未知参数,$X_1, X_2, \cdots, X_n$ 是来自总体 X 的样本.求参数 θ_1, θ_2 的矩估计量 $\hat{\theta}_1, \hat{\theta}_2$.

解 首先计算总体 X 的数学期望和方差,即

$$EX = \frac{\theta_1 + \theta_2}{2}, \quad DX = \frac{(\theta_2 - \theta_1)^2}{12}$$

由公式(3.2.2),建立方程组

$$\begin{cases} \dfrac{\theta_1 + \theta_2}{2} = \bar{x} \\ \dfrac{(\theta_2 - \theta_1)^2}{12} = m_2^* \end{cases}$$

求解方程组,得到参数 θ_1, θ_2 的矩估计值为

$$\begin{cases} \hat{\theta}_1 = \bar{x} - \sqrt{3}\sqrt{m_2^*} \\ \hat{\theta}_2 = \bar{x} + \sqrt{3}\sqrt{m_2^*} \end{cases}$$

如果将上式中的 $\bar{x}, m_2^*$ 换成相应的大写符号(代表样本矩),则得到矩估计量为

$$\begin{cases} \hat{\theta}_1 = \overline{X} - \sqrt{3}\sqrt{M_2^*} \\ \hat{\theta}_2 = \overline{X} + \sqrt{3}\sqrt{M_2^*} \end{cases}$$

在概率论中,常见分布经常是含一两个参数的情形,因此,由矩法建立一个或两个方程的情况是经常可见的. 例如正态总体 X,其分布为 $N(\mu, \sigma^2)$,因为 $EX = \mu, DX = \sigma^2$,所以 $\hat{\mu} = \overline{X}, \hat{\sigma}^2 = M_2^*$.

例 3.2.2 设样本 $X_1, X_2, \cdots, X_n$ 来自于二项分布 $B(k, p)$,其中 k, p 为未知参数,求参数 k, p 的矩估计量 $\hat{k}, \hat{p}$.

解 因为总体 X 的数学期望和方差分别为 $EX = kp, DX = kp(1-p)$. 令

$$\begin{cases} kp = \bar{x} \\ kp(1-p) = m_2^* \end{cases}$$

解方程组得:$p = \dfrac{\bar{x}}{k}, k = \dfrac{\bar{x}^2}{\bar{x} - m_2^*}$,从而参数 k, p 的矩估计量为

$$\hat{k} = \dfrac{\overline{X}^2}{\overline{X} - M_2^*}, \quad \hat{p} = \dfrac{\overline{X}}{\hat{k}}$$

特别地,如果 k 为已知参数,由矩法知,只需建立一个方程:$kp = \bar{x}$. 由此解出参数 p 的矩估计量为 $\hat{p} = \dfrac{\overline{X}}{k}$.

矩法简单易算,只要总体矩存在,一般就可以通过矩法建立方程或方程组,求出未知参数的估计量.

3.2.2 极大似然法

极大似然估计法(maximum likelihood estimation, MLE)是 Fisher 在 1912 年提出的一种参数估计方法,其思想始于 Gauss 的误差理论. 它具有很多优良的性质,如它充分利用总体分布函数的信息,克服了矩法的某些不足,具有无偏性和有效性等. 极大似然估计法基于如下思想.

在没有其他信息的情况下,只能认为在一次随机试验中发生的事件具有最大的概率.反过来,如果能够使事件发生的概率最大化,该事件也就最有可能发生,因此寻找使概率极大化的参数就是很自然的想法了,极大似然法就是基于这样的想法."似然"在这里有"可能是"的意思.

假设总体 X 是离散总体,其概率分布 $P(X=x,\theta)$ 记为 $f(x,\theta)$,当给定 θ 时,$f(x,\theta)$ 为 X 在 x 处发生的概率;$\prod_{i=1}^{n} f(x_i,\theta)$ 为样本 $X_1,X_2,\cdots,X_n$ 在点 $x_1,x_2,\cdots,x_n$ 处发生的概率.当固定 $x_1,x_2,\cdots,x_n$,让 θ 变化,可能存在 θ 的某一点,使概率 $\prod_{i=1}^{n} f(x_i,\theta)$ 达到最大,记为 $\hat{\theta}$,显然它与 $x_1,x_2,\cdots,x_n$ 有关,从而是样本的函数,记为 $\hat{\theta}(X_1,X_2,\cdots,X_n)$,这就是所谓的参数 θ 的极大似然估计量.

同样,如果总体 X 是连续型的,则样本 $X_1,X_2,\cdots,X_n$ 在点 $x_1,x_2,\cdots,x_n$ 处发生的概率近似为 $\prod_{i=1}^{n} f(x_i,\theta)\Delta x_i$,由于 Δx_i 与参数 θ 无关,所以 $\prod_{i=1}^{n} f(x_i,\theta)\Delta x_i$ 与 $\prod_{i=1}^{n} f(x_i,\theta)$ 关于 θ 具有相同最大值点.

综上所述,定义似然函数(likelihood function)如下:

$$L(\theta) = \prod_{i=1}^{n} f(x_i,\theta)$$

其中 $x_1,x_2,\cdots,x_n$ 为样本观测值.

定义 3.2.2 θ 的极大似然估计定义为满足

$$L(\hat{\theta}) = \max_{\theta \in \Theta} L(\theta) \tag{3.2.3}$$

的统计量 $\hat{\theta}(X_1,X_2,\cdots,X_n)$.

利用极值原理,假设函数 $L(\theta)$ 关于 θ 连续可微,令

$$\frac{\partial}{\partial \theta_i} L(\theta) = 0, \quad i=1,2,\cdots,m; \boldsymbol{\theta}=(\theta_1,\theta_2,\cdots,\theta_m) \tag{3.2.4}$$

通常称方程组(3.2.4)为似然方程组.

为了计算方便,常对似然函数取对数,易知,$L(\theta)$ 和 $\ln L(\theta)$ 在参数空间 Θ 上有相同的最大值点.因此似然方程组(3.2.4)可改写为

$$\frac{\partial}{\partial \theta_i} \ln L(\theta) = 0, \quad i=1,2,\cdots,m; \boldsymbol{\theta}=(\theta_1,\theta_2,\cdots,\theta_m) \tag{3.2.5}$$

通过解似然方程组(3.2.5),得到 $\theta_i(x_1,x_2,\cdots,x_n),i=1,2,\cdots,m$ 的解 $\hat{\theta}_i(X_1,X_2,\cdots,X_n)$,$i=1,2,\cdots,m$,称之为参数 $\theta_1,\theta_2,\cdots,\theta_m$ 的极大似然估计量.

需要注意的是总体中未知参数 θ 的个数决定似然方程组的个数,如果似然方程组无解析解,只能借助于计算机求似然方程组的数值解.

例 3.2.3 某机器生产金属杆用于汽车刹车系统,假设这种金属杆直径服从

$N(\mu,\sigma^2)$,其中参数 μ,σ^2 未知. $X_1,X_2,\cdots,X_n$ 是从中抽取的一个样本. 求参数 μ,σ^2 的极大似然估计量 $\hat{\mu},\hat{\sigma}^2$.

解 因为总体的密度函数为

$$f(x,\mu,\sigma^2)=\frac{1}{\sqrt{2\pi}\sigma}\exp\left(-\frac{(x-\mu)^2}{2\sigma^2}\right)$$

由似然函数定义

$$L(\mu,\sigma^2)=\prod_{i=1}^{n}f(x_i,\mu,\sigma^2)=\prod_{i=1}^{n}\frac{1}{\sqrt{2\pi}\sigma}\exp\left(-\frac{(x_i-\mu)^2}{2\sigma^2}\right)$$

$$=\left(\frac{1}{2\pi\sigma^2}\right)^{\frac{n}{2}}\exp\left[-\frac{\sum_{i=1}^{n}(x_i-\mu)^2}{2\sigma^2}\right]$$

两边取对数,得

$$\ln L(\mu,\sigma^2)=-\frac{n}{2}\ln(2\pi\sigma^2)-\frac{\sum_{i=1}^{n}(x_i-\mu)^2}{2\sigma^2}$$

对参数 μ,σ^2 分别求导,得到似然方程组

$$\begin{cases}\dfrac{\partial}{\partial\mu}\ln L(\mu,\sigma^2)=\dfrac{1}{\sigma^2}\sum_{i=1}^{n}(x_i-\mu)=0\\\dfrac{\partial}{\partial\sigma^2}\ln L(\mu,\sigma^2)=-\dfrac{n}{2\sigma^2}+\dfrac{1}{2\sigma^4}\sum_{i=1}^{n}(x_i-\mu)^2=0\end{cases}$$

解出 $\mu=\dfrac{1}{n}\sum_{i=1}^{n}x_i,\sigma^2=\dfrac{1}{n}\sum_{i=1}^{n}(x_i-\bar{x})^2$,所以,参数 μ,σ^2 的极大似然估计量为: $\hat{\mu}=\overline{X}$, $\hat{\sigma}^2=M_2^*$,这个结果与矩估计量完全相同.

例 3.2.4 在正确使用情况下,某手机电池的保修期为 400 使用小时. 假设 p 是一批这种手机电池在保修期内失效的比例. (1) 求参数 p 的极大似然估计量 $\hat{p}$;(2) 随机抽取了 2000 块电池作为样本,发现有 3 块在保修期内失效,试根据这些信息求参数 p 的极大似然估计值.

解 (1) 从这批手机电池中任意抽取一块,设 X 表示是否在保修期内失效,则 X 服从 $B(1,p)$. 这时参数 p 的极大似然估计就是 0-1 分布中参数的极大似然估计. 又假设 $X_1,X_2,\cdots,X_n$ 是来自总体 X 的样本. 建立似然函数

$$L(p)=\prod_{i=1}^{n}f(x_i,p)=\prod_{i=1}^{n}p^{x_i}(1-p)^{1-x_i}=p^{\sum_{i=1}^{n}x_i}(1-p)^{n-\sum_{i=1}^{n}x_i}$$

$$\ln L(p)=n\bar{x}\ln p+n(1-\bar{x})\ln(1-p)$$

$$\frac{\mathrm{d}}{\mathrm{d}p}\ln L(p)=\frac{n\bar{x}}{p}-\frac{n(1-\bar{x})}{1-p}=n\frac{\bar{x}-p}{p(1-p)}=0$$

解出：$\hat{p}=\bar{x}$. 则参数 p 的极大似然估计量为 $\hat{p}=\bar{X}$.

（2）根据样本信息知，$n=2000, \sum_{i=1}^{2000} x_i = n\bar{x} = 3$，从而参数 p 的极大似然估计值为 $\hat{p}=0.0015$.

有时似然方程可能无解，需借助定义 3.2.2 进行分析.

例 3.2.5 设样本 $X_1, X_2, \cdots, X_n$ 来自均匀分布总体 $U[0, \theta]$，$\theta > 0$ 未知，求参数 θ 的极大似然估计量 $\hat{\theta}$.

解 因为总体的密度函数为

$$f(x, \theta) = \begin{cases} \dfrac{1}{\theta}, & 0 \leqslant x \leqslant \theta \\ 0, & 其他 \end{cases}$$

则该总体决定的似然函数为

$$L(\theta) = \prod_{i=1}^{n} f(x_i, \theta) = \begin{cases} \dfrac{1}{\theta^n}, & 0 \leqslant x_i \leqslant \theta \\ 0, & 其他 \end{cases}$$

因为似然方程为 $\dfrac{\mathrm{d}}{\mathrm{d}\theta} \ln L(\theta) = -\dfrac{n}{\theta} = 0$，显然该方程关于 θ 无解. 这时可以直接利用定义 3.2.2.

当 $0 \leqslant x_i \leqslant \theta, (i=1,2,\cdots,n)$ 时，有 $0 \leqslant x_{(1)} < x_{(n)} \leqslant \theta$，则 $L(\theta) = \dfrac{1}{\theta^n} \leqslant \left(\dfrac{1}{x_{(n)}}\right)^n$，显然，当 $\theta = x_{(n)}$ 时，可使函数 $L(\theta)$ 达到最大，因此，参数 θ 的极大似然估计量为 $\hat{\theta} = X_{(n)}$.

如果样本 $X_1, X_2, \cdots, X_n$ 来自于总体 X，其分布为 $U[\theta_1, \theta_2]$，$\theta_1 < \theta_2$，类似以上的分析可以求出参数 θ_1, θ_2 的极大似然估计量分别为 $\hat{\theta}_1 = X_{(1)}$，$\hat{\theta}_2 = X_{(n)}$. 请读者自行分析.

极大似然估计具有许多优良性质，其中最有用的性质是"不变性"，即若 $\hat{\theta}$ 是参数 θ 的极大似然估计，对任何连续函数 $g(x)$，则 $g(\hat{\theta})$ 也是 $g(\theta)$ 的极大似然估计量. 感兴趣的读者可参考相关书籍.

例如，在正态总体 $N(\mu, \sigma^2)$ 中，关于参数 σ^2 的极大似然估计量是 M_2^*，运用上面的结果，则 $\sqrt{M_2^*}$ 是参数 σ 的极大似然估计量. 又如对 0-1 分布 $B(1, p)$，由例 3.2.4 知，$\hat{p} = \bar{X}$ 是参数 p 的极大似然估计量，同样可由上面的性质得到，参数 $\sqrt{p(1-p)}$ 的极大似然估计量为 $\sqrt{\bar{X}(1-\bar{X})}$.

*3.3 点估计的优良性准则

3.2 节主要讨论了寻找点估计量的常用方法. 对总体中同一参数 θ，采用不同的点估计法求到的估计量 $\hat{\theta}$ 可能是一样的，但在多数情形下，不同方法寻找的估计量是不同的.

例如对于总体 $U[\theta_1,\theta_2]$，参数 θ_1,θ_2 的矩估计和极大似然估计是不相同的. 如何选择较好的估计量，即如何评价估计量的优劣？本节将介绍评价估计量优劣的两个准则：估计量的无偏性和最小方差无偏性.

3.3.1 无偏性

设总体分布含有未知参数 θ，$\hat{\theta}(X_1,X_2,\cdots,X_n)$ 是参数 θ 的一个估计量，在一次抽样中，其观测值与参数真值之间存在偏差 $\hat{\theta}-\theta$，这种偏差是随机的. 因此评价一个估计量是否合理，不能根据一次估计的好坏，而应该根据多次反复使用这个统计量的平均效果来评价. 一个较为直观的想法是希望在大量重复使用估计量 $\hat{\theta}$ 时，所得到的这些估计值的平均值能等于参数 θ 的真值.

定义 3.3.1 设 $\hat{\theta}(X_1,X_2,\cdots,X_n)$ 是参数 θ 的一个估计量，若对任意的 $\theta \in \Theta$，有 $E(\hat{\theta})=\theta$，则称 $\hat{\theta}$ 是参数 θ 的无偏估计量(unbiased estimate). 令 $b_n(\theta)=E(\hat{\theta})-\theta$，称 $b_n(\theta)$ 是 $\hat{\theta}$ 关于 θ 的偏差，而无偏估计就是偏差为零的估计.

如果 $\lim\limits_{n\to\infty} b_n(\theta)=0$，则称 $\hat{\theta}$ 是参数 θ 的渐近无偏估计量.

例 3.3.1 设总体的数学期望和方差分别为 a,σ^2，$X_1,X_2,\cdots,X_n$ 是总体 X 的样本，则样本均值 $\overline{X}$ 和方差 S^2 分别是参数 a,σ^2 的无偏估计量.

证明 因为

$$E\overline{X} = E\left(\frac{1}{n}\sum_{i=1}^n X_i\right) = \frac{1}{n}\sum_{i=1}^n EX_i = a$$

$$ES^2 = E\left(\frac{1}{n-1}\sum_{i=1}^n (X_i-\overline{X})^2\right)$$

$$= E\left(\frac{1}{n-1}\left(\sum_{i=1}^n X_i^2 - n\overline{X}^2\right)\right)$$

$$= \frac{1}{n-1}\left(\sum_{i=1}^n EX_i^2 - nE\overline{X}^2\right)$$

$$= \frac{1}{n-1}\left[n(\sigma^2+a^2) - n\left(\frac{\sigma^2}{n}+a^2\right)\right] = \sigma^2$$

注意：对总体方差 σ^2，选择样本方差 S^2 作为 σ^2 的估计量而不是 M_2^*，其原因是 M_2^* 不是总体方差 σ^2 的无偏估计量.

有时对总体的同一个参数可能有很多个无偏估计量；有时找出的无偏估计量有明显的弊病. 例如，设总体 X 的数学期望 a 是一个未知参数，$X_1,X_2,\cdots,X_n$ 是总体 X 的样本，定义参数 a 的估计量为 $\hat{a}=\sum\limits_{i=1}^n c_i X_i$，$\sum\limits_{i=1}^n c_i=1$，可以验证 $E\hat{a}=a$，这说明估计量 $\hat{a}$ 是参数 a 的无偏估计量，并且这样的估计量有无穷多个. 又如，总体 $X\sim P(\lambda)$，$X_1,X_2,\cdots,X_n$

是总体 X 的样本,用 $(-2)^{X_1}$ 作为 $e^{-3\lambda}$ 的估计,可以验证该估计量 $(-2)^{X_1}$ 是无偏的,即

$$E(-2)^{X_1} = e^{-\lambda}\sum_{k=0}^{\infty}(-2)^k\frac{\lambda^k}{k!} = e^{-\lambda}e^{-2\lambda} = e^{-3\lambda}$$

但这个无偏估计量是有明显弊病的,因为当 X_1 取奇数时,$(-2)^{X_1}<0$,使用它去估计 $e^{-3\lambda}>0$,显然是不能接受的.

由此可见,仅要求估计量具有无偏性是不够的,对估计量而言,还需要有另外的准则来评价它的优劣. 由于无偏性仅仅反映了估计量在参数 θ 真值的周围波动,而没有反映出"集中"的程度. 自然希望估计量取值的"集中"程度要高. 在统计中使用方差这个概念来刻画"集中"程度.

3.3.2 最小方差无偏性

定义 3.3.2 设 $\hat{\theta}_1$ 和 $\hat{\theta}_2$ 都是未知参数 θ 的无偏估计,并且满足 $D\hat{\theta}_1<D\hat{\theta}_2$,则称 $\hat{\theta}_1$ 比 $\hat{\theta}_2$ 有效.

例 3.3.2 设总体 X 的数学期望为 a,X_1,X_2,X_3 是总体 X 的样本,定义如下两个关于参数 a 的估计量:$\hat{a}_1=\frac{1}{5}X_1+\frac{3}{5}X_2+\frac{1}{5}X_3$,$\hat{a}_2=\frac{1}{3}X_1+\frac{1}{3}X_2+\frac{1}{3}X_3$. 问 $\hat{a}_1$ 与 $\hat{a}_2$ 哪一个有效?

解 可验证 $\hat{a}_1$ 和 $\hat{a}_2$ 是参数 a 的无偏估计.

计算 $\hat{a}_1$ 与 $\hat{a}_2$ 的方差

$$D\hat{a}_1 = \left(\frac{1}{25}+\frac{9}{25}+\frac{1}{25}\right)\sigma^2 = \frac{11}{25}\sigma^2; \quad D\hat{a}_2 = \frac{1}{3}\sigma^2$$

因为 $\frac{1}{3}<\frac{11}{25}$,所以 $\hat{a}_2$ 比 $\hat{a}_1$ 有效.

此例还说明了一个事实:对总体均值 a,通常使用无偏估计量 $\overline{X}$,而不使用其他无偏估计量,

$$\hat{a} = \sum_{i=1}^{n}c_iX_i, \quad 0<c_i<1, \quad \sum_{i=1}^{n}c_i=1, \quad c_i\neq\frac{1}{n}$$

对两个无偏估计量,可以通过比较它们的方差大小来判断优劣. 如果面对众多的无偏估计量,是否可以找到它的最小方差呢? 一般地,如果对给定的样本 $X_1,X_2,\cdots,X_n$ 和可估函数 $g(\theta)$(指 $g(\theta)$ 存在无偏估计),T^* 为 $g(\theta)$ 的某个无偏估计,其方差比任何其他 $g(\theta)$ 的无偏估计的方差都一致地小,则这个估计就称为一致最小方差无偏估计 (uniformly minimum variance unbiased estimate),简称 UMVU 估计.

定义 3.3.3 如果存在一个 θ 的无偏估计量 $T^*(X_1,X_2,\cdots,X_n)$,使得对 θ 的任意无偏估计量 T,有 $DT^*\leq DT,\theta\in\Theta$,则称 T^* 为 θ 的 UMVU 估计量.

如果在一定的模型和条件下,对待估参数的无偏估计的方差下界有所了解,就可以

根据该下界来衡量无偏估计的优劣. 如果一个无偏估计的方差达到这个下界,它就一定是 UMVU 估计. 下面将介绍著名的 C-R 不等式,以及待估参数的无偏估计的方差下界形式.

定理 3.3.1(Cramer-Rao 不等式) 设总体 X 的密度函数为 $f(x,\theta)$,其中第二个变量 θ 为未知参数,$X_1, X_2, \cdots, X_n$ 为总体 X 的样本,$T(X_1, X_2, \cdots, X_n)$ 为 θ 的无偏估计量,满足如下条件:

(1) 集合 $\{x, f(x,\theta) > 0\}$ 与参数 θ 无关;

(2) $\dfrac{\partial}{\partial \theta} f(x,\theta)$ 存在并且可以在 $\int_{-\infty}^{+\infty} f(x,\theta) \mathrm{d}x$ 的积分号下对 θ 求偏导数,$DT < \infty$,$0 < I(\theta) = E\left[\dfrac{\partial}{\partial \theta} \ln f(X,\theta)\right]^2 < \infty$,则对任意 $\theta \in \Theta$,

$$DT \geqslant \frac{1}{nI(\theta)} \tag{3.3.1}$$

其中 $L \stackrel{\text{def}}{=} \dfrac{1}{nI(\theta)}$ 称为方差下界(或称为 C-R 下界),$I(\theta)$ 称为 Fisher 信息量. 信息量一词包含的统计思想是:总体分布参数的 UMVU 估计的方差若能达到 C-R 下界,则与 $I(\theta)$ 成反比. $I(\theta)$ 越大,则 UMVU 估计的方差越小,总体分布参数就可以越精确地估计出来,因此,说明样本中包含的关于总体分布参数的信息越多.

另外还可以证明 Fisher 信息量的另一种表达式为

$$I(\theta) = -E\left(\frac{\partial^2}{\partial \theta^2} \ln f(X,\theta)\right) \tag{3.3.2}$$

为了计算简便,经常使用式(3.3.2).

例 3.3.3 设总体 X 服从指数分布,其密度函数为

$$f(x,\theta) = \begin{cases} \dfrac{1}{\theta} \mathrm{e}^{-\frac{x}{\theta}}, & x \geqslant 0 \\ 0, & x < 0 \end{cases} \quad \theta > 0$$

$X_1, X_2, \cdots, X_n$ 为总体 X 的样本,求参数 θ 的 C-R 方差下界.

解 考虑 $x > 0$ 的情形,

$$\ln f(x,\theta) = -\ln \theta - \frac{x}{\theta}$$

$$\frac{\mathrm{d}}{\mathrm{d}\theta} \ln f(x,\theta) = -\frac{1}{\theta} + \frac{x}{\theta^2}$$

$$\frac{\mathrm{d}^2}{\mathrm{d}\theta^2} \ln f(x,\theta) = \frac{1}{\theta^2} - \frac{2x}{\theta^3}$$

根据式(3.3.2)计算信息量,

$$I(\theta) = -E\left(\frac{\mathrm{d}^2}{\mathrm{d}\theta^2} \ln f(X,\theta)\right) = -\frac{1}{\theta^2} + \frac{2EX}{\theta^3} = \frac{1}{\theta^2} \tag{3.3.3}$$

由式(3.3.1),关于 θ 的 C-R 方差下界为

$$\frac{1}{nI(\theta)} = \frac{\theta^2}{n} \tag{3.3.4}$$

另一方面,已经知道 $\overline{X}$ 是 θ 的无偏估计,其方差为 θ^2/n,这说明 $\overline{X}$ 的方差达到 C-R 方差下界,则 $\overline{X}$ 是 θ 的 UMVU 估计.

通常将方差达到 C-R 下界的无偏估计称为有效估计(efficient estimate). 求解有效估计量有一种简单明了的方法.

定理 3.3.2 在定理 3.3.1 的条件下,有

(1) $T(X_1, X_2, \cdots, X_n)$ 为 θ 的有效估计量的充要条件是 $\frac{\partial}{\partial \theta} \ln L(\theta)$ 可化为形式 $c(\theta)(T - \theta)$,即

$$\frac{\partial}{\partial \theta} \ln L(\theta) = c(\theta)(T(X_1, X_2, \cdots, X_n) - \theta), \quad \text{a.s.} \tag{3.3.5}$$

其中 $L(\theta)$ 与似然函数形式上完全一样,只是将似然函数中的小写字符 x_i 改写成大写字符 X_i. $c(\theta) \neq 0$ 仅是 θ 的函数,并且 $T(X_1, X_2, \cdots, X_n)$ 为 θ 的无偏估计量.

(2) $c(\theta)$ 与 $I(\theta)$ 之间的关系为

$$I(\theta) = \frac{c(\theta)}{n} \tag{3.3.6}$$

$c(\theta)$ 与 DT 之间的关系为

$$DT = \frac{1}{c(\theta)} \tag{3.3.7}$$

(3) θ 的有效估计量是惟一的.

(4) θ 的有效估计量一定是 θ 的惟一极大似然估计量.

证明从略.

例 3.3.4 继续例 3.3.3,设总体 X 的密度函数为

$$f(x, \theta) = \begin{cases} \frac{1}{\theta} e^{-\frac{x}{\theta}}, & x \geqslant 0, \\ 0, & x < 0, \end{cases} \quad \theta > 0$$

$X_1, X_2, \cdots, X_n$ 为总体 X 的样本,求参数 θ 的有效估计量.

解 因为似然函数 $L(\theta) = \prod_{i=1}^{n} f(x_i, \theta) = \prod_{i=1}^{n} \frac{1}{\theta} e^{-\frac{x_i}{\theta}} = \frac{1}{\theta^n} e^{-\frac{n\overline{x}}{\theta}}$,所以

$$\ln L(\theta) = -n \ln \theta - \frac{n\overline{x}}{\theta}$$

$$\frac{\partial}{\partial \theta} \ln L(\theta) = -\frac{n}{\theta} + \frac{n\overline{x}}{\theta^2} = \frac{n}{\theta^2}(\overline{x} - \theta)$$

由式(3.3.5)知,T 的函数形式是 $\overline{x}$,因此估计量 $T(X_1, X_2, \cdots, X_n) = \overline{X}$. 又因为 $E\overline{X} = \theta$,

所以,根据定理 3.3.2 知,$\bar{X}$ 是 θ 的有效估计量. 进一步地可确定 $I(\theta)$ 与 DT. 因为 $c(\theta)=\dfrac{n}{\theta^2}$,所以

$$I(\theta)=\frac{c(\theta)}{n}=\frac{1}{\theta^2},\quad DT=\frac{1}{c(\theta)}=\frac{\theta^2}{n}$$

例 3.3.5 设总体 $X\sim B(1,p)$,$X_1,X_2,\cdots,X_n$ 为样本,求参数 p 的有效估计量.

解 因为

$$L(p)=\prod_{i=1}^{n}f(x_i,p)=\prod_{i=1}^{n}p^{x_i}(1-p)^{1-x_i}=p^{\sum_{i=1}^{n}x_i}(1-p)^{n-\sum_{i=1}^{n}x_i}$$

$$\ln L(p)=n\bar{x}\ln p+n(1-\bar{x})\ln(1-p)$$

所以

$$\frac{\mathrm{d}}{\mathrm{d}p}\ln L(p)=\frac{n\bar{x}}{p}-\frac{n(1-\bar{x})}{1-p}=\frac{n}{p(1-p)}(\bar{x}-p)$$

$$c(p)=\frac{n}{p(1-p)}$$

由式(3.3.5)知,估计量 $T(X_1,X_2,\cdots,X_n)=\bar{X}$,又因为 $E\bar{X}=p$,所以 $\bar{X}$ 是 p 的有效估计量,并且 $DT=\dfrac{1}{c(p)}=\dfrac{p(1-p)}{n}$.

对任何一个待估参数 θ,是否一定存在有效估计? 答案是否定的. 对待估参数 θ,其 UMVU 估计可能存在,但 UMVU 估计的方差不一定能达到 C-R 下界. 判断待估参数 θ 的有效估计存在与否,主要以 $\dfrac{\partial}{\partial\theta}\ln L(X_1,X_2,\cdots,X_n)$ 可否化为 $c(\theta)(T-\theta)$ 的形式为依据.

例 3.3.6 设总体 $X\sim N(\mu,\sigma^2)$,$X_1,X_2,\cdots,X_n$ 为总体 X 的样本,求参数 μ,σ^2 的有效估计量.

解 因为

$$L(\mu,\sigma^2)=\prod_{i=1}^{n}f(x_i,\mu,\sigma^2)$$

$$=\prod_{i=1}^{n}\frac{1}{\sqrt{2\pi\sigma^2}}\mathrm{e}^{-\frac{(x_i-\mu)^2}{2\sigma^2}}=\left(\frac{1}{2\pi\sigma^2}\right)^{\frac{n}{2}}\exp\left(-\frac{\sum_{i=1}^{n}(x_i-\mu)^2}{2\sigma^2}\right)$$

所以

$$\ln L(\mu,\sigma^2)=-\frac{n}{2}\ln 2\pi\sigma^2-\frac{\sum_{i=1}^{n}(x_i-\mu)^2}{2\sigma^2}$$

$$\frac{\partial}{\partial\mu}\ln L(\mu,\sigma^2)=\frac{1}{\sigma^2}\sum_{i=1}^{n}(x_i-\mu)=\frac{n}{\sigma^2}(\bar{x}-\mu)$$

$$\frac{\partial}{\partial \sigma^2}\ln L(\mu,\sigma^2) = \frac{n}{2\sigma^4}\left(\frac{1}{n}\sum_{i=1}^{n}(x_i-\mu)^2 - \sigma^2\right)$$

可以验证，$E\overline{X} = \mu$，$E\left(\frac{1}{n}\sum_{i=1}^{n}(X_i-\mu)^2\right) = \sigma^2$，说明 $\overline{X}$ 是 μ 的有效估计量，但 $\frac{1}{n}\sum_{i=1}^{n}(X_i-\mu)^2$ 不是 σ^2 的有效估计量，因为 $\frac{1}{n}\sum_{i=1}^{n}(X_i-\mu)^2$ 不是统计量，所以 σ^2 的有效估计量不存在. 特殊情形，当 $\mu = 0$ 时，$\frac{1}{n}\sum_{i=1}^{n}X_i^2$ 是 σ^2 的有效估计量，并且 $I(\sigma^2) = \frac{1}{2\sigma^4}$.

注意：对总体 $X \sim U[0,\theta]$，$X_1, X_2, \cdots, X_n$ 为总体 X 的样本，参数 θ 的 C-R 不等式不成立，原因是定理 3.3.1 的条件(1)不满足，因为集合 $\{x, f(x,\theta) > 0\} = \{x, 0 < x < \theta\}$ 与参数 θ 有关.

比 UMVU 估计使用更广泛的概念是均方误差(mean square error)，定义如下：

$$\text{MSE}(\hat{\theta},\theta) = E(\hat{\theta}-\theta)^2$$

对均方误差的概念可作如下解释：在一次使用中，实现值与参数真值之间存在着偏差 $\hat{\theta}-\theta$，希望这种偏差尽可能的小. 但由于偏差是随机变量，因此不能由一次使用时偏差 $\hat{\theta}-\theta$ 的大小来判断估计的优劣，而应该根据一个估计在多次使用时的平均偏差来判断. 为避免在求平均偏差时由于正负值相抵消的效应，采用平方偏差，即 $(\hat{\theta}-\theta)^2$，由此导出均方误差的概念. 对一个估计量，它的均方误差越小就说明估计的效果越好；反之，均方误差越大估计的效果越差. 均方误差具有很好的数学性质，可以证明

$$\text{MSE}(\hat{\theta},\theta) = D\hat{\theta} + (E\hat{\theta}-\theta)^2$$

显然，如果 $\hat{\theta}$ 是 θ 的无偏估计，则 $\text{MSE}(\hat{\theta},\theta) = D\hat{\theta}$，即均方误差越小越好的准则等价于方差越小越好的准则，这时均方误差和最小方差的概念是一致的.

3.4 区间估计

在实际应用中，有时需要对真值可能的范围加以估计，并要有足够的把握(置信度)确认这种估计，在一维情况下，这就是区间估计(interval estimation). 假设参数 θ 是一维参数，取值于参数空间 Θ，可以根据样本 $X_1, X_2, \cdots, X_n$，给出两个统计量 $\hat{\theta}_1(X_1, X_2, \cdots, X_n) < \hat{\theta}_2(X_1, X_2, \cdots, X_n)$，组成一个区间 $(\hat{\theta}_1, \hat{\theta}_2)$，用区间 $(\hat{\theta}_1, \hat{\theta}_2)$ 来估计未知参数 θ 的真值的范围. 这种用一个区间来估计参数 θ 真值范围的估计方法就称为区间估计. 下面介绍如何确定 $(\hat{\theta}_1, \hat{\theta}_2)$.

定义 3.4.1 设 θ 为总体分布的一个未知参数，$\theta \in \Theta$，$X_1, X_2, \cdots, X_n$ 为总体 X 的样

本,如果给定常数 $\alpha(0<\alpha<1)$,存在两个统计量 $\hat{\theta}_1(X_1,X_2,\cdots,X_n)$,$\hat{\theta}_2(X_1,X_2,\cdots,X_n)$,满足

$$P(\hat{\theta}_1<\theta<\hat{\theta}_2)=1-\alpha \tag{3.4.1}$$

则称 $(\hat{\theta}_1,\hat{\theta}_2)$ 为 θ 的置信度为 $1-\alpha$ 的置信区间(confidence interval),称 $\hat{\theta}_1$、$\hat{\theta}_2$ 分别为下、上置信限,称 α 为置信水平.

评价一个置信区间的好坏有两个标准,一是置信度,以概率 $P(\hat{\theta}_1<\theta<\hat{\theta}_2)$ 作为区间估计的可信程度(置信度)的度量,希望概率 $P(\hat{\theta}_1<\theta<\hat{\theta}_2)$ 越大越好;另一个是精度,即区间长度 $\hat{\theta}_2-\hat{\theta}_1$ 越小精度越高,也就越好.由于一个区间估计 $(\hat{\theta}_1,\hat{\theta}_2)$ 的两个端点都是随机变量,区间长度 $\hat{\theta}_2-\hat{\theta}_1$ 也是随机变量,所以,可用 $E(\hat{\theta}_2-\hat{\theta}_1)$ 作为区间估计精度的一个度量指标.但区间估计的置信度与精度是相互制约的,当样本容量 n 固定时,精度与置信度不可能同时提高.因为当精度提高时,即 $\hat{\theta}_2-\hat{\theta}_1$ 变小,区间 $(\hat{\theta}_1,\hat{\theta}_2)$ 覆盖 θ 的可能性变小,从而降低了置信度;相反,当置信度增大时,$\hat{\theta}_2-\hat{\theta}_1$ 也会增大,从而导致精度降低.为此,Neyman 提出了被广泛接受的原则:先保证置信度,在这个前提下尽量使精度提高.即先选定置信度 $1-\alpha$,然后再通过增加样本容量 n 来提高精度.

结合图 3.4.1,区间估计的意义可解释为:每次抽取一组容量为 n 的样本,相应的样本观测值确定一个区间 $(\hat{\theta}_1,\hat{\theta}_2)$,这个区间可能包含 θ 的真值,也可能不包含 θ 的真值,反复抽样 100 次,相应得到 100 个区间 $(\hat{\theta}_{1i},\hat{\theta}_{2i})(i=1,2,\cdots,100)$,在这 100 个区间中,包含 θ 真值的区间约占 $100(1-\alpha)\%$,不包含 θ 真值的区间约占 $100\alpha\%$.如果 $\alpha=0.05$,则意味着在这 100 个区间中,包含 θ 真值的区间约有 95 个,不包含 θ 真值的区间约有 5 个.

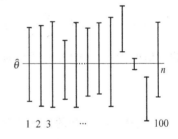

图 3.4.1 区间估计解释示意图

下面通过讨论正态总体均值与方差的区间估计来介绍求置信区间的方法.

3.4.1 一个正态总体的情况

设总体 $X\sim N(\mu,\sigma^2)$,$X_1,X_2,\cdots,X_n$ 为总体 X 的样本,下面讨论参数 μ,σ^2 的区间估计.

1. μ 的区间估计

求 μ 的区间估计,就是要求 μ 的置信度为 $1-\alpha$ 的精度较高的置信区间.由于 $\overline{X}$ 是 μ 的最小方差无偏估计量,因此在没有其他信息的情况下,μ 应该在 $\overline{X}$ 附近,假定 μ 的置信区间为 $(\overline{X}-c,\overline{X}+c)$ 是合理的,一般简记为 $\overline{X}\pm c$,问题的关键是如何确定常数 c.根据定义 3.4.1,可由置信度 $1-\alpha$ 和 $\overline{X}$ 的分布来确定 c.

当 σ^2 已知时,$U = \dfrac{\overline{X} - \mu}{\sigma/\sqrt{n}} \sim N(0,1)$,给定 $1 - \alpha$,有

$$1 - \alpha = P(\overline{X} - c < \mu < \overline{X} + c) = P(|\overline{X} - \mu| < c)$$
$$= P\left(|U| < \frac{c}{\sigma/\sqrt{n}}\right) = \Phi\left(\frac{c}{\sigma/\sqrt{n}}\right) - \Phi\left(-\frac{c}{\sigma/\sqrt{n}}\right)$$
$$= 2\Phi\left(\frac{c}{\sigma/\sqrt{n}}\right) - 1$$

即

$$\Phi\left(\frac{c}{\sigma/\sqrt{n}}\right) = 1 - \frac{\alpha}{2}$$

如图 3.4.2 所示. 查标准正态分布表,得 $\dfrac{c}{\sigma/\sqrt{n}} = u_{1-\alpha/2}$,所以,$c = u_{1-\alpha/2} \dfrac{\sigma}{\sqrt{n}}$,$\mu$ 的置信度为 $1 - \alpha$ 的置信区间为

$$\overline{X} \pm u_{1-\alpha/2} \frac{\sigma}{\sqrt{n}} \qquad (3.4.2)$$

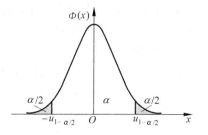

图 3.4.2　标准正态分布示意图

当 σ^2 未知时,$T = \dfrac{\overline{X} - \mu}{S/\sqrt{n}} \sim t(n-1)$,同理推导 μ 的置信度为 $1 - \alpha$ 的置信区间为

$$\overline{X} \pm t_{1-\alpha/2}(n-1) \frac{S}{\sqrt{n}} \qquad (3.4.3)$$

实际问题中,σ^2 未知的这种情况应用较为广泛.

例 3.4.1　某厂生产的零件质量 $X \sim N(\mu, \sigma^2)$,今从这批零件中随机抽取 9 个,测得其质量(单位: g)为

21.1, 21.3, 21.4, 21.5, 21.3, 21.7, 21.4, 21.3, 21.6

试在置信度 0.95 下,求参数 μ 的区间估计.

解　该问题没有告诉 σ^2 的任何信息,视 σ^2 为未知参数. 因为

$$\overline{x} = 21.4, \quad s^2 = 0.0325, \quad n = 9, \quad t_{0.975}(8) = 2.306$$

算得

$$\overline{x} - \frac{s}{\sqrt{n}} t_{1-\alpha/2}(n-1) = 21.4 - \frac{0.1803}{\sqrt{9}} \times 2.306 = 21.2614$$

$$\overline{x} + \frac{s}{\sqrt{n}} t_{1-\alpha/2}(n-1) = 21.4 + \frac{0.1803}{\sqrt{9}} \times 2.306 = 21.5386$$

所以,参数 μ 的置信度为 0.95 的区间估计为 $(21.2614, 21.5386)$.

2. σ^2 的区间估计

只讨论参数 μ 为未知时 σ^2 的区间估计.

因为 S^2 是 σ^2 的最小方差无偏估计量,所以 S^2 应接近 σ^2,考虑到 S^2 的分布 $\frac{(n-1)S^2}{\sigma^2} \sim \chi^2(n-1)$,可假定 $\frac{S^2}{\sigma^2}$ 位于两个数 $c_1, c_2 (c_1 < c_2)$ 之间,即

$$c_1 < \frac{S^2}{\sigma^2} < c_2$$

从而

$$\frac{S^2}{c_2} < \sigma^2 < \frac{S^2}{c_1}$$

所以 σ^2 的置信区间应为 $\left(\frac{S^2}{c_2}, \frac{S^2}{c_1}\right)$,其中参数 c_1, c_2 由置信度 $1-\alpha$ 和 S^2 的分布确定. 当给定 $1-\alpha$ 时,记 $\chi^2 = \frac{(n-1)S^2}{\sigma^2} \sim \chi^2(n-1)$,由定义 3.4.1 知

$$1-\alpha = P\left(\frac{S^2}{c_2} < \sigma^2 < \frac{S^2}{c_1}\right) = P\left(c_1 < \frac{S^2}{\sigma^2} < c_2\right)$$
$$= P((n-1)c_1 < \chi^2 < (n-1)c_2)$$

即

$$\alpha = P(\chi^2 \leqslant (n-1)c_1) + P(\chi^2 \geqslant (n-1)c_2)$$

求常数 c_1, c_2,使其满足

$$P(\chi^2 \leqslant (n-1)c_1) = \frac{\alpha}{2}, \quad P(\chi^2 \geqslant (n-1)c_2) = \frac{\alpha}{2}$$

查 χ^2 分布表,得下侧分位数

$$\chi^2_{\alpha/2}(n-1), \quad \chi^2_{1-\alpha/2}(n-1)$$

如图 3.4.3 所示,令

$$(n-1)c_1 = \chi^2_{\alpha/2}(n-1)$$
$$(n-1)c_2 = \chi^2_{1-\alpha/2}(n-1)$$

从而解出 c_1, c_2,得到 σ^2 的置信度为 $1-\alpha$ 的置信区间为

$$\left(\frac{(n-1)S^2}{\chi^2_{1-\alpha/2}(n-1)}, \frac{(n-1)S^2}{\chi^2_{\alpha/2}(n-1)}\right) \quad (3.4.4)$$

例 3.4.2 在例 3.4.1 中,求 σ^2 的置信度为 0.95 的置信区间.

解 因为 $\bar{x} = 21.4$, $s^2 = 0.0325$, $n = 9$,

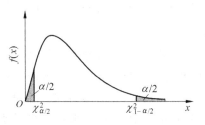

图 3.4.3 χ^2 分布示意图

$\chi^2_{0.025}(8) = 2.18, \chi^2_{0.975}(8) = 17.535$,算得

$$\frac{(n-1)S^2}{\chi^2_{1-\alpha/2}(n-1)} = \frac{0.26}{17.535} = 0.0148$$

$$\frac{(n-1)S^2}{\chi^2_{\alpha/2}(n-1)} = \frac{0.26}{2.18} = 0.1193$$

所以,σ^2 的置信度为 0.95 的置信区间为 $(0.0148, 0.1193)$.

注意:若求 σ 的置信度为 0.95 的置信区间,则只需对上面区间 $(0.0148, 0.1193)$ 两端点开方即可,即 $(\sqrt{0.0148}, \sqrt{0.1193}) \approx (0.1217, 0.3454)$.

从一个正态总体 $N(\mu, \sigma^2)$ 中讨论关于 μ, σ^2 的置信区间的求解方法中,可以归纳出一般的求解置信区间的步骤.

(1) 寻找参数 θ 的具有良好性质的点估计量 $\hat{\theta}$($\hat{\theta}$ 的分布函数已知),一般使用 θ 的极大似然估计量.

(2) 分析并提出 θ 的置信区间的形式. 一般有两种情形,① $(\hat{\theta}-a, \hat{\theta}+b), a,b > 0$;② $(c\hat{\theta}, d\hat{\theta}), 0 < c < 1, d > 1$.

(3) 由置信度 $1-\alpha$ 确定置信区间中的待定系数. 如确定步骤(2)中常数 a,b,c,d 等. 按照以上步骤,可以求任意参数的置信区间.

下面简单讨论关于置信度 $1-\alpha$、估计的允许误差 δ、总体方差 σ^2 和样本容量 n 之间的关系.

我们已经推导出在一个正态总体 $N(\mu, \sigma^2)$ 下,关于 μ 的置信度为 $1-\alpha$ 的置信区间为 $\overline{X} \pm u_{1-\alpha/2} \frac{\sigma}{\sqrt{n}}$,显然该区间的精度为 $2u_{1-\alpha/2} \frac{\sigma}{\sqrt{n}}$,若事先给定估计参数 μ 的允许误差 δ,则应该满足如下关系:

$$2u_{1-\alpha/2} \frac{\sigma}{\sqrt{n}} < \delta \tag{3.4.5}$$

如果已知参数 α, σ, δ,可以确定抽样数 n. 例如,已知 $\alpha = 0.05, \sigma = 0.2, \delta = 0.1$,由式(3.4.2)知,$n > \left(2u_{1-\alpha/2} \frac{\sigma}{\delta}\right)^2 = \left(2 \times 1.96 \times \frac{0.2}{0.1}\right)^2 = 61.47$,即样本容量 n 至少应该取 62.

由式(3.4.5)注意到,样本容量 n 影响着置信区间的长度,大样本产生较短的置信区间,小样本产生较长的置信区间,因为大样本包含了较多的信息. 另外,置信区间的长度还受置信度 $1-\alpha$ 的影响. 低置信度(如 90%)产生较短的置信区间,高置信度(如 99%)产生较长的置信区间. 由此进一步说明,可以通过增加样本容量或降低置信度这两种方法获得较短的置信区间,即提高估计精度.

3.4.2 两个正态总体的情况

在实际问题中,常常需要考虑这样的问题,即由于工艺、原料、设备和操作人员等因素发生改变而引起产品某质量指标 X 的变化,若 X 服从正态分布,这时需要对两个正态总体的均值差或方差比给出区间估计.

假设总体 $X \sim N(\mu_1, \sigma_1^2)$,$X_1, X_2, \cdots, X_n$ 是 X 的样本,总体 $Y \sim N(\mu_2, \sigma_2^2)$,$Y_1, Y_2, \cdots, Y_m$ 是 Y 的样本.

1. 两个正态总体均值差 $\mu_1 - \mu_2$ 的区间估计

由于 $\overline{X} - \overline{Y}$ 是参数 $\mu_1 - \mu_2$ 的最小方差无偏估计量,因此 $|\overline{X} - \overline{Y} - (\mu_1 - \mu_2)|$ 应该很小,考虑 $\mu_1 - \mu_2$ 的置信区间形式 $\overline{X} - \overline{Y} \pm c$,并且

$$U = \frac{(\overline{X} - \overline{Y}) - (\mu_1 - \mu_2)}{\sqrt{\frac{\sigma_1^2}{n} + \frac{\sigma_2^2}{m}}} \sim N(0,1)$$

若 σ_1^2, σ_2^2 已知,类似于单个正态总体情形的讨论,可以推导出 $\mu_1 - \mu_2$ 的置信度 $1-\alpha$ 的置信区间为

$$(\overline{X} - \overline{Y}) \pm u_{1-\alpha/2} \sqrt{\frac{\sigma_1^2}{n} + \frac{\sigma_2^2}{m}}$$

若 σ_1^2, σ_2^2 未知,考虑样本容量较大的情形,即 $n > 30, m > 30$,由中心极限定理知,使用样本方差 S_X^2, S_Y^2 分别代替 σ_1^2, σ_2^2,可得 $\mu_1 - \mu_2$ 的置信度 $1-\alpha$ 的置信区间为

$$(\overline{X} - \overline{Y}) \pm u_{1-\alpha/2} \sqrt{\frac{S_X^2}{n} + \frac{S_Y^2}{m}} \tag{3.4.6}$$

若 σ_1^2, σ_2^2 未知,样本容量较小的情形,假定 $\sigma_1^2 = \sigma_2^2 = \sigma^2$,考虑 t 统计量的形式

$$T = \frac{(\overline{X} - \overline{Y}) - (\mu_1 - \mu_2)}{S_\omega \sqrt{\frac{1}{n} + \frac{1}{m}}} \sim t(n+m-2)$$

其中 $S_\omega^2 = \frac{(n-1)S_X^2 + (m-1)S_Y^2}{n+m-2}$. 当给定置信度 $1-\alpha$ 时,满足

$$P(|T| < t_{1-\alpha/2}(n+m-2)) = 1-\alpha$$

解不等式 $|T| < t_{1-\alpha/2}(n+m-2)$,得到 $\mu_1 - \mu_2$ 的置信度 $1-\alpha$ 的置信区间

$$(\overline{X} - \overline{Y}) \pm t_{1-\alpha/2}(n+m-2) S_\omega \sqrt{\frac{1}{n} + \frac{1}{m}} \tag{3.4.7}$$

在实际问题中,可能经常遇到 σ_1^2, σ_2^2 未知的情况,需要根据样本容量的大小分别使用式(3.4.6)和式(3.4.7).

例 3.4.3 男女性别之间睡眠时间的比较问题. 假定在某学校抽取 83 位女生和 65 位男生, 调查他们一天的睡眠时间, 通过调查计算, 得
$$n=83,\ m=65,\ \bar{x}=7.02,\ \bar{y}=6.55,\ s_X=1.75,\ s_Y=1.68,$$
假设睡眠时间服从正态分布. 求均值差 $\mu_1-\mu_2$ 的置信度为 0.95 的置信区间.

解 (1) 大样本情形, 根据式(3.4.6), 计算
$$(\bar{x}-\bar{y})\pm u_{1-\alpha/2}\sqrt{\frac{s_X^2}{n}+\frac{s_Y^2}{m}}=(7.02-6.55)\pm 1.96\sqrt{\frac{1.75^2}{83}+\frac{1.68^2}{65}}$$
通过计算得到 $\mu_1-\mu_2$ 的置信度为 0.95 的置信区间为 $(-0.1,1.02)$.

(2) 小样本情形(假定 $\sigma_1^2=\sigma_2^2=\sigma^2$), 根据式(3.4.7), 计算
$$(\bar{x}-\bar{y})\pm t_{1-\alpha/2}(n+m-2)s_\omega\sqrt{\frac{1}{n}+\frac{1}{m}}=(7.02-6.55)\pm 1.96s_\omega\sqrt{\frac{1}{83}+\frac{1}{65}}$$
其中 $s_\omega=\sqrt{\dfrac{(83-1)\times 1.75^2+(65-1)\times 1.68^2}{83+65-2}}$, 通过计算得到 $\mu_1-\mu_2$ 的置信度为 0.95 的置信区间为 $(-0.1,1.03)$.

两者计算结果误差很小, 原因是样本容量大, 包含的信息多. 原则上应根据不同的实际问题背景选择不同的方法.

2. 两个正态总体方差比 σ_1^2/σ_2^2 的置信区间

这里仅讨论 $\mu_1,\mu_2,\sigma_1^2,\sigma_2^2$ 未知的情形. 因为 S_X^2,S_Y^2 分别为参数 σ_1^2,σ_2^2 的最小方差无偏估计量, 因此 S_X^2/S_Y^2 应接近 σ_1^2/σ_2^2, 换言之, S_X^2/S_Y^2 与 σ_1^2/σ_2^2 之比不能过大, 也不能过小, 应在 1 附近变化, 所以可假定
$$c_1<\frac{S_X^2/S_Y^2}{\sigma_1^2/\sigma_2^2}<c_2$$
从而
$$\frac{S_X^2}{c_2 S_Y^2}<\frac{\sigma_1^2}{\sigma_2^2}<\frac{S_X^2}{c_1 S_Y^2}$$
当给定 $1-\alpha$ 后, 并根据 $\dfrac{(n-1)S_X^2}{\sigma_1^2}\sim\chi^2(n-1),\ \dfrac{(m-1)S_Y^2}{\sigma_2^2}\sim\chi^2(m-1)$, 得
$$F\frac{S_X^2/\sigma_1^2}{S_Y^2/\sigma_2^2}\sim F(n-1,m-1)$$
根据式(3.4.1), 得
$$1-\alpha=P\left(\frac{S_X^2}{c_2 S_Y^2}<\frac{\sigma_1^2}{\sigma_2^2}<\frac{S_X^2}{c_1 S_Y^2}\right)$$
$$=P\left(c_1<\frac{S_X^2/S_Y^2}{\sigma_1^2/\sigma_2^2}<c_2\right)=P\left(c_1<F=\frac{S_X^2/\sigma_1^2}{S_Y^2/\sigma_2^2}<c_2\right)$$

令
$$P(F \leqslant c_1) = \frac{\alpha}{2}, \quad P(F \geqslant c_2) = \frac{\alpha}{2}$$

查 F 分布分位数表,得
$$c_1 = F_{\alpha/2}(n-1, m-1), \quad c_2 = F_{1-\alpha/2}(n-1, m-1)$$

所以,两个正态总体方差比 σ_1^2/σ_2^2 的置信度为 $1-\alpha$ 的置信区间为
$$\left(\frac{S_X^2/S_Y^2}{F_{1-\alpha/2}(n-1, m-1)}, \frac{S_X^2/S_Y^2}{F_{\alpha/2}(n-1, m-1)} \right) \tag{3.4.8}$$

例 3.4.4 某自动机床加工同类型套筒,假设套筒的直径服从正态分布,现从两个班次的产品中各抽验 5 个套筒,测定它们的直径,得如下数据:

A 班:2.066, 2.063, 2.068, 2.060, 2.067

B 班:2.058, 2.057, 2.063, 2.059, 2.060

试求两班所加工的套筒直径的方差比 σ_1^2/σ_2^2 的置信度为 0.90 的置信区间和均值差 $\mu_1 - \mu_2$ 的置信度为 0.95 的置信区间.

解 计算基本数据
$$n = m = 5, \quad \bar{x}_A = 2.0648, \quad \bar{y}_B = 2.0594$$
$$s_A^2 = 0.0000107, \quad s_B^2 = 0.0000053$$

查表得 $F_{0.95}(4,4) = 6.39, F_{0.05}(4,4) = \dfrac{1}{F_{0.95}(4,4)} = 0.1549$,所以,方差比 σ_1^2/σ_2^2 的置信度为 0.90 的置信区间为
$$\left(\frac{s_A^2/s_B^2}{F_{0.95}(4,4)}, \frac{s_A^2/s_B^2}{F_{0.05}(4,4)} \right) = (0.3159, 13.0334)$$

关于均值差 $\mu_1 - \mu_2$ 的置信度为 0.95 的置信区间在 $\sigma_A^2 = \sigma_B^2$ 条件下为
$$\bar{x}_A - \bar{y}_B \pm t_{0.975}(8) s_\omega \sqrt{\frac{1}{5} + \frac{1}{5}} = 0.0054 \pm 0.0041 = (0.0013, 0.0095)$$

本节主要讨论了正态总体下均值和方差的区间估计问题,对于非正态总体,相应的抽样分布一般难以计算,不易获得参数的区间估计. 但利用中心极限定理,可以求出某些统计量在大样本下的近似分布,问题往往又会归结于正态总体的情形,这里不再赘述.

3.5 应用案例

本节使用 Excel 对例 3.4.1 和例 3.4.2 进行分析,例 3.4.4 留给大家练习.

表 3.5.1　Excel 分析及选用公式表

	A	B	C	D	E	F	G	H	I
1	21.1	21.3	21.4	21.5	21.3	21.7	21.4	21.3	21.6
2	均值								
3	平均值	21.4		=AVERAGEA(A1:I1)					
4	样本方差	0.0325		=VAR(A1:I1)					
5	样本容量 n	9							
6	t 值 0.05	2.306		=TINV(0.05,8)					
7	置信下限	21.2614		=B3−SQRT(B4/B5)*B6					
8	置信上限	21.5386		=B3+SQRT(B4/B5)*B6					
9									
10	方差								
11	卡方值(χ^2)	2.180		=CHIINV(0.975,8)					
12		17.535		=CHIINV(0.025,8)					
13	置信下限	0.0148		=(B5−1)*B4/B12					
14	置信上限	0.1193		=(B5−1)*B4/B11					

表 3.5.1 中 A1 至 I1 为例中的 9 个数据,B3 的计算公式列在 D3 中,为 Excel 内置的求算术平均的函数,括号中的 A1:I1 表示对 A1 到 I1 的全部数据求算术平均,B4 的计算公式列在 D4 中(余类推),D6 是 Excel 内置的求 t 分布的双侧分位点公式,第一个变量表示显著水平,第二个变量为自由度。B11 和 B12 给出了卡方分布的两个分位点,公式中的第一个变量是双侧卡方分布的置信度,需要指出的是这里的分位点是上侧分位点,书中给出的则是下侧分位点,请注意区别.

有了这个模板后,可以很方便地更换显著水平,从而直观地显示置信区间的变化.

习　题　3

1. 某十字路口早上 8:00 左右是交通高峰期. 根据以往的统计可知,该路口每天单位时间内通过的车辆数服从泊松分布. 下列数据是某天该路口 8:00 后 1min 内车辆到达的时刻,试以这些数据估计该路口平均车流量的矩估计值与极大似然估计值.

2.7″	5.5″	7.5″	11.4″	14.1″	14.4″	14.8″	15.6″	16.7″	19.6″	20.7″
23.3″	24.5″	24.7″	27.6″	29.9″	31.1″	31.8″	33.7″	36.5″	37.4″	42.2″
44.1″	44.3″	46.6″	46.9″	47.7″	50.2″	50.3″	50.6″	50.9″	52.5″	55.4″
58.4″	58.6″									

2. 设总体的分布密度为
$$f(x,\alpha) = \begin{cases} (\alpha+1)x^\alpha, & 0<x<1 \\ 0, & \text{其他} \end{cases}$$
$X_1, X_2, \cdots, X_n$ 为其样本. 求参数 α 的矩估计量 $\hat{\alpha}_1$ 和极大似然估计量 $\hat{\alpha}_2$. 现测得样本观测值为: $0.1, 0.2, 0.9, 0.8, 0.7, 0.7$, 求参数 α 的估计值.

3. 设元件无故障工作时间 X 具有指数分布, 取 1000 个元件工作时间的记录数据, 经分组后得到它的频数分布为

组中值 x_i	5	15	25	35	45	55	65
频 数 v_i	365	245	150	100	70	45	25

如果各组中数据都取为组中值, 试用极大似然法求参数 λ 的点估计.

4. 已知某种灯泡寿命服从正态分布, 在某星期所生产的该种灯泡中随机抽取 10 只, 测得其寿命(单位: h)为
$$1067, 919, 1196, 785, 1126, 936, 918, 1156, 920, 948$$
设总体参数都未知, 试用极大似然法估计这个星期中生产的灯泡能使用 1300h 以上的概率.

5. 为检验某种自来水消毒设备的效果, 现从消毒后的水中随机抽取 50L, 化验每升水中大肠杆菌的个数(假定 1L 水中大肠杆菌个数服从泊松分布), 其化验结果如下:

大肠杆菌数/L	0	1	2	3	4	5	6
升 数 l_i	17	20	10	2	1	0	0

试问平均每升水中大肠杆菌个数为多少时, 才能使上述情况的概率为最大?

6. 设总体 $X \sim N(\mu, \sigma^2)$, 试利用容量为 n 的样本 $X_1, X_2, \cdots, X_n$, 分别就以下两种情况, 求出使 $P(X>A)=0.05$ 的点 A 的极大似然估计量.
(1) 若 $\sigma=1$ 时; (2) 若 μ, σ^2 均未知时.

7. 设 X_1, X_2, X_3 是总体 X 的样本, 试证下述三个统计量:
$$\hat{a}_1 = \frac{1}{5}X_1 + \frac{3}{10}X_2 + \frac{1}{2}X_3$$
$$\hat{a}_2 = \frac{1}{3}X_1 + \frac{1}{4}X_2 + \frac{5}{12}X_3$$
$$\hat{a}_3 = \frac{1}{7}X_1 + \frac{3}{14}X_2 + \frac{9}{14}X_3$$
都是总体均值 EX 的无偏估计量, 并指出哪一个方差最小?

8. 设 $X_1, X_2, \cdots, X_n$ 是来自总体 X 的样本, 并且 $EX=\mu, DX=\sigma^2, \overline{X}, S^2$ 是样本均

值和样本方差,试确定常数 C,使 $\overline{X}^2 - CS^2$ 是 μ^2 的无偏估计量.

9. 设 $\hat{\theta}_1, \hat{\theta}_2$ 是 θ 的两个独立的无偏估计量,并且 $\hat{\theta}_1$ 的方差是 $\hat{\theta}_2$ 的方差的两倍.试确定常数 c_1, c_2,使得 $c_1 \hat{\theta}_1 + c_2 \hat{\theta}_2$ 为 θ 的线性最小方差无偏估计量.

10. 设总体 X 具有如下密度函数,
$$f(x,\theta) = \begin{cases} \theta x^{\theta-1}, & 0 < x < 1 \\ 0, & \text{其他} \end{cases} \quad \theta > 0$$
$X_1, X_2, \cdots, X_n$ 是来自于总体 X 的样本,对可估计函数 $g(\theta) = 1/\theta$,求 $g(\theta)$ 的有效估计量 $\hat{g}(\theta)$,并确定 C-R 下界.

11. 设 $X_1, X_2, \cdots, X_n$ 是来自于总体 X 的样本,总体 X 的概率分布为
$$f(x,\theta) = \left(\frac{\theta}{2}\right)^{|x|} (1-\theta)^{1-|x|}, \quad x = -1, 0, 1; \; 0 \leqslant \theta \leqslant 1$$

(1) 求参数 θ 的极大似然估计量 $\hat{\theta}$;

(2) 试问极大似然估计 $\hat{\theta}$ 是否是有效估计量? 如果是,请求它的方差 $D\hat{\theta}$ 和信息量 $I(\theta)$.

12. 从一批螺钉中随机地取 16 枚,测得其长度(单位: cm)为

2.14, 2.10, 2.13, 2.15, 2.13, 2.12, 2.13, 2.10,

2.15, 2.12, 2.14, 2.10, 2.13, 2.11, 2.14, 2.11

设钉长分布为正态,在如下两种情况下,试求总体均值 μ 的 90% 置信区间,

(1) 若已知 $\sigma = 0.01$ cm;(2) 若 σ 未知.

13. 随机地取某种炮弹 9 发做试验,测得炮口速度的样本标准差 $s = 11$ (m/s),设炮口速度服从正态分布,求这种炮弹的炮口速度的标准差 σ 的置信度为 95% 的置信区间.

14. 随机地从 A 批导线中抽取 4 根,并从 B 批导线中抽取 5 根,测得其电阻(单位: Ω)为

A 批导线: 0.143, 0.142, 0.143, 0.137

B 批导线: 0.140, 0.142, 0.136, 0.138, 0.140

设测试数据分别服从 $N(\mu_1, \sigma^2)$ 和 $N(\mu_2, \sigma^2)$,并且它们相互独立,又 μ_1, μ_2, σ^2 均未知,求参数 $\mu_1 - \mu_2$ 的置信度为 95% 的置信区间.

15. 有两位化验员 A, B,他们独立地对某种聚合物的含氯量用相同方法各做了 10 次测定,其测定值的方差 s^2 依次为 0.5419 和 0.6065,设 σ_A^2 与 σ_B^2 分别为 A, B 所测量数据的总体的方差(正态总体),求方差比 σ_A^2/σ_B^2 的置信度为 95% 的置信区间.

第 4 章

假 设 检 验

假设检验(hypothesis testing)是统计推断的一个重要组成部分,是一种利用样本信息对总体的某种假设进行判断的方法.它分为参数假设检验与非参数假设检验,对总体分布中未知参数的假设检验称为参数假设检验(parameter hypothesis testing),对总体分布函数形式或总体分布性质的假设检验称为非参数假设检验(non-parametrical hypothesis testing).

4.1 假设检验的基本概念

4.1.1 假设检验问题

假设检验与参数估计的基本任务都是根据样本所提供的信息来推断未知总体的分布或参数,但是问题的提法和解决问题的途径各不相同.下面先看一个实例.

例 4.1.1 某咨询公司根据过去资料分析了国内旅游者的旅游费,发现参加 10 日游的游客旅游费用(包括车费、住宿费、膳食费以及购买纪念品等方面的费用,以下简称旅费)服从均值为 1010(元),标准差为 205(元)的正态分布.今年对 400 位这类游客的调查结果显示,平均每位游客的旅费是 1250(元).问与过去比较今年这类游客的旅费是否有显著的变化?

如果事先假定 10 日游的游客旅费 $X \sim N(\mu, 205^2)$,若将例 4.1.1 问题作为参数估计问题来处理,那么,应该根据样本来估计未知参数 μ,然后将估计值 $\hat{\mu}$ 与 1010 作比较;如果将这个问题用假设检验来处理,那么,必须先根据以往的旅费作一个假设"$\mu=1010$",然后根据样本观测值来考察未知参数 μ 是否真的认为是 1010,并作出相应的结论.在统计中"$\mu=1010$"这样的问题被称为原假设(null hypothesis),记为 H_0,该假设表示今年 400 位游客的 10 日游的旅费与以往的 10 日游的旅费没有变化.另一种假设"$\mu \neq 1010$"表示 10 日游的旅费与以往的 10 日游的旅费有变化,记为 H_1,称为备选假设(alternative hypothesis). 不论是原假设还是备选假设都统称为假设. 假设检验问题就是研究如何在样本的基础上对两种假设作出选择.

假设问题还有参数性与非参数性的区别. 如果假设是针对总体的某个或多个未知参数给出的, 那么称这种假设为参数假设. 如果假设是针对未知总体分布类型或其他特征给出的, 称这种假设为非参数假设. 例如, 在例 4.1.1 中, "$H_0: \mu = 1010$" 是一个参数假设. 如果事先不知道 10 日游的旅费 X 服从什么分布, 欲根据样本所提供的信息去检验假设

$$H_0: X \sim N(\mu, \sigma^2)$$

这里的 H_0 就是一个非参数假设. 假设检验问题还有如下一些例子.

例 4.1.2 在选择一个新建超市的位置时需要考虑很多因素, 其中超市所在地附近居民的收入水平是重要的因素之一. 现有 A, B 两地可供选择, A 地的建筑费用较 B 地低. 如果两地居民的年均收入相同, 就在 A 地建筑. 但若 B 地居民的年均收入明显高于 A 地, 则选在 B 地建筑. 现从两地的居民中各抽取了 100 户居民, 经调查分析知: A 地年均收入 28 650 元, B 地年均收入 29 980 元, 若已知 A 地居民年收入标准差是 4746 元, B 地居民年收入标准差 5365 元, 问超市在何地建?

在假设 $X \sim N(\mu_A, 4746^2), Y \sim N(\mu_B, 5365^2)$ 的基础上, 进一步提出假设

$$H_0: \mu_A \geq \mu_B; \quad H_1: \mu_A < \mu_B$$

这属于参数假设检验问题.

例 4.1.3 某研究所推出一种感冒特效新药, 为证明其疗效, 选择了 200 名感冒患病志愿者, 将他们分为两组, 一组不服药, 另一组服药, 观察数天后, 治愈情况如表 4.1.1 所示. 问新药是否有明显的疗效?

表 4.1.1 200 名感冒患者数天后治愈情况

	痊愈者	未痊愈者	合计
未服药者	48	52	100
服药者	56	44	100
合计	104	96	200

针对该问题提出假设: H_0: 新药无明显疗效; H_1: 新药有明显疗效. 换一种说法, 令 X 表示某人服药或没有服药, Y 表示某人痊愈或没有痊愈, 则假设可以表示为

$$H_0: X 与 Y 独立; \quad H_1: X 与 Y 不独立$$

显然这属于非参数假设检验问题.

4.1.2 假设检验的基本思想

统计检验, 指的是根据样本观测值对问题所提出的假设作出判断的统计推断方法. 判断的规则是小概率原理: 小概率事件在一次试验中几乎不发生. 原假设提出的问题可

以用是或不是来回答,其答案是由样本所提供的信息决定的. 由于样本观测值 x_1, $x_2,\cdots,x_n$ 可看成是样本空间中的一个点 $(x_1,x_2,\cdots,x_n)$,因此统计检验的实质是将样本空间划分为两个不相交的集合 K_0 和 $\overline{K}_0$,其中 K_0 表示假设 H_0 的拒绝域(rejection region),$\overline{K}_0$ 表示假设 H_0 的接受域(acceptance region),即当 $(x_1,x_2,\cdots,x_n)\in K_0$ 时,拒绝 H_0,否则接受 H_0.

由于样本的随机性,样本所携带的信息不能完全代表总体,其信息量具有一定的限制,在使用一个检验时,作出接受 H_0 或拒绝 H_0 的结论难免会犯错. 通常有两类错误,如果原假设 H_0 是正确的,但得出相反结论,即推断的结论是 H_0 不正确,这种情况称为第 I 类错误(type I error);如果原假设 H_0 是不正确的,但推断的结论是 H_0 是正确的,这种情况称为第 II 类错误(type II error). 为了清晰可见,使用一个检验可能带来的后果列于表 4.1.2 中.

表 4.1.2 假设检验的两类错误

假设检验结果	真实情况	
	H_0 成立	H_0 不成立
拒绝 H_0	犯第 I 类错误 (弃真错误)	判断正确
接受 H_0	判断正确	犯第 II 类错误 (纳伪错误)

犯两类错误的大小可以用概率来度量. 设犯第 I、II 类错误的概率分别为 α,β,则
$$\alpha = P(拒绝\ H_0 \mid H_0\ 成立) = P((X_1,X_2,\cdots,X_n)\in K_0 \mid H_0\ 成立) \quad (4.1.1)$$
$$\beta = P(接受\ H_0 \mid H_0\ 不成立) = P((X_1,X_2,\cdots,X_n)\in \overline{K}_0 \mid H_0\ 不成立) \quad (4.1.2)$$

当选用一个检验时,自然希望犯两类错误的概率都尽可能小. 但是,二者通常不能兼顾,参见图 4.1.1 说明. 一般的统计检验遵循的原则是:保证第 I 类错误的概率不超过某个事先指定的正常数 $\alpha(0<\alpha<1)$ 的条件下,使第 II 类错误的概率尽可能小. 由于研究第 II 类错误的概率已经超出本课程的要求,因此,在

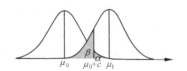

图 4.1.1 犯两类错误概率的
几何意义示意图

今后的讨论中,只考虑第 I 类错误的概率不超过 α 的要求,而控制第 I 类错误的概率的正常数 α 称为显著性水平. 对于一个显著性检验,需要求出拒绝域 K_0 满足:当 H_0 成立时,使 $P((X_1,X_2,\cdots,X_n)\in K_0)\leqslant\alpha$. 这正是通过显著水平 α 控制犯第 I 类错误的概率的原则.

下面通过例 4.1.1 进一步地阐述参数检验的基本思想.

设 X(单位:元)表示今年参加 10 日游的任意一位游客的旅费,假设总体 $X\sim$

$N(\mu, 205^2)$,现在要检验:$H_0: \mu = 1010$;$H_1: \mu \neq 1010$.现在获得 400 个样本 $X_1, X_2, \cdots, X_{400}$,样本均值 $\bar{x} = 1250$,自然知道 $\bar{x}$ 不可能刚刚等于 1010,但两个数的差 240 究竟是抽样误差还是显著差异?如果设 $\mu_0 = 1010$,那么 $\bar{X} - \mu_0$ 在什么范围内是可以接受的,而超出这个范围就不能接受,问题是如何确定这个临界?统计上,需要确定这样一个临界值 c,然后依据 $|\bar{x} - 1010| > c$ 是否成立来决定拒绝 H_0 还是接受 H_0,即 H_0 的拒绝域为

$$K_0 = \{(x_1, x_2, \cdots, x_n) \mid |\bar{x} - 1010| > c\}$$

问题转化为求 c,使得

$$P(|\bar{X} - \mu_0| > c) \leqslant \alpha$$

α 是给定的显著水平,显然 $|\bar{X} - \mu_0| > c$ 是一个小概率事件,在 H_0 成立下,$\bar{X} \sim N(\mu_0, \sigma^2/n)$,有

$$P(|\bar{X} - \mu_0| > c) = P\left[\frac{|\bar{X} - \mu_0|}{\sigma/\sqrt{n}} > \frac{c\sqrt{n}}{\sigma}\right] \leqslant \alpha \quad (4.1.3)$$

所以 $\frac{c\sqrt{n}}{\sigma} = u_{1-\frac{\alpha}{2}}$,即

$$c = u_{1-\frac{\alpha}{2}} \frac{\sigma}{\sqrt{n}} \quad (4.1.4)$$

从而拒绝域可设为 $K_0 = \{|\bar{x} - \mu_0| > c\}$,当通过样本 $x_1, x_2, \cdots, x_n$ 计算出 $\bar{x}$ 满足 $\bar{x} \in K_0$ 时,拒绝 H_0,否则,接受 H_0.

对例 4.1.1,取 $\alpha = 0.05$,查表得 $u_{1-\frac{\alpha}{2}} = u_{0.975} = 1.96$,计算出临界值 $c = 1.96 \times \frac{205}{\sqrt{400}} = 20.09$,$H_0$ 的拒绝域 $K_0 = \{|\bar{x} - 1010| > 20.09\}$.由于 $|\bar{x} - \mu_0| = |1250 - 1010| = 240 > c = 20.09$,所以拒绝 H_0,接受 H_1,即在显著水平是 0.05 时,今年参加 10 日游的游客其旅费较过去有显著的变化.

从上述分析可见,对于一个假设检验问题,关键在于适当选择检验统计量和拒绝域 K_0 的形式.对参数假设检验,检验统计量一般与要检验的参数的估计量有关.

4.1.3 假设检验的基本步骤

1. 设立统计假设

统计假设是关于总体状况的一种陈述,一般包含两个假设,一个是原假设 H_0,另一个是备选假设 H_1.在假设检验中,若肯定了原假设就等于否定了备选假设;若肯定了备选假设就等于否定了原假设.从形式上看,原假设与备选假设的内容可以互换,但原假设与备选假设的提出却不是任意的.因为假设检验拒绝原假设或接受备选假设相对不易,如果抽样结果不能显著地说明备选假设成立,则不能拒绝原假设接受备选假设.因此,原

假设与备选假设的选择取决于对问题的态度,一般把不能轻易接受的结论作为备选假设,需要有充分的理由才能将否定的结论作为原假设.如对例 4.1.3,如果认为新药本身无效而判断有效所造成的后果是十分严重的,则备选假设选择为新药有效,原假设为新药无效.

2. 提出拒绝域形式

根据统计假设,提出拒绝域形式.拒绝域 K_0 的形式一般反映了 H_1 的结论,如例 4.1.1 中,$H_1: \mu \neq \mu_0$ 表示总体均值 μ 与 μ_0 有显著差异,那么拒绝域形式为 $\{|\bar{x} - \mu_0| > c\}$. 若 $H_1: \mu > \mu_0$,则选择拒绝域 K_0 的形式为 $\{\bar{x} - \mu_0 > c\}$.

3. 选择检验统计量 $W = W(X_1, X_2, \cdots, X_n)$

在 H_0 成立的情况下检验统计量 $W = W(X_1, X_2, \cdots, X_n)$ 的分布或极限分布已知,并在给定的显著水平 α 下通过分位点确定临界值,从而确定拒绝域 K_0,保证

$$P(W(X_1, X_2 \cdots, X_n) \in K_0 | H_0 \text{ 成立}) \leq \alpha \quad (4.1.5)$$

显著性水平是当 H_0 成立而拒绝 H_0 的概率上限,即弃真概率上限,通常取 0.01,0.05 或 0.10.

4. 结论

根据样本值 $x_1, x_2, \cdots, x_n$,计算检验统计量的样本值 $w = W(x_1, x_2, \cdots, x_n)$. 若 $w \in K_0$,则拒绝 H_0,否则接受 H_0.

具体的判断方式有两种:(1)计算临界值,确定拒绝域,通过样本计算出检验统计量的值,再根据拒绝域作出判断(教科书普遍采用的方法,便于列表计算);(2)直接计算出第一类错误的概率,即显著水平,然后与 α 比较(这是目前统计软件普遍采用的方法,便于用户选择不同的显著水平,详见 4.4 节应用案例).

4.2 参数假设检验

由于实际问题中大多数随机变量服从或近似服从正态分布,因此这里重点介绍正态总体参数的假设检验.按总体的个数,又可分为单个正态总体与多个(主要是两个)正态总体的参数假设检验.

4.2.1 单个正态总体参数的假设检验

设总体 $X \sim N(\mu, \sigma^2)$,$X_1, X_2, \cdots, X_n$ 是来自 X 的一个样本,下面分别讨论参数 μ, σ^2 的假设检验问题.

1. μ 的假设检验

对 μ 可提出各种形式的统计假设,其统计推断方法都很类似. 在此仅讨论下面三种典型形式(μ_0 已知).

(1) $H_0: \mu = \mu_0$; $H_1: \mu \neq \mu_0$;

(2) $H_0: \mu \leq \mu_0$; $H_1: \mu > \mu_0$;

(3) $H_0: \mu \geq \mu_0$; $H_1: \mu < \mu_0$.

对形式(1),选择拒绝域形式为

$$K_0 = \{|\bar{x} - \mu_0| > c\} \tag{4.2.1}$$

令

$$P(|\bar{X} - \mu_0| > c \mid H_0 \text{ 成立}) = \alpha \tag{4.2.2}$$

当 σ^2 已知时,前面已讨论过,临界值为

$$c = u_{1-\frac{\alpha}{2}} \frac{\sigma}{\sqrt{n}} \tag{4.2.3}$$

当 σ^2 未知时,由于在 H_0 成立下 $T = \dfrac{\bar{X} - \mu_0}{S}\sqrt{n} \sim t(n-1)$,所以临界值为

$$c = t_{1-\frac{\alpha}{2}}(n-1) \frac{s}{\sqrt{n}} \tag{4.2.4}$$

对形式(2),由于在 H_0 成立下通常 $\bar{x}$ 与 μ_0 的差异很小,且统计假设关心的是 μ 与 μ_0 比较是否明显增大,因此拒绝域形式选择为

$$K_0 = \{\bar{x} - \mu_0 > c\} \tag{4.2.5}$$

且

$$P(\bar{X} - \mu_0 > c \mid H_0 \text{ 成立}) = P\left(\frac{\bar{X} - \mu_0}{\sigma}\sqrt{n} > \frac{c\sqrt{n}}{\sigma} \,\Big|\, \mu \leq \mu_0\right)$$

$$\leq P\left(\frac{\bar{X} - \mu}{\sigma}\sqrt{n} > \frac{c\sqrt{n}}{\sigma} \,\Big|\, \mu \leq \mu_0\right)$$

$$= P\left(\frac{\bar{X} - \mu}{\sigma}\sqrt{n} > u_{1-\alpha}\right) = \alpha$$

类似于形式(1),当 σ^2 已知时拒绝域为

$$K_0 = \left\{\bar{x} - \mu_0 > u_{1-\alpha} \frac{\sigma}{\sqrt{n}}\right\} \tag{4.2.6}$$

当 σ^2 未知时,拒绝域为

$$K_0 = \left\{\bar{x} - \mu_0 > t_{1-\alpha}(n-1) \frac{s}{\sqrt{n}}\right\} \tag{4.2.7}$$

对形式(3),同理可推导类似的拒绝域,见表 4.2.1.

例 4.2.1 一汽车轮胎制造商声称,他们生产的某一等级的轮胎平均寿命在一定的

汽车重量和正常行驶条件下大于 50 000 km. 现对这一等级的 120 个轮胎组成的随机样本进行了测试,测得平均每一个轮胎的寿命为 51 000 km,样本标准差是 5000 km. 已知这种轮胎寿命服从正态分布. 试根据抽样数据在显著性水平 $\alpha=0.05$ 下判断该制造商的产品是否与他所说的标准相符合.

解 设 X 表示制造商生产的某一等级轮胎的寿命(单位: km). 由题意知, $X \sim N(\mu, \sigma^2)$, 方差 σ^2 未知. $n=120, \bar{x}=51\,000(\mathrm{km}), s=5000(\mathrm{km})$.

设统计假设 $H_0: \mu \leqslant \mu_0 = 50\,000, H_1: \mu > \mu_0 = 50\,000$.

当 $\alpha = 0.05$ 时, $t_{1-\alpha}(n-1) = t_{0.95}(119) = 1.65$, 临界值

$$c = \frac{s}{\sqrt{n}} t_{1-\alpha}(n-1) = \frac{5000}{\sqrt{120}} \times 1.65 = 753.1185$$

拒绝域为

$$K_0 = \{\bar{x} - 50\,000 > c = 753.1185\}$$

由于 $\bar{x} - 50\,000 = 1000 > c$, 所以拒绝 H_0, 接受 H_1, 即认为该制造商的声称可信, 其生产的轮胎平均寿命显著地大于 50 000 km.

表 4.2.1 总结了单个正态总体均值的假设检验情况(其中 μ_0 是已知常数).

表 4.2.1 单个正态总体均值检验 H_0 的拒绝域

H_0	H_1	σ^2 已知	σ^2 未知
$\mu = \mu_0$	$\mu \neq \mu_0$	$\left\{ \|\bar{x} - \mu_0\| > u_{1-\frac{\alpha}{2}} \frac{\sigma}{\sqrt{n}} \right\}$	$\left\{ \|\bar{x} - \mu_0\| > t_{1-\frac{\alpha}{2}}(n-1) \frac{s}{\sqrt{n}} \right\}$
$\mu \leqslant \mu_0$	$\mu > \mu_0$	$\left\{ \bar{x} - \mu_0 > u_{1-\alpha} \frac{\sigma}{\sqrt{n}} \right\}$	$\left\{ \bar{x} - \mu_0 > t_{1-\alpha}(n-1) \frac{s}{\sqrt{n}} \right\}$
$\mu \geqslant \mu_0$	$\mu < \mu_0$	$\left\{ \bar{x} - \mu_0 < u_{\alpha} \frac{\sigma}{\sqrt{n}} \right\}$	$\left\{ \bar{x} - \mu_0 < t_{\alpha}(n-1) \frac{s}{\sqrt{n}} \right\}$

按拒绝域区间的形式, 假设检验又可分为双侧假设检验(或双尾检验)与单侧假设检验(或单尾检验). 拒绝域在数轴左右两侧的假设检验称为双侧假设检验, 拒绝域在数轴左侧或右侧的假设检验分别称为左侧假设检验或右侧假设检验, 统称为单侧检验. 双侧假设检验关注的是总体参数是否有明显的变化, 不管是明显增大还是明显减少, 而单侧假设检验关注总体参数明显变化的方向, 左侧检验关注总体参数是否明显减少, 右侧检验关注总体参数是否明显增加.

2. σ^2 的假设检验

在此仅讨论假设 $H_0: \sigma^2 = \sigma_0^2, H_1: \sigma^2 \neq \sigma_0^2$, 其他形式的假设检验可类似讨论, 表 4.2.2 给出了总体方差 σ^2 假设检验的常见情况(σ_0^2 是已知常数).

表 4.2.2　单个正态总体方差检验的 H_0 的拒绝域

H_0	H_1	μ 未知
$\sigma^2 = \sigma_0^2$	$\sigma^2 \neq \sigma_0^2$	$\left\{ s^2 > \dfrac{\sigma_0^2}{n-1}\chi_{1-\frac{\alpha}{2}}^2(n-1) \text{ 或 } s^2 < \dfrac{\sigma_0^2}{n-1}\chi_{\frac{\alpha}{2}}^2(n-1) \right\}$
$\sigma^2 \leq \sigma_0^2$	$\sigma^2 > \sigma_0^2$	$\left\{ s^2 > \dfrac{\sigma_0^2}{n-1}\chi_{1-\alpha}^2(n-1) \right\}$
$\sigma^2 \geq \sigma_0^2$	$\sigma^2 < \sigma_0^2$	$\left\{ s^2 < \dfrac{\sigma_0^2}{n-1}\chi_{\alpha}^2(n-1) \right\}$

这里仅讨论最常见的情形，当 μ 未知时，由于 S^2 是总体参数 σ^2 的无偏估计量，因此，S^2 与 σ^2 的商不能太大，也不能太小，即在 H_0 成立下，可以选择两个临界值 c_1, c_2，得到如下形式的拒绝域：

$$K_0 = \left\{ \frac{s^2}{\sigma^2} > c_2, \frac{s^2}{\sigma^2} < c_1 \right\}, \quad c_1 < c_2 \tag{4.2.8}$$

令

$$P\left(\frac{S^2}{\sigma^2} > c_2, \frac{S^2}{\sigma^2} < c_1 \mid H_0 \text{ 成立} \right) = \alpha \tag{4.2.9}$$

在 H_0 成立下有 $\dfrac{(n-1)S^2}{\sigma_0^2} \sim \chi^2(n-1)$，所以取 c_1, c_2 满足

$$\frac{\alpha}{2} = P\left(\frac{(n-1)S^2}{\sigma_0^2} > c_2(n-1) \mid \sigma^2 = \sigma_0^2 \right)$$

$$\frac{\alpha}{2} = P\left(\frac{(n-1)S^2}{\sigma_0^2} < c_1(n-1) \mid \sigma^2 = \sigma_0^2 \right)$$

从而

$$c_2 = \frac{1}{n-1}\chi_{1-\frac{\alpha}{2}}^2(n-1) \tag{4.2.10}$$

$$c_1 = \frac{1}{n-1}\chi_{\frac{\alpha}{2}}^2(n-1) \tag{4.2.11}$$

由此即可得到拒绝域.

例 4.2.2　某机器加工的 B 型钢管的长度服从标准差为 2.4cm 的正态分布. 现从一批新生产的 B 型钢管中随机选取 25 根，测得样本标准差为 2.7cm. 试以显著性水平 1% 判断该批钢管长度的变异性与标准差 2.4 相比较是否有明显变化.

解　设 X 表示新生产的 B 型钢管的长度（单位：cm）. 由题意知 $X \sim N(\mu, \sigma^2)$，$s = 2.7\text{cm}$，$n = 25$，μ 未知.

(1) 设立统计假设 $H_0: \sigma^2 = \sigma_0^2 = 2.4^2$；$H_1: \sigma^2 \neq \sigma_0^2 = 2.4^2$.

(2) 当 $\alpha = 0.01$ 时，有

$$\chi^2_{1-\frac{\alpha}{2}}(n-1) = \chi^2_{0.995}(24) = 45.559, \quad \chi^2_{\frac{\alpha}{2}}(n-1) = \chi^2_{0.005}(24) = 9.886$$

临界值

$$c_1 = \frac{\sigma_0^2}{n-1}\chi^2_{\frac{\alpha}{2}}(n-1) = \frac{2.4^2}{24} \times 9.886 = 2.3726$$

$$c_2 = \frac{\sigma_0^2}{n-1}\chi^2_{1-\frac{\alpha}{2}}(n-1) = \frac{2.4^2}{24} \times 45.559 = 10.9342$$

拒绝域

$$K_0 = \{s^2 > c_2 = 10.9342, s^2 < c_1 = 2.3726\}$$

(3) 因为 $c_1 < s^2 < c_2$，所以不能拒绝原假设，即认为该批 B 型钢管长度的变异性与标准差相比较没有显著变化.

4.2.2 两个正态总体参数的假设检验

许多情况下，需要比较两个总体的参数. 如在相同年龄组中，高学历与低学历的从业人员的收入是否有明显的差异. 对这类问题可以用两个总体参数的假设检验进行推断.

设 $X_1, X_2, \cdots, X_n; Y_1, Y_2, \cdots, Y_m$ 分别是来自总体 $X \sim N(\mu_1, \sigma_1^2)$、$Y \sim N(\mu_2, \sigma_2^2)$ 的样本，且相互独立. $\bar{X}, S_X^2, \bar{Y}, S_Y^2$ 分别表示 X, Y 的样本均值和样本方差.

1. 对均值的假设检验

设统计假设为

$$H_0: \mu_1 = \mu_2; \quad H_1: \mu_1 \neq \mu_2$$

该假设可以等价地表示为

$$H_0: \mu_1 - \mu_2 = 0; \quad H_1: \mu_1 - \mu_2 \neq 0$$

由于 $\bar{X} - \bar{Y}$ 是 $\mu_1 - \mu_2$ 的一致最小方差无偏估计量，所以 $|(\bar{x}-\bar{y})-(\mu_1-\mu_2)|$ 一般很小，那么在 H_0 成立下 $|\bar{x}-\bar{y}|$ 一般也应很小，因此如果 $|\bar{x}-\bar{y}|$ 较大，可认为是一个小概率事件，这时拒绝域形式选择为

$$K_0 = \{|\bar{x} - \bar{y}| > c\} \tag{4.2.12}$$

且

$$P(|\bar{X} - \bar{Y}| > c | H_0 \text{ 成立}) \leqslant \alpha \tag{4.2.13}$$

(1) σ_1^2, σ_2^2 已知

在 H_0 成立时，$\bar{X} - \bar{Y} \sim N\left(0, \frac{\sigma_1^2}{n} + \frac{\sigma_2^2}{m}\right)$，从而

$$U = \frac{\bar{X} - \bar{Y}}{\sqrt{\frac{\sigma_1^2}{n} + \frac{\sigma_2^2}{m}}} \sim N(0, 1) \tag{4.2.14}$$

令

$$P(|\bar{X}-\bar{Y}|>c\,|\,H_0\text{ 成立})=\alpha$$

得

$$P(|\bar{X}-\bar{Y}|>c\,|\,\mu_1=\mu_2)=P\left(|U|>\frac{c}{\sqrt{\dfrac{\sigma_1^2}{n}+\dfrac{\sigma_2^2}{m}}}=u_{1-\frac{\alpha}{2}}\right)=\alpha$$

因此，临界值

$$c=u_{1-\frac{\alpha}{2}}\sqrt{\frac{\sigma_1^2}{n}+\frac{\sigma_2^2}{m}} \qquad (4.2.15)$$

(2) σ_1^2,σ_2^2 未知，但 $\sigma_1^2=\sigma_2^2=\sigma^2$.

对式(4.2.15)，若仅用 S_X^2 或 S_Y^2 来替代 σ^2，将丢弃一部分样本提供的关于 σ^2 的信息，一种合理的选择是用它们的加权平均：

$$S_\omega^2=\frac{(n-1)S_X^2+(m-1)S_Y^2}{n+m-2} \qquad (4.2.16)$$

来估计 σ^2. 由抽样分布定理知，当 H_0 成立时

$$T=\frac{\bar{X}-\bar{Y}}{S_\omega\sqrt{\dfrac{1}{n}+\dfrac{1}{m}}}\sim t(n+m-2) \qquad (4.2.17)$$

因此，有

$$P(|\bar{X}-\bar{Y}|>c\,|\,\mu_1=\mu_2)=P\left(|T|>\frac{c}{S_\omega\sqrt{\dfrac{1}{n}+\dfrac{1}{m}}}=t_{1-\frac{\alpha}{2}}(m+n-2)\right)=\alpha$$

拒绝域的临界值

$$c=t_{1-\frac{\alpha}{2}}(m+n-2)S_\omega\sqrt{\frac{1}{n}+\frac{1}{m}} \qquad (4.2.18)$$

(3) σ_1^2,σ_2^2 未知，但 $n=m$.

令 $Z=X-Y$, $Z_i=X_i-Y_i(i=1,2,\cdots,n)$，则 $Z\sim N(\mu_1-\mu_2,\sigma_1^2+\sigma_2^2)$，$Z_1,Z_2,\cdots,Z_n$ 可视为来自总体 Z 的样本，$\bar{Z}=\bar{X}-\bar{Y}$. 这时的假设检验问题 $H_0:\mu_1=\mu_2$，$H_1:\mu_1\neq\mu_2$ 相当于单个正态总体未知方差对均值的检验. 因为在 H_0 成立下有

$$T=\frac{\bar{Z}}{S_Z}\sqrt{n}=\frac{(\bar{X}-\bar{Y})}{S_Z}\sqrt{n}\sim t(n-1) \qquad (4.2.19)$$

其中

$$S_Z^2=\frac{1}{n-1}\sum_{i=1}^n(Z_i-\bar{Z})^2 \qquad (4.2.20)$$

所以，拒绝域为

$$K_0=\left\{|\bar{x}-\bar{y}|>c=\frac{S_Z}{\sqrt{n}}t_{1-\frac{\alpha}{2}}(n-1)\right\} \qquad (4.2.21)$$

两个正态总体均值差的常见假设检验问题的拒绝域总结在表 4.2.3 中.

表 4.2.3 两个正态总体均值差检验 H_0 的拒绝域

H_0	H_1	σ_1^2, σ_2^2 已知	σ_1^2, σ_2^2 未知，$\sigma_1^2 = \sigma_2^2$
$\mu_1 = \mu_2$	$\mu_1 \neq \mu_2$	$\left\{ \|\bar{x} - \bar{y}\| > u_{1-\frac{\alpha}{2}} \sqrt{\frac{\sigma_1^2}{n} + \frac{\sigma_2^2}{m}} \right\}$	$\left\{ \|\bar{x} - \bar{y}\| > t_{1-\frac{\alpha}{2}}(m+n-2) S_\omega \sqrt{\frac{1}{n} + \frac{1}{m}} \right\}$
$\mu_1 \leq \mu_2$	$\mu_1 > \mu_2$	$\left\{ \bar{x} - \bar{y} > u_{1-\alpha} \sqrt{\frac{\sigma_1^2}{n} + \frac{\sigma_2^2}{m}} \right\}$	$\left\{ \bar{x} - \bar{y} > t_{1-\alpha}(m+n-2) S_\omega \sqrt{\frac{1}{n} + \frac{1}{m}} \right\}$
$\mu_1 \geq \mu_2$	$\mu_1 < \mu_2$	$\left\{ \bar{x} - \bar{y} < u_\alpha \sqrt{\frac{\sigma_1^2}{n} + \frac{\sigma_2^2}{m}} \right\}$	$\left\{ \bar{x} - \bar{y} < t_\alpha(m+n-2) S_\omega \sqrt{\frac{1}{n} + \frac{1}{m}} \right\}$

2. 对方差的假设检验

考虑统计假设 $H_0: \sigma_1^2 = \sigma_2^2$；$H_1: \sigma_1^2 \neq \sigma_2^2$，且 μ_1, μ_2 未知. 此假设可转化为

$$H_0: \frac{\sigma_1^2}{\sigma_2^2} = 1; \quad H_1: \frac{\sigma_1^2}{\sigma_2^2} \neq 1$$

由于 S_X^2, S_Y^2 分别是 σ_1^2, σ_2^2 的最小方差无偏估计量,所以在 H_0 成立下,$\frac{S_X^2}{S_Y^2}$ 应在 1 的附近,换言之,$\frac{S_X^2}{S_Y^2}$ 过大或过小是一个小概率事件. 因此,可以选择两个临界值 c_1 和 c_2,得到如下形式的拒绝域:

$$K_0 = \left\{ \frac{S_X^2/S_Y^2}{\sigma_1^2/\sigma_2^2} < c_1, \frac{S_X^2/S_Y^2}{\sigma_1^2/\sigma_2^2} > c_2 \right\}, \quad c_1 < c_2 \tag{4.2.22}$$

根据抽样分布定理,得

$$\frac{S_X^2/\sigma_1^2}{S_Y^2/\sigma_2^2} \sim F(n-1, m-1)$$

因而,在 H_0 成立下,有

$$F = \frac{S_X^2}{S_Y^2} \sim F(n-1, m-1)$$

由

$$P\left(\frac{S_X^2}{S_Y^2} < c_1, \frac{S_X^2}{S_Y^2} > c_2 \mid H_0 \text{ 成立} \right)$$
$$= P(F < c_1 \mid H_0 \text{ 成立}) + P(F > c_2 \mid H_0 \text{ 成立}) = \alpha$$

令

$$P(F < c_1 \mid H_0 \text{ 成立}) = P(F > c_2 \mid H_0 \text{ 成立}) = \frac{\alpha}{2}$$

得拒绝域的临界值

$$c_1 = F_{\frac{\alpha}{2}}(n-1, m-1) \tag{4.2.23}$$

$$c_2 = F_{1-\frac{\alpha}{2}}(n-1, m-1) \tag{4.2.24}$$

其他形式的假设检验,可做类似的讨论,其结果见表 4.2.4.

表 4.2.4 两个正态总体方差检验的 H_0 的拒绝域

H_0	H_1	μ_1, μ_2 未知
$\sigma_1^2 = \sigma_2^2$	$\sigma_1^2 \neq \sigma_2^2$	$F = \dfrac{S_X^2}{S_Y^2} < F_{\frac{\alpha}{2}}(n-1, m-1)$ 或 $F = \dfrac{S_X^2}{S_Y^2} > F_{1-\frac{\alpha}{2}}(n-1, m-1)$
$\sigma_1^2 \leqslant \sigma_2^2$	$\sigma_1^2 > \sigma_2^2$	$F = \dfrac{S_X^2}{S_Y^2} > F_{1-\alpha}(n-1, m-1)$
$\sigma_1^2 \geqslant \sigma_2^2$	$\sigma_1^2 < \sigma_2^2$	$F = \dfrac{S_X^2}{S_Y^2} < F_\alpha(n-1, m-1)$

例 4.2.3 在漂白工艺中,要考察温度对某种针织品断裂强力的影响,在 70℃ 与 80℃ 下分别重复了 8 次试验,测得断裂强力数据如表 4.2.5 所示.

表 4.2.5 断裂强力数据表

70℃	20.5	18.5	19.5	20.9	21.5	19.5	21.0	21.2
80℃	17.7	20.3	20.0	18.8	19.0	20.1	20.2	19.1

试问在这两种温度下,断裂强力有无显著差异?($\alpha = 0.10$)假定断裂强力服从正态分布.

解 根据所给数据,计算得

$$m = n = 8, \quad \bar{x} = 20.325, \quad \bar{y} = 19.4, \quad s_X^2 = 1.094, \quad s_Y^2 = 0.829$$

$$s_\omega = \sqrt{\frac{7.655 + 5.8}{8 + 8 - 2}} = 0.98$$

(1) 首先检验"等方差"假设

$$H_0 : \sigma_1^2 = \sigma_2^2; \quad H_1 : \sigma_1^2 \neq \sigma_2^2$$

运用表 4.2.4 中的 F 检验,计算检验统计的观测值,如下:

$$F = \frac{S_X^2}{S_Y^2} = \frac{1.094}{0.829} = 1.32$$

另一方面,在显著性水平 $\alpha = 0.10$ 下,查表 $F_{0.95}(7,7) = 3.79$,$F_{0.05}(7,7) = \dfrac{1}{3.79} = 0.2638$,$0.2638 < 1.32 < 3.79$,因此接受 H_0,结论是可以认为两个正态总体的方差相等.

(2) 检验
$$H_0: \mu_1 = \mu_2; \quad H_1: \mu_1 \neq \mu_2$$

由于 σ_1^2, σ_2^2 未知,运用表 4.2.3 中的 t 检验法,计算 $|\overline{x} - \overline{y}| = 0.925$,在显著性水平 $\alpha = 0.10$ 下计算临界值 $c = t_{0.95}(14) s_\omega \sqrt{\dfrac{1}{m} + \dfrac{1}{n}} = 1.76 \times 0.98 \times \sqrt{\dfrac{1}{8} + \dfrac{1}{8}} = 0.8624$,由于 $0.925 > 0.8624$,因此,拒绝 H_0,说明在这两种温度下,断裂强力有显著差异.

实际问题中可能遇到非正态总体的参数检验问题.例如需要了解某种产品次品率为多少,这等价于 0-1 总体的参数检验问题,可以利用中心极限定理近似地用正态分布构造检验统计量,感兴趣的读者请参考相关教材.

4.3 非参数假设检验

前面讨论了已知总体分布类型对其参数的假设检验问题,而在实际中还会遇到下列类似的问题.

例 4.3.1 为研究儿童智力发展与营养的关系,某研究机构调查了 1436 名儿童,得到如表 4.3.1 的数据,试在显著性水平 $\alpha = 0.05$ 下判断智力发展与营养有无关系.

表 4.3.1 儿童智力与营养的调查数据

营养状态	智 商				
	<80	80~90	90~99	≥100	合计
营养良好	367	342	266	329	1304
营养不良	56	40	20	16	132
合计	423	382	286	345	1436

例 4.3.2 为了比较两种不同规格灯丝制造的灯泡使用寿命,分别从甲、乙两批灯泡中随机地抽取若干个灯泡进行寿命试验.测得数据(单位: h),如下:

甲:1420,1450,1425,1470,1465,1480

乙:1425,1445,1410,1420,1415

试判断这两种灯泡使用寿命是否有明显的差异?

上述例子关心的不是总体的参数问题,而是总体的分布类型或分布的性质等.对这种问题的假设检验称为非参数假设检验.非参数假设检验涉及的范围很广,在此介绍应用上比较重要的几个检验:总体分布函数的检验、两个总体独立性的检验、两个总体分布比较的检验.

4.3.1 总体分布函数的假设检验

1. 问题的描述

设总体 X 的分布函数为 $F(x)$,但未知. $X_1, X_2, \cdots, X_n$ 是来自 X 的样本,样本值为 x_1,

$x_2,\cdots,x_n$. $F_0(x)$ 是一个完全已知或类型已知但含有若干未知参数的分布函数,常称为理论分布,一般根据总体的物理意义、样本的经验分布函数、直方图等得到启发而确定. 统计假设为

$$H_0:F(x)=F_0(x); \quad H_1:F(x)\neq F_0(x) \tag{4.3.1}$$

针对 $F_0(x)$ 的不同类型有不同的检验方法,一般采用 K. Pearson χ^2 检验法,也称为拟合优度 χ^2 检验法.

2. 拟合优度 χ^2 检验法

统计假设(4.3.1)可理解为:事先给定的理论分布 $F_0(x)$ 能否较好地拟合观测数据 $X_1,X_2,\cdots,X_n$ 所反映的随机分布. 拟合优度检验法的基本思想就是设法确定一个能刻画观测数据 $X_1,X_2,\cdots,X_n$ 与理论分布 $F_0(x)$ 之间拟合程度的量,即拟合优度,当这个量超过某个界限时,说明拟合程度不高,应拒绝 H_0,否则接受 H_0. 为此,把总体 X 的所有可能结果的全体 Ω 适当分为若干个互不相容的事件 $A_1,A_2,\cdots,A_m\left(\bigcup_{i=1}^m A_i=\Omega, A_iA_j=\phi,i\neq j, i,j=1,2,\cdots,m\right)$. 计算 $A_i(i=1,2,\cdots,m)$ 在 H_0 成立下的概率值 $p_i=P(A_i)$ $(i=1,2,\cdots,m)$(称为理论概率值)和抽样试验中的频率 v_i/n(v_i 表示 n 次抽样试验中 A_i 出现的频数). 当 H_0 成立,试验次数 n 充分大时,p_i 与 v_i/n 的差异应很小. 若 p_i 与 v_i/n 的差异很大,则应拒绝 H_0. 因此,可利用 p_i 与 v_i/n 或 np_i 与 v_i 的差异构造检验统计量,并确定拒绝域. 基于这种思想,1900 年 K. Pearson 提出了检验统计量

$$\chi^2=\sum_{i=1}^m \frac{(v_i-np_i)^2}{np_i} \tag{4.3.2}$$

并证明了若 $F_0(x)$ 不含有未知参数,则在 H_0 成立的条件下,χ^2 的极限分布是 $\chi^2(m-1)$. 1924 年 Fisher 又给出了结论:若 $F_0(x)$ 含有 r 个未知参数 $\theta_1,\theta_2,\cdots,\theta_r$,则

$$\hat{\chi}^2=\sum_{i=1}^m \frac{(v_i-n\hat{p}_i)^2}{n\hat{p}_i} \tag{4.3.3}$$

的极限分布是 $\chi^2(m-1-r)$,其中 $\hat{p}_i(i=1,2,\cdots,m)$ 是 $F_0(x)$ 中未知参数 $\theta_1,\theta_2,\cdots,\theta_r$ 用其极大似然估计 $\hat{\theta}_1,\hat{\theta}_2,\cdots,\hat{\theta}_r$ 替代后 $P(A_i)$ 的估计值.

因此,对假设(4.3.1),当样本容量 n 充分大时,检验统计量选择为式(4.3.2)或式(4.3.3),拒绝域为

$$\{\chi^2 > \chi^2_{1-\alpha}(m-1)\} \tag{4.3.4}$$

或

$$\{\hat{\chi}^2 > \chi^2_{1-\alpha}(m-1-r)\} \tag{4.3.5}$$

例 4.3.3 从某高校 99 级本科生中随机抽取了 60 名学生,其英语结业考试成绩见表 4.3.2. 试问 99 级本科生的英语结业成绩是否服从正态分布?($\alpha=0.10$)

4.3 非参数假设检验

表 4.3.2　60 名学生的英语结业考试成绩

93	75	83	93	91	85	84	82	77	76	77	95	94	89	91
88	86	83	96	81	79	97	78	75	67	69	68	83	84	81
75	66	85	70	94	84	83	82	80	78	74	73	76	70	86
76	90	89	71	66	86	73	80	94	79	78	77	63	53	55

解　设 X 表示 99 级任意一位本科生的英语结业成绩，分布函数为 $F(x)$，统计假设是

$$H_0: F(x) = \Phi\left(\frac{x-\mu}{\sigma}\right); \quad H_1: F(x) \neq \Phi\left(\frac{x-\mu}{\sigma}\right)$$

(1) 选择检验统计量(4.3.3);

(2) 将 X 的取值划分为若干区间.

通常按成绩等级分为不及格(60 分以下)、及格(60～70)、中(70～80)、良(80～90)、优(90 分以上)，由于一般要求所划分的每个区间所含样本值个数 v_i（即频数）至少是 5，而不及格人数为 2，故需将不及格与及格区间合并，最后得到 $m=4$ 个事件：$A_1=\{X<70\}$, $A_2=\{70\leqslant X<80\}$, $A_3=\{80\leqslant X<90\}$, $A_4=\{90\leqslant X\}$.

(3) 在 H_0 成立的条件下，计算参数 μ, σ^2 的极大似然估计值 $\hat{\mu}, \hat{\sigma}^2$. 通过计算得 $\hat{\mu}=\bar{x}=80, \hat{\sigma}^2=m_2^*=9.6^2$.

(4) 在 H_0 成立的条件下，$A_i(i=1,2,3,4)$ 的概率理论估计值为

$\hat{p}_1=\Phi((70-80)/9.6)=\Phi(-1.04)=0.1492$

$\hat{p}_2=\Phi((80-80)/9.6)-\Phi(-1.04)=\Phi(0)-\Phi(-1.04)=0.3508$

$\hat{p}_3=\Phi((90-80)/9.6)-\Phi(0)=0.3508$

$\hat{p}_4=1-\Phi((90-80)/9.6)=0.1492$

(5) 拒绝域为 $\{\hat{\chi}^2>\chi^2_{0.90}(1)=2.71\}$.

(6) 计算 $\hat{\chi}^2$ 的样本值. 计算过程见表 4.3.3.

表 4.3.3　$\hat{\chi}^2$ 样本值计算表

i	A_i	v_i	$\hat{p}_i$	$n\hat{p}_i$	$(v_i-n\hat{p}_i)^2/n\hat{p}_i$
1	$\{X<70\}$	8	0.1492	8.952	0.1012
2	$\{70\leqslant X<80\}$	20	0.3508	21.048	0.0522
3	$\{80\leqslant X<90\}$	21	0.3508	21.048	0.0001
4	$\{90\leqslant X\}$	11	0.1492	8.952	0.4685
$\sum$		60	1.0000	60	0.6220

由于 $\hat{\chi}^2$ 样本值为 0.622，落在接受域内，因而接受 H_0，所以，99 级本科生的英语结业成绩符合正态分布.

4.3.2 独立性假设检验

回到例 4.3.1,设 X 表示儿童的智商,Y 表示儿童的营养状况,则智商与营养状况有无关系可视为随机变量 X 与 Y 是否独立的问题. 下面介绍随机变量 X 与 Y 的独立性 χ^2 检验法.

1. 问题的描述

设总体为随机向量 (X,Y),X 的所有可能的不同取值为 $a_1,a_2,\cdots,a_r$,Y 的所有可能的不同取值为 $b_1,b_2,\cdots,b_s$,对 (X,Y) 做 n 次独立观测,得到事件 $\{X=a_i,Y=b_j\}$ 的频数为 $v_{ij}(i=1,2,\cdots,r;j=1,2,\cdots,s)$. 据此检验

$$H_0: X \text{ 与 } Y \text{ 独立}; \quad H_1: X \text{ 与 } Y \text{ 不独立} \tag{4.3.6}$$

2. χ^2 检验法

假设 (X,Y) 的联合分布函数为 $F(x,y)$,边缘分布为 $F_X(x),F_Y(y)$,那么 X 与 Y 独立等价于

$$F(x,y) = F_X(x)F_Y(y), \quad -\infty < x,y < +\infty \tag{4.3.7}$$

将抽样数据用下列 $r \times s$ 列联表表示,表 4.3.4 中

$$v_{i.} = \sum_{k=1}^{s} v_{ik}, i=1,2,\cdots,r; \quad v_{.j} = \sum_{k=1}^{r} v_{kj}, j=1,2,\cdots,s$$

表 4.3.4 $r \times s$ 列联表

X	Y				$v_{i.}$
	b_1	b_2	$\cdots$	b_s	
a_1	v_{11}	v_{12}	$\cdots$	v_{1s}	$v_{1.}$
a_2	v_{21}	v_{22}	$\cdots$	v_{2s}	$v_{2.}$
$\vdots$	$\vdots$	$\vdots$		$\vdots$	$\vdots$
a_r	v_{r1}	v_{r2}	$\cdots$	v_{rs}	$v_{r.}$
$v_{.j}$	$v_{.1}$	$v_{.2}$	$\cdots$	$v_{.s}$	n

记 $p_{ij} = P(X=a_i, Y=b_j), p_{i.} = \sum_{k=1}^{s} p_{ik}, p_{.j} = \sum_{k=1}^{r} p_{kj} (i=1,2,\cdots,r; j=1,2,\cdots,s)$,因此上述假设 (4.3.6) 可转化为

$$H_0: p_{ij} = p_{i.}p_{.j}; \quad H_1: p_{ij} \neq p_{i.}p_{.j}, \quad i=1,2,\cdots,r; j=1,2,\cdots,s \tag{4.3.8}$$

若 p_{ij} 均已知,则令

$$\chi^2 = \sum_{j=1}^{s} \sum_{i=1}^{r} \frac{(v_{ij} - np_{ij})^2}{np_{ij}} \tag{4.3.9}$$

K. Pearson 建议当 n 充分大时,选择 χ^2 作为检验统计量(若问题中 p_{ij} 未知,可用 p_{ij} 的极大似然估计 $\hat{p}_{ij}$ 代替). 由于在 H_0 成立的条件下有 $p_{ij}=p_i. \, p._j$,因此有

$$\hat{p}_{ij} = \hat{p}_i. \hat{p}._j, \quad i=1,2,\cdots,r; j=1,2,\cdots,s$$

而

$$\hat{p}._r = 1 - \sum_{k=1}^{r-1} \hat{p}_k., \quad \hat{p}._s = 1 - \sum_{k=1}^{s-1} \hat{p}._k$$

所以只需要求出 $r+s-2$ 个参数 $p_i., p._j (i=1,2,\cdots,r-1; j=1,2,\cdots,s-1)$ 的极大似然估计,其计算结果为 $\hat{p}_i. = \dfrac{v_i.}{n}, \hat{p}._j = \dfrac{v._j}{n}$,这时检验统计量为

$$\chi_n^2 = \sum_{j=1}^s \sum_{i=1}^r \frac{(v_{ij} - n\hat{p}_{ij})^2}{n\hat{p}_{ij}} = \sum_{j=1}^s \sum_{i=1}^r \frac{(v_{ij} - n\hat{p}_i.\hat{p}._j)^2}{n\hat{p}_i.\hat{p}._j}$$

$$= n \sum_{j=1}^s \sum_{i=1}^r \frac{\left(v_{ij} - \dfrac{v_i. v._j}{n}\right)^2}{v_i. v._j} \tag{4.3.10}$$

在 H_0 成立下 χ_n^2 的极限分布为 $\chi^2(rs-1-(r-1)-(s-1))=\chi^2((r-1)(s-1))$,拒绝域为

$$\{\chi_n^2 > \chi_{1-\alpha}^2((r-1)(s-1))\} \tag{4.3.11}$$

对例 4.3.1,$n=1436, r=2, s=4$,表 4.3.1 给出了频数 v_{ij},取 $\alpha=0.05$,则拒绝域为

$$\{\chi_n^2 > \chi_{0.95}^2(3) = 7.815\}$$

由式(4.3.10)计算得 χ_n^2 的样本值为 19.2785,落在拒绝域内,故拒绝 H_0,接受 H_1,即认为儿童的营养状况对智商有显著影响.

当 $r=s=2$ 时,得 2×2 列联表,如表 4.3.5 所示.

表 4.3.5 2×2 列联表

X	Y		$v_i.$
	b_1	b_2	
a_1	v_{11}	v_{12}	$v_1.$
a_2	v_{21}	v_{22}	$v_2.$
$v._j$	$v._1$	$v._2$	n

检验统计量可化简为

$$\chi^2 = \frac{n(v_{11}v_{22} - v_{21}v_{12})^2}{v_1. v_2. v._1 v._2} \tag{4.3.12}$$

拒绝域为

$$\{\chi^2 > \chi_{1-\alpha}^2(1)\} \tag{4.3.13}$$

例 4.3.4 某研究所推出一种感冒特效新药,为证明其疗效,选择了 200 名感冒患病志愿者,将他们分为两组,一组不服药,另一组服药,观察数天后,治愈情况如表 4.3.6 所

示.问新药是否有明显的疗效?

解 设 X 表示患者感冒是否痊愈,Y 表示患者是否服用新药.若新药有明显的疗效,则说明 X 与 Y 不独立.因此统计假设为

$$H_0: X 与 Y 独立; \quad H_1: X 与 Y 不独立$$

这时,$n=200$,$r=s=2$,相应的 2×2 列联表如表 4.3.6 所示.当 $\alpha=0.05$ 时,拒绝域为

$$\{\chi^2 > \chi^2_{0.95}(1) = 3.84\}$$

计算出检验统计量式(4.3.12)的样本值为 1.282,落在接受域内,因此接受 H_0,即认为新药对感冒无明显疗效.

表 4.3.6 例 4.3.4 2×2 列联表

Y	X		$v_i.$
	感冒痊愈	感冒未痊愈	
未服药	48	52	100
服药	56	44	100
$v_{.j}$	104	96	200

当总体 (X,Y) 中的随机变量是连续型,在对 X 与 Y 的独立性进行检验时,可像处理连续型随机变量分布函数的假设检验问题一样,对其取值离散化,其假设检验步骤归结如下.

设来自总体 (X,Y) 的样本为 (X_i, Y_i),$i = 1, 2, \cdots, n$,

(1) 将 X 的取值范围分为 r 个互不相交的子区间,将 Y 的取值范围分为 s 个互不相交的子区间,这样形成 rs 个互不相交的小矩形.

(2) 求出样本落入各小矩形的频数 v_{ij}($i = 1, 2, \cdots, r$;$j = 1, 2, \cdots, s$)以及 $v_i.$($i = 1, 2, \cdots, r$)和 $v_{.j}$($j = 1, 2, \cdots, s$).

(3) 选择检验统计量

$$\chi^2 = n \sum_{j=1}^{s} \sum_{i=1}^{r} \frac{\left(v_{ij} - \dfrac{v_i. v_{.j}}{n}\right)^2}{v_i. v_{.j}} \tag{4.3.14}$$

(4) 给出显著性水平 α 下的拒绝域

$$\{\chi^2 > \chi^2_{1-\alpha}((r-1)(s-1))\} \tag{4.3.15}$$

(5) 计算 χ^2 的样本值,判断是否拒绝 H_0.

4.3.3 两总体分布比较的假设检验

许多科学试验或社会经济调查中,常常需要比较两个总体有无明显差异,而总体的分布往往是不清楚的,甚至调查结果都很难从数量上把握.例如,让消费者品尝评判不同品牌啤酒的质量,他们只能判断较好、较差或给出质量等级分.下面介绍两种常用的方法:符号检验法和秩和检验法.

1. 问题的描述

设 $F_X(x), F_Y(x)$ 分别为连续型总体 X, Y 的分布函数，$f_X(x), f_Y(y)$ 为它们的密度函数，这些函数都未知。$X_1, X_2, \cdots, X_n; Y_1, Y_2, \cdots, Y_m$ 是分别来自 X 和 Y 的样本，且相互独立，样本值分别为 $x_1, x_2, \cdots, x_n; y_1, y_2, \cdots, y_m$. 统计假设是

$$H_0: F_X(x) = F_Y(x); \quad H_1: F_X(x) \neq F_Y(x) \tag{4.3.16}$$

2. 符号检验法

符号检验法要求配对样本，即 $n = m$，且假设 $x_i \neq y_i (i = 1, 2, \cdots, n)$. 若出现 $x_i = y_i$，则从样本中剔除，样本容量相应减少.

令

$$Z_i = \begin{cases} 1, & X_i > Y_i \\ 0, & X_i < Y_i \end{cases} \quad i = 1, 2, \cdots, n$$

易见，$Z_1, Z_2, \cdots, Z_n$ 是独立同分布的随机变量，且 $Z_i \sim B(1, p)$，其中

$$p = P\{Z_i = 1\} = P\{X_i \geqslant Y_i\}$$

当 H_0 成立时有

$$p = P(X > Y) = \iint\limits_{x > y} f_X(x) f_Y(y) \mathrm{d}x \mathrm{d}y = \frac{1}{2}$$

$n_+ = \sum\limits_{i=1}^{n} Z_i$ 表示配对样本中 $X_i > Y_i$ 的个数，$n_- = n - n_+$ 表示 $X_i < Y_i$ 的个数，则在 H_0 成立的条件下，$n_+ + n_- = n$，$n_+ \sim B(n, 0.5)$，$n_- \sim B(n, 0.5)$. 并且这时，n_+, n_- 应大致相等，都应接近 $n/2$. 于是，选择检验统计量

$$s = \min(n_+, n_-) \tag{4.3.17}$$

在 H_0 成立的条件下 s 不应太小. 所以拒绝域为

$$K_0 = \{s \leqslant s_\alpha\} \tag{4.3.18}$$

其中 s_α 是符号检验的 α 分位数，可查表获得.

符号检验法具有计算简单的特点，但同时它具有 $n = m$ 的限制条件.

例 4.3.5 某企业为比较白班与夜班的生产效率是否有明显差异，随机抽取了两星期进行观察，各日产量比较如表 4.3.7 所示. 试据此在显著水平 $\alpha = 0.05$ 下判断白班与夜班生产是否存在显著性差异？

解 设 X 表示白班的生产量(单位：t)，Y 表示夜班的生产量(单位：t). X, Y 的分布函数分别是 $F_X(x), F_Y(x)$. 则统计假设为

$$H_0: F_X(x) = F_Y(x); \quad H_1: F_X(x) \neq F_Y(x)$$

由题意知，$n = 13$，当 $\alpha = 0.05$ 时，拒绝域为

$$\{s < s_{0.05}(13) = 2\}$$

而 $n_+=9, n_-=4$,检验统计量式(4.3.17)的样本值为 $s=\min(n_+, n_-)=4>2$,故接受 H_0,认为白班与夜班生产不存在显著性差异.

表 4.3.7 白班与夜班产量比较

日期编号	白班产量/t	夜班产量/t	符号	日期编号	白班产量/t	夜班产量/t	符号
1	105	102	+	8	90	98	−
2	94	90	+	9	85	84	+
3	92	95	−	10	88	85	+
4	102	96	+	11	98	88	+
5	96	96	0	12	110	98	+
6	98	104	−	13	108	104	+
7	105	103	+	14	95	98	−

3. 秩和检验法

秩和检验也是检验两个总体分布是否有明显差异或两个独立样本是否来自同一总体的方法.它与符号检验最主要的差别在于符号检验只考虑样本差数的符号,而秩和检验既要考虑样本差数的符号,又要考虑差数的顺序.在利用样本信息方面比符号检验更充分,效力更强,是一种有效而又方便的检验方法.另外,秩和检验法不要求配对样本.

(1) 秩的概念

将样本 $X_1, X_2, \cdots, X_n$ 的样本值 $x_1, x_2, \cdots, x_n$ 按由小到大顺序排成一排,得

$$x_{(1)}, x_{(2)}, \cdots, x_{(n)}$$

如果 $x_i = x_{(k)}$,则称 k 是 X_i 的秩($i=1,2,\cdots,n$).事实上,X_i 的秩就是按观测值的大小排列成序后所占的位次.将 $X_1, X_2, \cdots, X_n$ 与 $Y_1, Y_2, \cdots, Y_m$ 混合,且按观测值的大小顺序排列,同样可得每个变量的秩.若出现几个样本值相同,则它们的秩为它们在排列顺序中位置数的平均值.如混合样本值的排例顺序为

$$2,3,3,3,5,5$$

则 2 的秩是 1,3 的秩是 $(2+3+4)/3=3$,5 的秩为 $(5+6)/2=5.5$.

(2) 秩和检验法

设 $n \leqslant m$,将 $X_1, X_2, \cdots, X_n$ 在 $X_1, X_2, \cdots, X_n$ 与 $Y_1, Y_2, \cdots, Y_m$ 的混合样本中的秩相加,记其和为 T,则有

$$\frac{1}{2}n(n+1) \leqslant T \leqslant \frac{1}{2}n(n+2m+1)$$

在 H_0 成立的条件下,两个独立样本 $X_1, X_2, \cdots, X_n$ 与 $Y_1, Y_2, \cdots, Y_m$ 应来自同一总体,这时 $X_1, X_2, \cdots, X_n$ 随机分散在 $Y_1, Y_2, \cdots, Y_m$ 中,因而 T 不应太大,也不应太小,否则认为 H_0 不成立.于是选择拒绝域形式为

$$\{T < t_1\} \cup \{T > t_2\}, \quad t_1 < t_2 \qquad (4.3.19)$$

不妨令
$$P(T < t_1 \mid H_0 \text{ 成立}) = P(T > t_2 \mid H_0 \text{ 成立}) = \frac{\alpha}{2}$$

使之满足 $P(T<t_1 \text{ 或 } T>t_2 \mid H_0 \text{ 成立}) \leq \alpha$,由此可查表求出临界值 t_1, t_2.

例 4.3.6 考虑例 4.3.2

解 设 X, Y 分别表示甲、乙两种灯泡的使用寿命(单位:h),$F_X(x), F_Y(x)$ 为它们的分布函数.则统计假设为
$$H_0: F_X(x) = F_Y(x); \quad H_1: F_X(x) \neq F_Y(x)$$

样本混合后按由小到大顺序排列的结果以及秩见表 4.3.8.

表 4.3.8 混合秩序表

秩	1	2	3.5	3.5	5.5	5.5	7	8	9	10	11
数据	1410	1415	1420	1420	1425	1425	1445	1450	1465	1470	1480

由于 $m=5<n=6$,所以选择 Y 的样本秩和 T 作为检验统计量(上表中有阴影的数据是 Y 的样本值).在 $\alpha=0.05$ 时,拒绝域为
$$\{T < t_1 = 20\} \cup \{T > t_2 = 40\}$$

T 的样本值为 $1+2+3.5+5.5+7=19$,落在拒绝域内,故拒绝原假设,接受备选假设,即认为两个总体分布存在明显差异.

一般秩和检验表只列出了 $m,n \leq 10$ 时的临界值.但由于在 H_0 成立的条件下,T 的极限分布是
$$N\left(\frac{n(n+m+1)}{2}, \frac{nm(n+m+1)}{12}\right)$$

从而
$$U^* = \frac{T - n(n+m+1)/2}{\sqrt{\frac{nm(n+m+1)}{12}}} \qquad (4.3.20)$$

近似服从 $N(0,1)$.因此当 $m,n > 10$ 时,可选择检验统计量式(4.3.20),这时拒绝域为
$$\{|u^*| > u_{1-\frac{\alpha}{2}}\} \qquad (4.3.21)$$

4.4 应用案例

本节利用前面所介绍的假设检验统计原理,在 Excel 软件平台上操作,对以下两个实际案例进行统计计算和分析,来达到巩固学习的目的.

例 4.4.1 某食品厂为了加强质量管理,在某天生产的一大批罐头中抽查了 100 个,测得内装食品的净重数据(单位：g)见表 4.4.1.

表 4.4.1 100 个罐头食品净重数据表

342	341	348	346	343	342	346	341	344	348
346	346	341	344	342	344	345	340	344	344
343	344	342	342	343	345	339	350	337	345
349	336	348	344	345	332	342	341	350	343
347	340	344	353	341	340	353	346	345	346
341	339	342	352	342	350	348	344	350	335
340	338	345	345	349	336	342	338	343	343
341	347	341	347	344	339	347	348	343	347
346	344	345	350	341	338	343	339	343	346
342	339	343	350	341	346	341	345	344	342

试问：(1) 该天生产的罐头中食品净重是否服从正态分布？($\alpha=0.05$)

(2) 该天生产的罐头中食品净重是否为 340g？

解 (1) 首先根据 100 个数据作直方图,观察数据的分布规律.

使用 Excel 作直方图的操作步骤：

① 选取菜单下的"工具"→"数据分析"(如果没有,请加载宏,参照第 2 章的应用案例)；

② 选定"直方图"；

③ 选择"确定",弹出直方图对话框；

④ 在输入区域输入 A1：A100(将表 4.4.1 中的数据全部输入 Excel 表中的第 A 列)；通过经验公式 $1.87 \times 99^{0.4}$,得到分组数 12；根据数据中的最大值 353 和最小值 332,算出分组区间的宽 1.909；将分组的组中值放在 Excel 表的 B 列,并在直方图对话框中的接收区域栏填入 B1：B12；选定输出区域(填入 C1),然后确定,得到分组区间的右端点和频数,简单计算出频率和纵坐标值(分别放在 E 和 F 列),得到表 4.4.2.

表 4.4.2 频数统计表

右端点	频数	频率	纵坐标	右端点	频数	频率	纵坐标
332	1	0.01	0.005	343.46	21	0.21	0.110
333.91	0	0	0.000	345.37	21	0.21	0.110
335.82	1	0.01	0.005	347.28	14	0.14	0.073
337.73	3	0.03	0.016	349.19	7	0.07	0.037
339.64	8	0.08	0.042	351.1	6	0.06	0.031
341.55	15	0.15	0.079	353.01	3	0.03	0.016

⑤ 通过插入图表,选择柱形图的方式,即可得到直方图 4.4.1(作为课后练习).

由图形大致看出数据分布近似于正态分布,再从理论上进一步地检验数据分布的正态性假设.

设该天生产的罐头中食品净重为 X,需要根据以上 100 个数据检验以下问题:

$$H_0:X \sim N(\mu,\sigma^2);\quad H_1:X \text{ 不服从 } N(\mu,\sigma^2)$$

采用拟合优度 χ^2 检验法. 首先通过表 4.4.1 得到表 4.4.3(为获取频数可使用函数 COUNTIF,比如在 G12 单元格输入"=COUNTIF(A1:A100, "≤337.5")"就得到输出值 5,余类推,所有频数放入单元格 G12 到 G17;为获取期望频数 $n\hat{p}_j$ 可使用函数

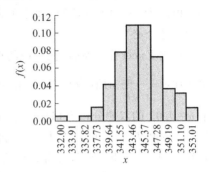

图 4.4.1 直方图

NORMDIST,比如在 H12 单元格输入"=NORMDIST(337.5,343.66,3.8957,true)"就得到数值 0.0569,其中 343.66=AVERAGE(A1:A100)是样本均值(放入单元格 B2),3.8957=STDEV(A1:A100)是标准差(放入单位格 B4),最后一个参数 true 是选择累积分布函数,所有期望频数放入单元格 I12 到 I17.

表 4.4.3 频数计算表

j	区间	v_j	$\hat{p}_j$	$n\hat{p}_j$
1	$(-\infty,337.5]$	5	0.0569	5.69
2	$(337.5,340.5]$	12	0.1517	15.17
3	$(340.5,343.5]$	32	0.2750	27.50
4	$(343.5,346.5]$	30	0.2834	28.34
5	$(346.5,349.5]$	12	0.1661	16.61
6	$(349.5,+\infty)$	9	0.0669	6.69

使用 Excel 作拟合优度 χ^2 检验:在单元格 H19 输入公式"=CHITEST(G12:G17,I12:I17)",按回车键得到计算结果:$\chi^2=0.5686$. 教材中通常是通过查表获取 $\chi^2_{0.95}(4)$ 的值,但 Excel 提供了各种分布的分位点函数,可以很方便地获取这些值. 比如在空白的单元格 I19 输入函数"=CHIINV(0.05,4)",即可得到 $\chi^2_{0.95}(4)$ 的值 9.49. 注意 Excel 提供的函数中概率需要输入显著水平 α,由于 0.5686<9.49,所以接受 H_0,认为该天生产的罐头中食品净重服从正态分布.

由于不再受制表的限制,几乎所有的统计软件处理假设检验问题时不再通过预先给定的显著水平进行检验,而是直接通过样本计算出显著水平. 就此例而言,需要计算 $P(\chi^2>0.5686)=1-P(\chi^2<0.5686)$,在 Excel 中选择空白单元格 J19 输入"=1-CHIDIST(0.5686,4)"回车,即可得到显著水平 0.03. 如果预先设定的显著水平 $\alpha=0.05$,则接受 H_0;若 $\alpha=0.01$,则要拒绝 H_0. 这显然更方便实用.

(2) 对参数 μ 提出假设：$H_0: \mu=340$；$H_1: \mu \neq 340$，采用 t 检验法. 在教科书中很难查到自由度为 99 的 t 分位数，通常的做法是近似的用正态分布的分位点代替，但在 Excel 中没有这个必要.

使用 Excel 作 t 检验：在空白的单元格 H21 中输入"＝(B2－340)/(B4/10)"，计算检验统计量 $\dfrac{\bar{x}-\mu_0}{s/\sqrt{n}}$ 的值为 9.3951；在单元格 I21 中输入"＝TINV(0.05,99)"，计算显著水平 $\alpha=0.05$ 的双侧分位点（这里也就是临界值）为 1.98. 显然，9.3951＞1.98，所以拒绝 H_0，认为该天生产的罐头中食品净重不是 340g. 另外，可以在单元格 J21 中输入"＝TDIST(9.3951,99,2)"，可得到显著水平 2.283 83E-15，这个概率这么小，发生的可能性微乎其微，因此拒绝原假设不会有任何异议.

例 4.4.2 设在一次测量发动机的推力试验中，两台推力记录结果如表 4.4.4 所示.

表 4.4.4　推力记录表

推力计 I	33.8	33.9	33.5	33.3	34.5	33.1	33.4	33.9	33.9	$\bar{x}=34.05$
	34.3	34.7	34.0	33.6	34.2	34.5	34.8	33.5	33.9	
推力计 II	34.8	34.4	34.4	34.8	34.9	34.6	34.7	35.0	34.1	$\bar{y}=34.56$
	34.6	34.5	34.1	34.5	33.9	34.2	35.2	34.5	34.9	

试推断这两台推力计的推力是否有显著差异？（$\alpha=0.05$）

解 分别采用几种方法对发电机的推力作假设检验.

假定发电机的推力服从正态分布，欲检验 $H_0: \mu_1=\mu_2$；$H_1: \mu_1 \neq \mu_2$.

(1) 因为 $n_1=n_2$，可以采用成对双样本平均差检验，步骤如下：

① 将表 4.4.4 中的数据输入 Excel 表中的 A，B 两列，选取"工具"中的"数据分析"；

② 选定"t 检验：平均值的成对两样本分析"，将弹出一个对话框；

③ 输入第 1 个变量的区域，如 A1：A18；

④ 输入第 2 个变量的区域，如 B1：B18；

⑤ 打开"标记"复选框，在假设平均差中输入 0，输入 $\alpha=0.05$；

⑥ 在输出区域中输入 D1；

⑦ 选择"确定"，得到计算结果如表 4.4.5.

由表 4.4.5 知，检验统计量 $T=\dfrac{\bar{X}-\bar{Y}}{S_z}\sqrt{n}$ 的样本值为 －4.1819，临界值为 2.1199；通过样本计算的显著水平为 0.0007. 因为 $|t|=4.1819>2.1199$，或显著水平 0.0007 小于预定显著水平 0.05，故拒绝原假设，接受 H_1，即认为两种推力有显著差异.

(2) 采用方差相等的两样本 t 检验，步骤如下：

① 选取"工具"中的"数据分析"；

② 选定"t 检验：双样本等方差假设"，将弹出一个对话框；

表 4.4.5 t 检验：平均值的成对两样本分析

	推力 I	推力 II		推力 I	推力 II
平均	33.9412	34.5471	t 统计量	−4.1819	
方差	0.2538	0.1227	$P(T\leqslant t)$ 单尾	0.000 35	
观测值	17	17	t 单尾临界	1.7459	
Poisson 相关系数	0.0556		$P(T\leqslant t)$ 双尾	0.0007	
假设平均差	0		t 双尾临界	2.1199	
自由度	16				

③ 输入第 1 个变量的区域,如 A1：A18；
④ 输入第 2 个变量的区域,如 B1：B18；
⑤ 打开"标记"复选框,在假设平均差中输入 0,输入 $\alpha=0.05$；
⑥ 在输出区域中输入 D17；
⑦ 选择"确定",得到计算结果如表 4.4.6.

表 4.4.6 t 检验：双样本等方差假设

	推力 I	推力 II		推力 I	推力 II
平均	33.9412	34.5471	t 统计量	−4.0714	
方差	0.2538	0.1226	$P(T\leqslant t)$ 单尾	0.000 14	
观测值	17	17	t 单尾临界	1.6939	
合并方差	0.1882		$P(T\leqslant t)$ 双尾	0.0003	
假设平均差	0		t 双尾临界	2.0369	
自由度	32				

由表 4.4.6 知,检验统计量 $T=\dfrac{\overline{X}-\overline{Y}}{S_\omega\sqrt{\dfrac{1}{n}+\dfrac{1}{m}}}$ 的样本值为 −4.0714,临界值为 2.0369；由样本计算的显著水平为 0.0003. 因为 $|t|=4.071>2.0369$,或显著水平 0.0003 小于预定显著水平 0.05,同样拒绝原假设,接受 H_1,即认为两种推力有显著差异.

以上两种方法都说明拒绝 $H_0:\mu_1=\mu_2$,说明两台推力计的推力有显著差异. 另外,选择采用等方差的检验还是不等方差的检验前,需要先对两样本的方差进行检验.

(3) 两总体方差相等的 F 检验,即检验 $H_0:\sigma_1^2=\sigma_2^2;H_1:\sigma_1^2\neq\sigma_2^2$
① 选取"工具"中的"数据分析"；
② 选定"F 检验：双样本方差",将弹出一个对话框；
③ 输入第 1 个变量的区域,如 A1：A18；
④ 输入第 2 个变量的区域,如 B1：B18；
⑤ 打开"标记"复选框,输入 $\alpha=0.05$；

⑥ 在输出区域中输入 H17.

由表 4.4.7 知，检验统计量 $F=\dfrac{S_X^2}{S_Y^2}$ 的样本值是 2.0695，临界值是 2.3335. 由于 2.0695<2.3335，故接受 H_0，即认为两样本的方差是相等的.

表 4.4.7 F 检验：双样本方差

	推力 I	推力 II		推力 I	推力 II
平均	33.9412	34.5471	F	2.0695	
方差	0.2538	0.12265	$P(F\leqslant f)$ 单尾	0.0782	
观测值	17	17	F 单尾临界	2.3335	
自由度	16	16			

习 题 4

1. 正常情况下，某炼铁炉的铁水含碳量 $X\sim N(4.55,0.108^2)$. 现在测试了 5 炉铁水，其含碳量分别为 4.28,4.40,4.42,4.35,4.37.（1）如果方差没有改变，问总体的均值有无显著变化？（2）问总体方差是否有显著变化？（$\alpha=0.05$）

2. 一种电子元件，要求其寿命不得低于 1000h. 现抽测 25 件，得其均值为 $\bar{x}=950$h. 已知该元件寿命 $X\sim N(\mu,100)$，问这批元件是否合格？（$\alpha=0.05$）

3. 电工器材厂生产一批保险丝，抽取 10 根试验其熔化时间，得到数据如下：

$$65,75,78,71,59,57,68,55,54,67$$

设整批保险丝的熔化时间服从正态分布，是否可以认为总体标准差 $\sigma=12$？（$\alpha=0.05$）

4. 已知某厂生产的维尼纶纤度 $X\sim N(a,0.048^2)$，某日抽测 8 根纤维，其纤度分别为 1.32,1.41,1.55,1.36,1.40,1.50,1.44,1.39，问这天生产的维尼纶纤度的方差 σ^2 是否明显变大了？（$\alpha=0.05$）

*5. 某种产品的次品率为 0.17，对这种产品进行新工艺试验，从中抽取 400 件检验，发现有 60 件次品，能否认为此项新工艺提高了产品的质量？（$\alpha=0.05$）

6. 从甲、乙两煤矿各取若干个样品，得其含灰率(%)为

甲：24.3,20.8,23.7,21.3,17.4

乙：18.2,16.9,20.2,16.7

假定含灰率均服从正态分布且 $\sigma_1^2=\sigma_2^2$. 问甲、乙两煤矿的含灰率有无显著差异？（$\alpha=0.05$）

7. 设甲、乙两种零件彼此可以代替，但乙零件比甲零件制造简单，造价也低. 经过试验获得它们的抗拉强度分别为（单位：kg/cm²）

甲：88,87,92,90,91

乙：89,89,90,84,88

假定两种零件的抗拉强度都服从正态分布,且 $\sigma_1^2 = \sigma_2^2$.问甲零件的抗拉强度是否比乙的高？（$\alpha = 0.05$）

*8. 从过去几年收集的大量记录发现,某种癌症用外科方法治疗只有 2% 的治愈率.一个主张化学疗法的医生认为他的非外科方法比外科方法更有效.为了用实验数据证实他的看法,他用他的方法治疗 200 个癌症病人,其中有 6 个治好了.这个医生断言这种样本中的 3% 治愈率足够证实他的看法.

(1) 试用假设检验方法检验这个医生的看法；(2) 如果该医生实际得到了 4.5% 治愈率,问检验将证实化学疗法比外科方法更有效的概率是多少？

9. 按测量仪器的分度读数时,通常需要大致估计读数的最后数字.理论上最后这个数字可以是 $0, 1, 2, \cdots, 9$ 中任何一个,并且每个数字的出现是等可能的,下表中列出 200 次读数的最后数字的统计分布.

数字 x_i	0	1	2	3	4	5	6	7	8	9
频数 ν_i	35	16	15	17	17	30	11	16	19	24

试检验这些数字是否服从均匀分布？（$\alpha = 0.05$）

10. 检查产品质量时,每次抽取 10 个产品检验,共抽取 100 次,得下表.

次品数	0	1	2	3	4	5	6	7	8	9	10
频数	35	40	18	5	1	1	0	0	0	0	0

问次品数是否服从二项分布？（$\alpha = 0.05$）

11. 请 71 人比较 A, B 两种型号电视机的画面好坏,认为 A 好的有 23 人,认为 B 好的有 45 人,拿不定主意的有 3 人,是否可以认为 B 的画面比 A 的好？（$\alpha = 0.10$）

12. 为比较两车间（生产同一种产品）的产品某项指标的波动情况,各依次抽取 12 个产品进行测量,得下表.

甲	1.13	1.26	1.16	1.41	0.86	1.39	1.21	1.22	1.20	0.62	1.18	1.34
乙	1.21	1.31	0.99	1.59	1.41	1.48	1.31	1.12	1.60	1.38	1.60	1.84

问这两车间所生产的产品的该项指标分布是否相同？（$\alpha = 0.05$）

13. 观察两班组的劳动生产率(单位：件/h),得下表.

第1班组	28	33	39	40	41	42	45	46	47
第2班组	34	40	41	42	43	44	46	48	49

问两班组的劳动生产率是否相同？($\alpha=0.05$)

14. 观察得两样本值如下表.

I	2.36	3.14	7.52	3.48	2.76	5.43	6.54	7.41
II	4.38	4.25	6.54	3.28	7.21	6.54		

问这两样本是否来自同一总体？($\alpha=0.05$)

15. 在某地区的人口调查中发现：15 729 245 个男人中有 3497 个是聋哑人，16 799 031 个女人中有 3072 个是聋哑人．试检验"聋哑人与性别无关"的假设．($\alpha=0.05$)

16. 下表为某药治疗感冒效果的系列表.

疗效	儿童	成年	老年	$v_i.$
一般	58	38	32	128
较差	28	44	45	117
显著	23	18	14	55
$v._j$	109	100	91	300

试问该药疗效是否与年龄有关？($\alpha=0.05$)

第 5 章

回 归 分 析

回归分析处理的是变量与变量间的关系.变量间的关系可分为两类,一类是确定性关系,另一类是不确定性关系.确定性关系是指变量之间的关系可以用函数关系来表达.另一种非确定性的关系即相关关系,譬如,人的身高与体重间的关系,一般来说,人高一些,体重就重一些,但同样高度的人,体重往往不相同,因此,称人的身高与体重之间的这种关系为相关关系.又如,人的血压与年龄也存在相关关系,同年龄的人其血压往往不相同.当一个或几个变量的值给定时,相应的另一个变量的值不能完全确定,而是在一定范围内变化,则称变量之间的这种关系为不确定性关系或相关关系.回归分析是研究相关关系的一种常用的统计方法,它能从一个变量的取值去估计另一个变量的取值.

5.1 回归分析的基本概念

设随机变量 Y 与 X 之间存在着某种相关关系,其中 X 是可控制的变量,Y 是可预测的随机变量.变量 X 可影响变量 Y,但变量 X 不能完全决定变量 Y,因为影响变量 Y 的因素可能不止一个,还存在着不可控制的因素,例如,假定 Y 表示某农作物的产量,X 表示施肥量,而影响变量 Y 的因素不只变量 X 一个,还有播种量、灌溉情况、气温变化、灾害等,而这些因素中有些是不可控制的因素,即不能观测到的因素,如气温、灾害.因此,考虑因素 X 只能在一定程度上决定变量 Y,其余则定义为随机误差 ε.当 X 取定一个数值 x 时,可能有多个 Y 的值与之对应,对 Y 取平均,即令

$$E(Y|X=x) = f(x) \tag{5.1.1}$$

从而其他随机因素引起的偏差是

$$\varepsilon = Y - f(x) \tag{5.1.2}$$

这时 X 与 Y 的不确定性关系可表示为

$$Y = E(Y|X=x) + \varepsilon = f(x) + \varepsilon \tag{5.1.3}$$

常假定

$$\varepsilon \sim N(0,\sigma^2) \tag{5.1.4}$$

式(5.1.3)表示因变量 Y 的变化由两个原因所致,即自变量 X 和其他未考虑到的随机因素 ε. $f(x)$ 描述了 Y 受 X 影响的主体部分,倘若知道了 $f(x)$,则可以从数量上掌握 X 与 Y 之间复杂关系的大趋势,就可以利用这种趋势研究对 Y 的预测问题和对 X 的控制问题. 这就是回归分析处理不确定性关系的基本思想. 式(5.1.3)和式(5.1.4)的几何解释如图 5.1.1. 通常把式(5.1.1)称为回归函数,式(5.1.3)称为回归模型.

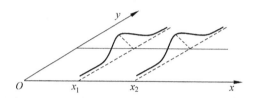

图 5.1.1 一元线性回归模型的解释图

在实际问题中,回归函数 $f(x)$ 一般是未知的,回归分析的任务就是根据 X 取定一组值 $x_1,x_2,\cdots,x_n$ 和 Y 的观测值 $y_1,y_2,\cdots,y_n$ 去估计这个函数以及讨论与此有关的种种统计推断问题,所用方法在相当大的程度上取决于回归模型的假定. 根据 $f(x)$ 的不同数学形式,可分为

$$\begin{cases}\text{线性回归}\begin{cases}\text{一元线性回归}\\\text{多元线性回归}\end{cases}\\\text{非线性回归}\begin{cases}\text{一元非线性回归}\\\text{多元非线性回归}\end{cases}\end{cases}$$

本章主要叙述的是线性回归模型. 该模型需要解决的基本问题是:(1)如何根据抽样信息确定线性回归函数 $f(x)$ 中的参数的估计量;(2)检验回归模型假设的正确性;(3)如何应用回归分析进行预测或控制.

5.2 一元线性回归

假设可控制变量只有一个,回归函数 $f(x)$ 是线性函数,不妨设

$$y = f(x) = \beta_0 + \beta_1 x \tag{5.2.1}$$

则定义一元线性回归模型为

$$\begin{cases} Y = \beta_0 + \beta_1 x + \varepsilon \\ \varepsilon \sim N(0,\sigma^2) \end{cases} \tag{5.2.2}$$

称 β_0, β_1 为回归系数,常数 $\beta_0, \beta_1, \sigma^2$ 均未知.

例 5.2.1 在研究我国人均消费水平的问题中,把全国人均消费金额记作 Y(元),把

人均国民收入记作 X(元). 收集到 1981—1993 年间的样本数据 (x_i, y_i), $i=1,2,\cdots,13$, 如表 5.2.1 所示.

表 5.2.1　1981—1993 年间我国消费水平数据表

	1981 年	1982 年	1983 年	1984 年	1985 年	1986 年	1987 年
人均国民收入 x_i/元	399.8	419.14	460.86	544.11	668.29	737.73	859.97
人均消费金额 y_i/元	249	267	289	329	406	451	513
	1988 年	1989 年	1990 年	1991 年	1992 年	1993 年	
人均国民收入 x_i/元	1068.8	1169.2	1250.7	1429.5	1725.9	2099.5	
人均消费金额 y_i/元	643	699	713	803	947	1148	

首先, 画出数据 (x_i, y_i), $i=1,2,\cdots,13$ 的散点图 5.2.1. 由此看出样本数据 (x_i, y_i), $i=1, 2,\cdots,13$ 在一条直线附近分布, 这说明变量 X 与 Y 之间具有明显的线性关系. 但这些样本点又不完全在一条直线上, 说明变量 X 不能完全确定变量 Y. 事实上, 可能还有其他因素影响变量 Y 的取值, 如上年的消费水平、银行利率、商品的价格指数等, 只是这些因素对变量 Y 的影响较小, 可以忽略不计, 因此, 将它们归并在 ε 中.

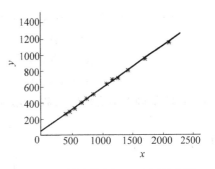

图 5.2.1　样本数据 (x_i, y_i) 的散点图

上述变量 X 与 Y 之间的关系可用下面的数学关系式来描述:

$$Y = E(Y \mid X = x) = \beta_0 + \beta_1 x + \varepsilon$$

或

$$y_i = \beta_0 + \beta_1 x_i + \varepsilon_i, \quad i=1,2,\cdots,13$$

ε 是不可控的随机误差, 通常假定满足以下条件:

$$\begin{cases} \varepsilon_i \sim N(0, \sigma^2), \\ \text{cov}(\varepsilon_i, \varepsilon_j) = 0, \end{cases} \quad i,j=1,2,\cdots,13; i \neq j$$

实际上, 式(5.2.2)等价于

$$Y \sim N(\beta_0 + \beta_1 x, \sigma^2)$$

或

$$y_i \sim N(\beta_0 + \beta_1 x_i, \sigma^2), \quad i,j=1,2,\cdots,n$$

回归的概念是英国生物学家 Galton 在研究生物遗传现象时提出的. 他当时研究这样一个问题: 高个子的人生的子女一般偏高, 照这样看, 各代人在身高分布上将有两极分化的趋势, 个子很高和很矮的会愈来愈多, 而处在中间状态的会愈来愈少. 但现实却是各代

人的身高分布基本保持稳定. 如何解释这个现象？Galton 收集了 1074 对夫妇, 以每对夫妇的平均身高作为 x, 而取他们的一个成年子女的身高作为 y, 将收集的数据绘成散点图, 发现趋势近乎一条直线, 该直线方程为

$$y - 68.25 = 0.8(x - 68.25)$$

其中, x, y 分别表示父母的平均身高和其子女的身高（单位: in）. 68.25 是父代、子代的平均身高, 超过这个高度的就认为是高个子, 低于这个高度的就认为是矮个子. 由此得出结论: 父母个子高, 其子代一般也高, 但不如父母那么高; 父母个子矮, 其子代一般也矮, 但不如父母那么矮. 下一代身高有向中心点 68.25 回归的趋势, 这解释了各代身高分布能保持稳定的原因.

5.2.1 回归系数的最小二乘估计

设 $(x_i, y_i), i = 1, 2, \cdots, n$ 为取得的一组试验数据, 假定满足如下一元线性回归模型:

$$\begin{cases} y_i = \beta_0 + \beta_1 x_i + \varepsilon_i, & i = 1, 2, \cdots, n \\ \varepsilon_i \sim N(0, \sigma^2), & i = 1, 2, \cdots, n \\ \mathrm{cov}(\varepsilon_i, \varepsilon_j) = 0, & i \neq j; i, j = 1, 2, \cdots, n \end{cases} \quad (5.2.3)$$

需要在此基础上确定回归系数 β_0, β_1 的估计值 $\hat{\beta}_0, \hat{\beta}_1$, 并使残差

$$e_i = y_i - \hat{y}_i, \quad i = 1, 2, \cdots, n \quad (5.2.4)$$

尽可能小, 其中

$$\hat{y}_i = \hat{\beta}_0 + \hat{\beta}_1 x_i, \quad i = 1, 2, \cdots, n \quad (5.2.5)$$

称为 y_i 的预测值, 由此得到的方程

$$\hat{y} = \hat{\beta}_0 + \hat{\beta}_1 x \quad (5.2.6)$$

称为样本回归直线 (sample regression line) 或经验回归直线.

要使式 (5.2.4) 中的 n 个残差都小有时是做不到的, 解决这个问题的一种方法是让残差平方和

$$S_E^2 = \sum_{i=1}^{n} (y_i - \beta_0 - \beta_1 x_i)^2 \quad (5.2.7)$$

达到最小, 这是 Gauss 在 1799 年最先使用的方法, 常称最小二乘法. 这等价于求解下面的优化问题:

$$\min_{\beta_0, \beta_1} \sum_{i=1}^{n} (y_i - \beta_0 - \beta_1 x_i)^2$$

因此, $\hat{\beta}_0, \hat{\beta}_1$ 为方程组

$$\begin{cases} \dfrac{\partial S_E^2}{\partial \beta_0} = -2 \sum\limits_{i=1}^{n} (y - \beta_0 - \beta_1 x_i) = 0 & (5.2.8) \\ \dfrac{\partial S_E^2}{\partial \beta_1} = -2 \sum\limits_{i=1}^{n} x_i (y - \beta_0 - \beta_1 x_i) = 0 & (5.2.9) \end{cases}$$

或

$$\begin{cases} n\beta_0 + \beta_1 \sum_{i=1}^{n} x_i = \sum_{i=1}^{n} y_i \\ \beta_0 \sum_{i=1}^{n} x_i + \beta_1 \sum_{i=1}^{n} x_i^2 = \sum_{i=1}^{n} x_i y_i \end{cases} \quad (5.2.10)$$

的解. 称式(5.2.10)为正规方程,求解正规方程,便得到 $\hat{\beta}_0, \hat{\beta}_1$ 如下:

$$\begin{cases} \hat{\beta}_1 = \dfrac{\sum_{i=1}^{n}(x_i-\bar{x})(y_i-\bar{y})}{\sum_{i=1}^{n}(x_i-\bar{x})^2} \\ \hat{\beta}_0 = \bar{y} - \hat{\beta}_1 \bar{x} \end{cases} \quad (5.2.11)$$

其中, $\bar{x} = \dfrac{1}{n}\sum_{i=1}^{n} x_i, \bar{y} = \dfrac{1}{n}\sum_{i=1}^{n} y_i$, 且记

$$l_{xy} = \sum_{i=1}^{n}(x_i-\bar{x})(y_i-\bar{y}) = \sum_{i=1}^{n}(x_i-\bar{x})y_i$$

$$= \sum_{i=1}^{n} x_i(y_i-\bar{y}) = \sum_{i=1}^{n} x_i y_i - n\bar{x}\bar{y}$$

$$l_{xx} = \sum_{i=1}^{n}(x_i-\bar{x})^2 = \sum_{i=1}^{n}(x_i-\bar{x})x_i = \sum_{i=1}^{n} x_i^2 - n\bar{x}^2$$

$$l_{yy} = \sum_{i=1}^{n}(y_i-\bar{y})^2 = \sum_{i=1}^{n}(y_i-\bar{y})y_i = \sum_{i=1}^{n} y_i^2 - n\bar{y}^2$$

这样 $\hat{\beta}_0, \hat{\beta}_1$ 可简记为

$$\begin{cases} \hat{\beta}_1 = \dfrac{l_{xy}}{l_{xx}} \\ \hat{\beta}_0 = \bar{y} - \hat{\beta}_1 \bar{x} \end{cases} \quad (5.2.12)$$

式(5.2.12)实际给出了一元线性回归模型中回归系数的参数估计,称为最小二乘估计(least square estimation,LSE),常简称 LS 估计.

注意:一般将 x 视为标量,将 y 视为随机变量,由式(5.2.12)得到的 $\hat{\beta}_0, \hat{\beta}_1$ 就是 β_0, β_1 的最小二乘估计量. 这一点在下面研究它们的性质时非常重要.

当 $X=x$ 时, Y 的预测值为

$$\hat{y} = \hat{\beta}_0 + \hat{\beta}_1 x \quad (5.2.13)$$

求回归方程的步骤可归结如下:

(1) 计算样本平均值: $\bar{x} = \dfrac{1}{n}\sum_{i=1}^{n} x_i, \bar{y} = \dfrac{1}{n}\sum_{i=1}^{n} y_i$;

(2) 求离差平方和：$l_{xx} = \sum_{i=1}^{n}(x_i - \bar{x})^2, l_{xy} = \sum_{i=1}^{n}(x_i - \bar{x})(y_i - \bar{y})$；

(3) 利用式(5.2.12)计算回归系数 $\hat{\beta}_0, \hat{\beta}_1$；

(4) 写出回归方程 $\hat{y} = \hat{\beta}_0 + \hat{\beta}_1 x$.

例 5.2.2 利用例 5.2.1 给出的数据，确定人均消费金额 Y(元)与人均国民收入 X(元)之间的回归关系.

解 首先计算

$$\bar{x} = \frac{1}{13}\sum_{i=1}^{13} x_i = 986.73, \quad \bar{y} = \frac{1}{13}\sum_{i=1}^{13} y_i = 573.62$$

再计算离差平方和

$$l_{xx} = \sum_{i=1}^{n}(x_i - \bar{x})^2 = 3.416 \times 10^6, \quad l_{xy} = \sum_{i=1}^{n}(x_i - \bar{x})(y_i - \bar{y}) = 1.7981 \times 10^6$$

计算回归系数

$$\hat{\beta}_1 = \frac{l_{xy}}{l_{xx}} = \frac{1.7981 \times 10^6}{3.416 \times 10^6} \approx 0.5264$$

$$\hat{\beta}_0 = \bar{y} - \hat{\beta}_1 \times \bar{x} = 573.62 - 0.5264 \times 986.73 \approx 54.2229$$

从而得到回归方程

$$\hat{y} = 54.2229 + 0.5264x$$

由此可知，当国民收入 x 增加 1 元时，人均消费金额 y 将平均增加 0.5264 元.

思考：回归模型中参数 σ^2 如何估计？

LS 估计具有很多优良的性质，限于篇幅，下面仅择主要的加以介绍，需要进一步研究的读者请参阅相关书籍.

5.2.2 样本回归直线和参数估计量的性质

性质 5.2.1 残差和为零，即 $\sum_{i=1}^{n} e_i = 0$.

证明 因为 $e_i = y_i - \hat{y}_i = (y_i - \bar{y}) - \hat{\beta}_1(x_i - \bar{x})$, $i = 1, 2, \cdots, n$，所以

$$\sum_{i=1}^{n} e_i = \sum_{i=1}^{n}(y_i - \bar{y}) - \hat{\beta}_1 \sum_{i=1}^{n}(x_i - \bar{x}) = 0$$

性质 5.2.2 $(\bar{x}, \bar{y})$ 在样本回归直线上，即

$$\bar{y} = \hat{\beta}_0 + \hat{\beta}_1 \bar{x} \tag{5.2.14}$$

且

$$\bar{y} = \bar{\hat{y}} = \frac{1}{n}\sum_{i=1}^{n} \hat{y}_i \tag{5.2.15}$$

证明 由式(5.2.13)得 $\bar{y} = \hat{\beta}_0 + \hat{\beta}_1 \bar{x}$，由式(5.2.5)和性质 5.2.1 易得

$$\bar{y} = \frac{1}{n}\sum_{i=1}^{n}\hat{y}_i = \bar{y}$$

性质 5.2.3 (1) $\hat{\beta}_0 \sim N\left(\beta_0, \left(\frac{1}{n}+\frac{\bar{x}^2}{l_{xx}}\right)\sigma^2\right)$;

(2) $\hat{\beta}_1 \sim N\left(\beta_1, \frac{\sigma^2}{l_{xx}}\right)$;

(3) $\text{cov}(\hat{\beta}_0, \hat{\beta}_1) = -\frac{\bar{x}}{l_{xx}}\sigma^2$;

(4) $\hat{y} = \hat{\beta}_0 + \hat{\beta}_1 x \sim N\left(\beta_0+\beta_1 x, \left(\frac{1}{n}+\frac{(x-\bar{x})^2}{l_{xx}}\right)\sigma^2\right)$.

证明从略. 注意其中的 $\hat{\beta}_1 = l_{xx}^{-1}l_{xy} = l_{xx}^{-1}\sum_{i=1}^{n}(x_i-\bar{x})y_i$ 为随机变量,因而 $\hat{\beta}_0$ 亦为随机变量. 从该性质可以看出,$\hat{\beta}_0, \hat{\beta}_1$ 的波动大小不仅与 Y 的方差 σ^2 有关,而且还与自变量 $x_1, x_2, \cdots, x_n$ 的离散程度有关. 如果它的离散程度较大,则 $\hat{\beta}_0, \hat{\beta}_1$ 的波动就较小,也就是估计比较精确;反之,若 $x_1, x_2, \cdots, x_n$ 在一个较小范围取值,则 $\hat{\beta}_0, \hat{\beta}_1$ 对 β_0, β_1 的估计精确度不高. 因此,对可控制变量 $x_1, x_2, \cdots, x_n$, 在安排试验时应注意以下几点:

(1) $x_1, x_2, \cdots, x_n$ 可取正负值时,选择 $x_1, x_2, \cdots, x_n$ 使 $\bar{x}=0$,以减小 $\hat{\beta}_0$ 的波动;

(2) $x_1, x_2, \cdots, x_n$ 越分散越好,即 l_{xx} 越大越好;

(3) 试验次数 n 不能太小.

另外可见,当 $\bar{x}\neq 0$ 时,$\hat{\beta}_0$ 与 $\hat{\beta}_1$ 不独立.

性质 5.2.4 $ES_E^2 = (n-2)\sigma^2$,从而 $\hat{\sigma}^2 = \frac{S_E^2}{n-2}$ 是 σ^2 的无偏估计量.

记 $S_T^2 = \sum_{i=1}^{n}(y_i-\bar{y})^2$,反映了 Y 的观测值的总离差,称为总离差平方和;$S_R^2 = \sum_{i=1}^{n}(\hat{y}_i-\bar{y})^2$ 反映了回归直线引起的离差,称为回归平方和;$S_E^2 = \sum_{i=1}^{n}(y_i-\hat{y}_i)^2$ 反映了随机因素影响引起的偏差,称为残差平方和. 它们之间有如下关系:

$$S_T^2 = S_R^2 + S_E^2 \tag{5.2.16}$$

式(5.2.16)称为平方和分解公式,说明因变量观测值的总离差可分解为两部分,一部分是回归直线引起的离差,另一部分是随机因素引起的离差.

性质 5.2.5 $\hat{\beta}_0, \hat{\beta}_1$ 分别与 S_E^2 相互独立,且有

(1) S_E^2 与 S_R^2 独立;

(2) $\frac{S_E^2}{\sigma^2} \sim \chi^2(n-2)$;

(3) 当 $H_0: \beta_1=0$ 成立时,有 $\frac{S_R^2}{\sigma^2} \sim \chi^2(1)$.

5.2.3 显著性检验

由式(5.2.12)知,不管 Y 与 X 是否有线性相关关系,只要给定一组不完全相同的数据$(x_i, y_i), i=1,2,\cdots,n$就能得到一条样本回归直线. 显然,如果 Y 与 X 之间不存在线性相关关系,那么寻求回归直线就失去了实际意义. 因此,使用样本回归直线前需要对 Y 与 X 之间的线性关系、样本回归直线拟合效果进行检验. 通常的方法是首先根据专业知识和散点图做出粗略的判断,然后根据抽样信息进行假设检验.

从线性回归模型可见,若$|\beta_1|$越大,Y 随 X 变化的趋势就越明显;反之,若$|\beta_1|$越小,Y 随 X 的变化就越不明显. 特别地,当 $\beta_1=0$ 时,表明无论 X 如何变化 Y 的值都不受影响,因而 Y 与 X 之间不存在线性相关关系. 当 $\beta_1 \neq 0$ 时,则认为 Y 与 X 之间有线性相关关系. 于是,问题归结为对统计假设

$$H_0: \beta_1 = 0; \quad H_1: \beta_1 \neq 0 \tag{5.2.17}$$

的检验. 若拒绝 H_0,就认为 Y 与 X 之间有线性相关关系,所求的样本回归直线有意义;若接受 H_0,则认为 Y 与 X 之间不存在线性相关关系,它们之间可能存在明显的非线性相关关系,也可能根本就不相关,这时求样本回归直线毫无意义. 下面介绍三种检验方法,它们本质上是相同的.

1. F 检验法

由性质 5.2.3 知,$\hat{\beta}_1$ 是 β_1 的无偏估计量,因而一般情况下$(\hat{\beta}_1-\beta_1)^2$应很小,当 H_0 成立时,$\hat{\beta}_1^2$ 也应很小,否则,就拒绝 H_0. 因此,拒绝域选择为

$$K_0 = \{\hat{\beta}_1^2 > c\} \tag{5.2.18}$$

满足

$$P(\hat{\beta}_1^2 > c \mid H_0 \text{ 成立}) \leqslant \alpha \tag{5.2.19}$$

根据性质 5.2.5,在 H_0 成立时有

$$F = \frac{S_R^2}{S_E^2/(n-2)} = \frac{S_R^2}{\hat{\sigma}^2} \sim F(1, n-2)$$

又

$$S_R^2 = \sum_{i=1}^n (\hat{y}_i - \bar{y})^2 = \sum_{i=1}^n \hat{\beta}_1^2 (x_i - \bar{x})^2 = \hat{\beta}_1^2 l_{xx}$$

所以

$$F = \frac{\hat{\beta}_1^2 l_{xx}}{\hat{\sigma}^2} \sim F(1, n-2) \tag{5.2.20}$$

即

$$\alpha = P\{\hat{\beta}_1^2 > c \mid H_0 \text{ 成立}\} = P\left\{\frac{\hat{\beta}_1^2 l_{xx}}{\hat{\sigma}^2} > \frac{c l_{xx}}{\hat{\sigma}^2} \mid H_0 \text{ 成立}\right\} \quad (5.2.21)$$

所以

$$\frac{c l_{xx}}{\hat{\sigma}^2} = F_{1-\alpha}(1, n-2)$$

求出临界值

$$c = \frac{\hat{\sigma}^2 F_{1-\alpha}(1, n-2)}{l_{xx}}$$

2. t 检验法

由 5.2.2 节的性质知

$$T = \frac{\hat{\beta}_1 - \beta_1}{\hat{\sigma}} \sqrt{l_{xx}} \sim t(n-2) \quad (5.2.22)$$

当 H_0 成立时，$T = \frac{\hat{\beta}_1}{\hat{\sigma}} \sqrt{l_{xx}} \sim t(n-2)$. 拒绝域形式可选择为：$K_0 = \{|\hat{\beta}_1| > c\}$，令

$$P(|\hat{\beta}_1| > c \mid H_0 \text{ 成立}) = \alpha$$

求得临界值

$$c = \frac{\hat{\sigma}}{\sqrt{l_{xx}}} t_{1-\frac{\alpha}{2}}(n-2) \quad (5.2.23)$$

3. r 检验法

采用样本相关系数

$$r = \frac{l_{xy}}{\sqrt{l_{xx} l_{yy}}} \quad (5.2.24)$$

作为检验统计量. 因为

$$S_E^2 = S_T^2 - S_R^2 = l_{yy} - \frac{l_{xy}^2}{l_{xx}} = l_{yy}(1 - r^2) \geqslant 0 \quad (5.2.25)$$

由于 $1 - r^2 \geqslant 0$，所以 $|r| \leqslant 1$. 由式(5.2.25)知，当 $|r|$ 接近 1 时，S_E^2 接近 0，S_R^2 接近 S_T^2，表明 Y 与 X 的线性相关程度高；当 $|r|$ 接近 0 时，S_R^2 接近 0，S_E^2 接近 S_T^2，表明 Y 与 X 的线性相关性不显著. 因此，可用统计量 r 来检验 Y 与 X 之间的线性相关程度. 拒绝域为

$$K_0 = \{|r| > r_\alpha(n-2)\} \quad (5.2.26)$$

其中 $r_\alpha(n-2)$ 可从相关系数检验临界值表查得.

注意：样本相关系数 r 与回归系数估计量 $\hat{\beta}_1$ 有如下关系：

$$r = \hat{\beta}_1 \sqrt{\frac{l_{xx}}{l_{yy}}} \quad (5.2.27)$$

*5.2.4 预测与控制

预测与控制是回归分析的重要应用之一,当然前提必须是样本回归直线先通过回归显著性检验.所谓预测,就是当给定 $X=x$ 时,估计相应的 Y 的取值或取值范围.所谓控制,就是控制 X 的取值,使得 Y 落在某个指定的区间内.

1. 预测

预测同样可分为点预测和区间预测.点预测指对给定的 $X=x_0$,预测对应的随机变量 Y_0 的值,即用 $\hat{y}_0=\hat{\beta}_0+\hat{\beta}_1 x_0$ 作为 Y_0 的预测值.区间预测指在一定置信度下预测 Y_0 的取值范围.因为

$$Y_0 = \beta_0 + \beta_1 x_0 + \varepsilon_0 \sim N(\beta_0+\beta_1 x_0, \sigma^2) \tag{5.2.28}$$

$$\hat{y}_0 = \hat{\beta}_0 + \hat{\beta}_1 x_0 \sim N\left(\beta_0+\beta_1 x_0, \sigma^2\left[\frac{1}{n} + \frac{(x_0-\bar{x})^2}{l_{xx}}\right]\right)$$

有

$$Y_0 - \hat{y}_0 \sim N\left(0, \sigma^2\left[1 + \frac{1}{n} + \frac{(x_0-\bar{x})^2}{l_{xx}}\right]\right)$$

令 $S(x_0) = \sqrt{1+\frac{1}{n}+\frac{(x_0-\bar{x})^2}{l_{xx}}}$,则 $\frac{Y_0-\hat{y}_0}{\sigma S(x_0)} \sim N(0,1)$. 又 $\frac{S_E^2}{\sigma^2} \sim \chi^2(n-2)$,所以,$T=\frac{Y_0-\hat{y}_0}{\hat{\sigma}S(x_0)}$ $\sim t(n-2)$.于是,对给定的置信度 $1-\alpha$,有

$$P\left(|T| < t_{1-\frac{\alpha}{2}}(n-2)\right) = 1-\alpha$$

由此得到

$$P\left(\hat{y}_0 - \hat{\sigma}S(x_0)t_{1-\frac{\alpha}{2}}(n-2) < Y_0 < \hat{y}_0 + \hat{\sigma}S(x_0)t_{1-\frac{\alpha}{2}}(n-2)\right) = 1-\alpha$$

从而 Y_0 的置信度为 $1-\alpha$ 的预测区间为

$$(\hat{y}_0 - \delta(x_0), \hat{y}_0 + \delta(x_0)) \tag{5.2.29}$$

其中 $\delta(x_0) = \hat{\sigma}S(x_0)t_{1-\frac{\alpha}{2}}(n-2)$.

Y_0 的预测区间具有如下的特点:在一定的置信度下,x_0 越接近 $\bar{x}$,其预测区间越小,预测精度越高;x_0 离 $\bar{x}$ 越远,其预测区间越大,预测精度越低,预测区间形状呈喇叭形.样本回归直线 $\hat{y}=\hat{\beta}_0+\hat{\beta}_1 x$ 夹在两条曲线

$$\hat{y}_1(x) = \hat{y} - \delta(x) = \hat{\beta}_0 + \hat{\beta}_1 x - \delta(x) \tag{5.2.30}$$

$$\hat{y}_2(x) = \hat{y} + \delta(x) = \hat{\beta}_0 + \hat{\beta}_1 x + \delta(x) \tag{5.2.31}$$

之间,如图 5.2.2 所示.

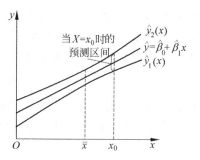

图 5.2.2 预测区间示意图

另外，当样本容量 n 很大，且 x_0 在 $\bar{x}$ 附近时，有

$$t_{1-\frac{\alpha}{2}}(n-2) \approx u_{1-\frac{\alpha}{2}}, \quad S(x_0) = \sqrt{1 + \frac{1}{n} + \frac{(x_0-\bar{x})^2}{l_{xx}}} \approx 1$$

此时 $\delta(x_0) = \hat{\sigma} u_{1-\frac{\alpha}{2}}$，$Y_0$ 预测区间为

$$(\hat{y}_0 - \hat{\sigma} u_{1-\frac{\alpha}{2}}, \hat{y}_0 + \hat{\sigma} u_{1-\frac{\alpha}{2}}) \quad (5.2.32)$$

当 $\alpha = 0.05$ 时，$u_{1-\frac{\alpha}{2}} = u_{0.975} = 1.96$，预测区间是

$$(\hat{y}_0 - 1.96\hat{\sigma}, \hat{y}_0 + 1.96\hat{\sigma}) \quad (5.2.33)$$

为方便起见，甚至记置信度为 95% 的预测区间为

$$(\hat{y}_0 - 2\hat{\sigma}, \hat{y}_0 + 2\hat{\sigma}) \quad (5.2.34)$$

这时的预测带为平行于样本回归直线的两条平行线之间的部分，如图 5.2.3 所示.

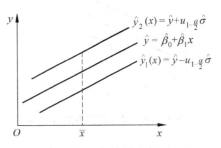

图 5.2.3 预测区间示意图

2. 控制

控制问题指，若要使 $Y = \beta_0 + \beta_1 x + \varepsilon$ 的取值以 $1-\alpha$ 的概率落在指定的区间 (y_1, y_2) 内，自变量 x 应控制在什么范围，即求出自变量 x 的取值区间 (x_1, x_2)，使得对应的因变量 Y 以 $1-\alpha$ 的概率落在 (y_1, y_2) 内. 事实上这是预测问题的反问题. 为使 $P(y_1 \leqslant Y \leqslant y_2) = 1-\alpha$，当 $\hat{\beta}_1 > 0$ 时，只需满足

$$\hat{\beta}_0 + \hat{\beta}_1 x - \delta(x) \geqslant y_1 \quad (5.2.35)$$

$$\hat{\beta}_0 + \hat{\beta}_1 x + \delta(x) \leqslant y_2 \quad (5.2.36)$$

$$y_2 - y_1 \geqslant 2\delta(x) \quad (5.2.37)$$

一般取

$$\hat{\beta}_0 + \hat{\beta}_1 x - \delta(x) = y_1$$

$$\hat{\beta}_0 + \hat{\beta}_1 x + \delta(x) = y_2$$

如果能从这两个方程中分别解出 x，便得到控制区域 (x_1, x_2). 但由于 $\delta(x)$ 是关于 x 的非线性函数，难以从上述方程中求出 x.

但当样本容量 n 很大，且 x 在 $\bar{x}$ 附近时，问题就可以大大简化. 令

$$y_1 = \hat{y}_1 - \hat{\sigma} u_{1-\frac{\alpha}{2}} = \hat{\beta}_0 - \hat{\sigma} u_{1-\frac{\alpha}{2}} + \hat{\beta}_1 x_1$$

$$y_2 = \hat{y}_2 + \hat{\sigma} u_{1-\frac{\alpha}{2}} = \hat{\beta}_0 + \hat{\sigma} u_{1-\frac{\alpha}{2}} + \hat{\beta}_1 x_2$$

得 x 的取值区间的端点坐标为

$$x_1 = \frac{1}{\hat{\beta}_1}(y_1 - \hat{\beta}_0 + \hat{\sigma} u_{1-\frac{\alpha}{2}}) \quad (5.2.38)$$

$$x_2 = \frac{1}{\hat{\beta}_1}(y_2 - \hat{\beta}_0 - \hat{\sigma} u_{1-\frac{\alpha}{2}}) \quad (5.2.39)$$

从图 5.2.4 和图 5.2.5 可以很直观地看出,当 $\hat{\beta}_1 > 0$ 或 $\hat{\beta}_1 < 0$ 时,X 的不同控制区间.

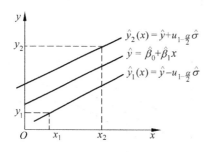
图 5.2.4 对 x 的控制图($\hat{\beta}_1 > 0$)

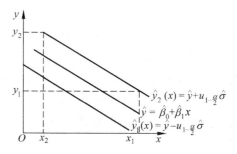
图 5.2.5 对 x 的控制图($\hat{\beta}_1 < 0$)

为了实现上述控制,必须使区间 (y_1, y_2) 的长度满足:$|y_2 - y_1| > 2\hat{\sigma} u_{1-\frac{\alpha}{2}}$.

例 5.2.3 为研究家庭收入与家庭食品支出的关系,随机抽取了 10 个家庭,得到表 5.2.2 的数据.试根据这些数据:

(1) 建立家庭食品支出对家庭收入的样本回归直线;

(2) 预测当家庭收入为 4200 元时,家庭的食品支出及其置信度为 95% 的预测区间.

表 5.2.2 家庭收入与食品支出数据　　　　　　　　　　　　　　　　百元

	1	2	3	4	5	6	7	8	9	10
家庭收入	20	30	33	40	15	13	26	38	35	43
食品支出	7	9	8	11	5	4	8	10	9	10

解 设家庭收入为 X(单位:百元),家庭食品支出为 Y(单位:百元).

(1) 首先画出表 5.2.2 中数据的散点图,如图 5.2.6 所示,该图形显示家庭收入与食品支出之间存在线性相关关系.

(2) 求家庭食品支出 Y 对家庭收入 X 的样本回归直线.由样本资料计算所需数据,如表 5.2.3 所示.由表 5.2.3 计算得

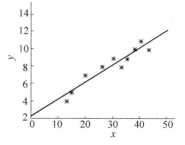
图 5.2.6 家庭收入 x 与食品支出 y 的散点

$$\bar{x} = 293/10 = 29.3, \quad \bar{y} = 81/10 = 8.1$$

$$l_{xy} = \sum_{i=1}^{n} x_i y_i - n\bar{x}\bar{y} = 2574 - 10 \times 29.3 \times 8.1 = 200.7$$

$$l_{xx} = \sum_{i=1}^{n} x_i^2 - n\bar{x}^2 = 9577 - 10 \times 29.3^2 = 992.1$$

$$l_{yy} = \sum_{i=1}^{n} y_i^2 - n\bar{y}^2 = 701 - 10 \times 8.1^2 = 44.9$$

$$\hat{\beta}_1 = l_{xy}/l_{xx} = 200.7/992.1 = 0.2023$$

$$\hat{\beta}_0 = \bar{y} - \hat{\beta}_1 \bar{x} = 8.1 - 0.2023 \times 29.3 = 2.1727$$

$$S_E^2 = S_T^2 - S_R^2 = l_{yy} - \hat{\beta}_1^2 l_{xx} = 44.9 - 0.2023^2 \times 992.1 = 4.2983$$

$$\hat{\sigma} = \sqrt{\frac{S_E^2}{n-2}} = \sqrt{\frac{4.2983}{8}} = \sqrt{0.5372} = 0.7329$$

表 5.2.3 样本数据计算表

序号	家庭收入 x_i	食品支出 y_i	x_i^2	y_i^2	$x_i y_i$
1	20	7	400	49	140
2	30	9	900	81	270
3	33	8	1089	64	264
4	40	11	1600	121	440
5	15	5	225	25	75
6	13	4	169	16	52
7	26	8	676	64	208
8	38	10	1444	100	380
9	35	9	1225	81	315
10	43	10	1849	100	430
$\sum$	293	81	9577	701	2574

所以,家庭食品支出 Y 对家庭收入 X 的样本回归直线方程是

$$\hat{y} = \hat{\beta}_0 + \hat{\beta}_1 x = 2.1727 + 0.2023x$$

该方程说明,当收入为零时,也必须有 217.27 元的食品支出,这部分支出可视为基本支出或固定支出水平;在一定范围内,收入每增加 100 元,支出就增加 20.23 元.

(3) 检验,取显著水平 $\alpha = 0.05$.

用 F 检验法:因为

$$c = \frac{\hat{\sigma}^2 F_{1-\alpha}(1, n-2)}{l_{xx}} = \frac{0.5372 \times 5.32}{992.1} = 0.0029$$

拒绝域为

$$K_0 = \{\hat{\beta}_1^2 > 0.0029\}$$

而 $\hat{\beta}_1^2 = 0.2023^2 = 0.0409 > 0.0029$,故拒绝 H_0,即认为家庭收入 x 对家庭食品支出 Y 有着显著的影响.

用 t 检验法:算出临界值

$$c = \frac{\hat{\sigma}}{\sqrt{l_{xx}}} t_{1-\frac{\alpha}{2}}(n-2) = \frac{0.7329 \times 2.306}{\sqrt{992.1}} = 0.0537$$

拒绝域为
$$\{|\hat{\beta}_1| > 0.0537\}$$

因为 $\hat{\beta}_1 = 0.2023$,显然应拒绝 H_0,也认为家庭收入 x 与家庭食品支出 Y 有显著的线性相关关系.

用 r 检验法:由于
$$|r| = \frac{|l_{xy}|}{\sqrt{l_{yy}l_{xx}}} = \frac{200.7}{\sqrt{44.9 \times 992.1}} = 0.9509 > r_a(n-2) = r_{0.05}(8) = 0.632$$

同样认为家庭收入 X 与家庭食品支出 Y 之间的线性关系显著.

(4) 当家庭收入 $x_0 = 4200$ 元时,食品支出预测值为
$$\hat{y}_0 = \hat{\beta}_0 + \hat{\beta}_1 \times 42 = 2.1727 + 0.2023 \times 42 = 10.6693(\text{百元}) = 1066.93(\text{元})$$

置信度为 95% 的预测区间为
$$(\hat{y}_0 - \delta(x_0), \hat{y}_0 + \delta(x_0))$$

由
$$\delta(x_0) = \hat{\sigma}S(x_0)t_{1-\frac{\alpha}{2}}(n-2)$$
$$S(x_0) = \sqrt{1 + \frac{1}{10} + \frac{(42-29.3)^2}{992.1}} = 1.1236$$
$$t_{1-\frac{\alpha}{2}}(n-2) = t_{0.975}(8) = 2.306$$
$$\hat{\sigma} = 0.7329$$

得
$$(\hat{y}_0 - \delta(x_0), \hat{y}_0 + \delta(x_0)) = (8.7702, 12.5682)$$

即,有 95% 的把握估计当家庭收入是 4200 元时,食品支出额在 877 到 1256.82 元之间.

在实际问题中,变量之间的关系往往是比较复杂的非线性相关关系,对这类问题不能直接应用线性回归模型,而是采用曲线拟合模型,即非线性回归模型.具体的做法是首先画出散点图,选择适当的非线性函数(曲线)形式,比如:幂函数、指数函数、对数函数、有理函数等以及它们的复合函数,这些函数的绝大部分可以通过适当的变量变换将其转化为线性函数形式,从而转化为线性回归问题,仅举一例.

例 5.2.4 出钢时所用的盛钢水的钢包,由于钢水对耐火材料的侵蚀,容积不断增大.希望找出使用次数 X 与增大的容积 Y 之间的关系.试验数据列于表 5.2.4.

表 5.2.4 使用次数 X 与增大的容积 Y 的试验数据

x_i	2	3	4	5	6	7	8	9
y_i	6.42	8.20	9.58	9.50	9.70	10.00	9.93	9.99
x_i	10	11	12	13	14	15	16	
y_i	10.49	10.59	10.60	10.80	10.60	10.90	10.76	

解 首先根据实测数据作出如图 5.2.7 所示的散点图,确定 Y 与 x 之间的回归函数类型. 从图中看出,最初容积增大得很快,以后逐渐减慢趋于稳定.

根据这个特点,选用倒指数曲线

$$y = a\mathrm{e}^{\frac{b}{x}}, \quad b < 0 \quad (5.2.40)$$

作为 Y 与 X 的回归曲线,对式(5.2.40)两边取对数,得

$$\ln y = \ln a + \frac{b}{x}$$

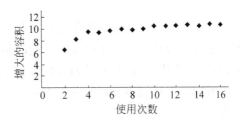

图 5.2.7 试验数据散点图

再令

$$u = \ln y, \quad v = \frac{1}{x}, \quad c = \ln a \quad (5.2.41)$$

则得 $u = c + bv$,由表 5.2.4 算得 u, v 的数据如表 5.2.5.

表 5.2.5 u, v 的实验数据

v	0.5000	0.3333	0.2500	0.2000	0.1657	0.1429	0.1250	0.1111
u	1.8594	2.1041	2.2597	2.2513	2.2721	2.3026	2.2955	2.3016
v	0.1000	0.0909	0.0833	0.0769	0.0714	0.0667	0.0625	
u	2.3504	2.3599	2.3608	2.3795	2.3608	2.3887	2.3758	

按线性回归公式进行计算,有

$$\bar{v} = 0.1587, \quad \bar{u} = 2.2815$$

$$l_{vv} = 0.2065, \quad l_{uu} = 0.2656, \quad l_{vu} = -0.2294$$

$$\hat{b} = \frac{l_{vu}}{l_{vv}} = -1.1107, \quad \hat{c} = \bar{u} - \hat{b}\bar{v} = 2.4578, \quad r = \frac{l_{vu}}{\sqrt{l_{vv}l_{uu}}} = -0.9795$$

所以回归方程为

$$\hat{u} = 2.4578 - 1.1107v$$

由于

$$|r| = 0.9795 > 0.6411 = r_{0.01}(13)$$

因此,线性回归方程的作用高度显著. 通过

$$\hat{a} = \mathrm{e}^{\hat{c}} = \mathrm{e}^{2.4578} = 11.6791$$

可得非线性(倒指数曲线)回归方程为

$$\hat{y} = 11.6791\mathrm{e}^{-\frac{1.1107}{x}} \quad (5.2.42)$$

另外,对于多项式曲线 $y = \beta_0 + \beta_1 x + \beta_2 x^2 + \cdots + \beta_k x^k$,可以作变换

$$x = x_1, x^2 = x_2, \cdots, x^k = x_k$$

将此曲线转换成下一节介绍的多元线性函数 $y = \beta_0 + \beta_1 x_1 + \beta_2 x_2 + \cdots + \beta_k x_k$ 进行分析.

*5.3 多元线性回归

一元线性回归是最简单的线性回归,模型中仅含一个自变量,而在实际问题中,往往要考虑多个自变量与一个因变量之间的相关关系. 例如家庭消费支出不仅与家庭收入有关,还与家庭成员数、年龄结构、消费习惯、地理位置、商品供应条件等因素有关. 这类问题的解决需要用到多元回归分析方法,本书仅简要介绍受多个自变量影响的多元线性回归模型.

5.3.1 多元线性回归模型

研究 k 个自变量 $X_1, X_2, \cdots, X_k$ 与因变量 Y 之间的相关关系,令 $E(Y|X_1=x_1, X_2=x_2, \cdots, X_k=x_k) = f(x_1, x_2, \cdots, x_k)$,假定 $f(x_1, x_2, \cdots, x_k)$ 是线性函数,即

$$f(x_1, x_2, \cdots, x_k) = \beta_0 + \beta_1 x_1 + \cdots + \beta_k x_k$$

称 f 为多元线性回归函数,$\beta_i (i=0,1,\cdots,k)$ 称为回归系数.

$$\begin{cases} Y = \beta_0 + \beta_1 x_1 + \cdots + \beta_k x_k + \varepsilon \\ \varepsilon \sim N(0, \sigma^2) \end{cases} \tag{5.3.1}$$

其中 Y 是可观测的随机变量,ε 是不可观测的随机误差. 称式(5.3.1)为多元线性回归模型.

设 $(x_{i1}, x_{i2}, \cdots, x_{ik}, y_i), i=1,2,\cdots,n$ 为 $(X_1, X_2, \cdots, X_k, Y)$ 的试验数据,且

$$\begin{cases} y_i = \beta_0 + \beta_1 x_{i1} + \cdots + \beta_k x_{ik} + \varepsilon_i, & i = 1, 2, \cdots, n \\ \varepsilon_i \sim N(0, \sigma^2), & i = 1, 2, \cdots, n \\ \text{cov}(e_i, e_j) = 0, & i \neq j; i, j = 1, 2, \cdots, n \end{cases} \tag{5.3.2}$$

记 $\boldsymbol{\beta} = (\beta_0, \beta_1, \cdots, \beta_k)^T, \boldsymbol{Y} = (y_1, y_2, \cdots, y_n)^T, \boldsymbol{\varepsilon} = (\varepsilon_1, \varepsilon_2, \cdots, \varepsilon_n)^T,$

$$\boldsymbol{X} = \begin{pmatrix} 1 & x_{11} & x_{12} & \cdots & x_{1k} \\ 1 & x_{21} & x_{22} & \cdots & x_{2k} \\ \vdots & \vdots & \vdots & & \vdots \\ 1 & x_{n1} & x_{n2} & \cdots & x_{nk} \end{pmatrix}$$

则式(5.3.2)表示为

$$\begin{cases} \boldsymbol{Y} = \boldsymbol{X}\boldsymbol{\beta} + \boldsymbol{\varepsilon} \\ \boldsymbol{\varepsilon} \sim N_n(\boldsymbol{0}, \sigma^2 \boldsymbol{I}_n) \end{cases} \tag{5.3.3}$$

式中,$\boldsymbol{X}$ 是一个纯量矩阵,称为设计矩阵或结构矩阵,在回归分析中一般假设 $\boldsymbol{X}$ 为列满秩,即 $\text{rank}(\boldsymbol{X}) = k+1; E\boldsymbol{\varepsilon} = \boldsymbol{0}$ 是 n 维零向量(下同,请读者注意在不同场合 0 的意义,根据上下文很容易区分),$\boldsymbol{I}_n$ 是 n 阶单位矩阵. 也称式(5.3.3)为多元线性回归模型.

5.3.2 参数 β 的最小二乘估计及性质

令误差平方和为

$$S_E^2 = S_E^2(\beta) = \sum_{i=1}^n (y_i - (\beta_0 + \beta_1 x_{i1} + \cdots + \beta_k x_{ik}))^2 = (\boldsymbol{Y} - \boldsymbol{X}\boldsymbol{\beta})^{\mathrm{T}} (\boldsymbol{Y} - \boldsymbol{X}\boldsymbol{\beta})$$

对给定的观测数据 $(x_{i1}, x_{i2}, \cdots, x_{ik}, y_i)$, $i=1,2,\cdots,n$, $\hat{\boldsymbol{\beta}}$ 选择为

$$\min_{\boldsymbol{\beta}} S_E^2(\boldsymbol{\beta}) \tag{5.3.4}$$

的最优解. 因此 $\hat{\boldsymbol{\beta}}$ 为

$$\frac{\partial}{\partial \boldsymbol{\beta}} S_E^2(\boldsymbol{\beta}) = 0 \tag{5.3.5}$$

的解. 由式(5.3.5)可得 $\boldsymbol{X}^{\mathrm{T}}\boldsymbol{Y} = \boldsymbol{X}^{\mathrm{T}}\boldsymbol{X}\boldsymbol{\beta}$, 称之为正规方程. 因为 $\mathrm{rank}(\boldsymbol{X}^{\mathrm{T}}\boldsymbol{X}) = \mathrm{rank}(\boldsymbol{X}) = k+1$, 所以 $(\boldsymbol{X}^{\mathrm{T}}\boldsymbol{X})^{-1}$ 存在, 故得到 β 的最小二乘估计

$$\hat{\boldsymbol{\beta}} = (\boldsymbol{X}^{\mathrm{T}}\boldsymbol{X})^{-1} \boldsymbol{X}^{\mathrm{T}} \boldsymbol{Y} \tag{5.3.6}$$

从而得经验回归方程

$$\hat{\boldsymbol{Y}} = \boldsymbol{X}\hat{\boldsymbol{\beta}} = \boldsymbol{X}(\boldsymbol{X}^{\mathrm{T}}\boldsymbol{X})^{-1} \boldsymbol{X}^{\mathrm{T}} \boldsymbol{Y} \tag{5.3.7}$$

定义残差向量 $\boldsymbol{e} = \boldsymbol{Y} - \hat{\boldsymbol{Y}}$, 则 $S_E^2(\hat{\boldsymbol{\beta}}) = \boldsymbol{e}^{\mathrm{T}}\boldsymbol{e}$ 为最小二乘目标值, 也称 $S_E^2(\hat{\boldsymbol{\beta}})$ 为残差平方和.

性质 5.3.1 $\hat{\boldsymbol{\beta}} \sim N_{k+1}(\boldsymbol{\beta}, \sigma^2 (\boldsymbol{X}^{\mathrm{T}}\boldsymbol{X})^{-1})$.

证明 由式(5.3.3)知

$$\boldsymbol{Y} \sim N_n(\boldsymbol{X}\boldsymbol{\beta}, \sigma^2 \boldsymbol{I}_n)$$

而 $\hat{\boldsymbol{\beta}} = (\boldsymbol{X}^{\mathrm{T}}\boldsymbol{X})^{-1} \boldsymbol{X}^{\mathrm{T}} \boldsymbol{Y}$ 为 $\boldsymbol{Y}$ 的各分量 $Y_1, Y_2, \cdots, Y_n$ 的线性组合, 根据多元正态分布的性质, $\hat{\boldsymbol{\beta}}$ 服从正态分布, 且

$$E\hat{\boldsymbol{\beta}} = E(\boldsymbol{X}^{\mathrm{T}}\boldsymbol{X})^{-1} \boldsymbol{X}^{\mathrm{T}} \boldsymbol{Y} = (\boldsymbol{X}^{\mathrm{T}}\boldsymbol{X})^{-1} \boldsymbol{X}^{\mathrm{T}} E\boldsymbol{Y}$$
$$= (\boldsymbol{X}^{\mathrm{T}}\boldsymbol{X})^{-1} \boldsymbol{X}^{\mathrm{T}} \boldsymbol{X}\boldsymbol{\beta} = \boldsymbol{\beta}$$
$$\mathrm{cov}(\hat{\boldsymbol{\beta}}) = (\boldsymbol{X}^{\mathrm{T}}\boldsymbol{X})^{-1} \boldsymbol{X}^{\mathrm{T}} \mathrm{cov}(\boldsymbol{Y}) \boldsymbol{X} (\boldsymbol{X}^{\mathrm{T}}\boldsymbol{X})^{-1}$$
$$= \sigma^2 (\boldsymbol{X}^{\mathrm{T}}\boldsymbol{X})^{-1} \boldsymbol{X}^{\mathrm{T}} \boldsymbol{I}_n \boldsymbol{X} (\boldsymbol{X}^{\mathrm{T}}\boldsymbol{X})^{-1} = \sigma^2 (\boldsymbol{X}^{\mathrm{T}}\boldsymbol{X})^{-1}$$

所以

$$\hat{\boldsymbol{\beta}} \sim N_{k+1}(\boldsymbol{\beta}, \sigma^2 (\boldsymbol{X}^{\mathrm{T}}\boldsymbol{X})^{-1})$$

以下列举不加证明的性质供读者了解查阅.

性质 5.3.2 $\boldsymbol{e} \sim N_n(\boldsymbol{0}, \sigma^2 (\boldsymbol{I}_n - \boldsymbol{P}))$, $\boldsymbol{e}$ 与 $\hat{\boldsymbol{\beta}}$ 独立.

性质 5.3.3 设 $S_E^2 = \sum_{i=1}^n (y_i - \hat{y}_i)^2$, 则 $ES_E^2 = \sigma^2(n-k-1)$, 从而 $\hat{\sigma}^2 = \dfrac{S_E^2}{(n-k-1)}$ 是 σ^2 的无偏估计量.

性质 5.3.4 平方和分解

$$S_T^2 = \sum_{i=1}^n (y_i - \bar{y})^2 = S_R^2 + S_E^2 \tag{5.3.8}$$

性质 5.3.5 (1) S_R^2 与 S_E^2 独立；

(2) S_E^2 与 $\hat{\boldsymbol{\beta}}$ 独立，且 $\dfrac{S_E^2}{\sigma^2} \sim \chi^2(n-k-1)$；

(3) 若 $\beta_1 = \beta_2 = \cdots = \beta_k = 0$，则 $\dfrac{S_T^2}{\sigma^2} \sim \chi^2(n-1)$，$\dfrac{S_R^2}{\sigma^2} \sim \chi^2(k)$.

5.3.3 多元线性回归的显著性检验

与一元线性回归情况类似，在实际处理问题中，事前并不能断定自变量 $x_1, x_2, \cdots, x_k$ 与 Y 之间确有线性关系，模型(5.3.3)只是一种假定，当然需要对这种假定进行检验. 这种检验有两方面的内容，一是对线性回归模型进行显著性检验，即检验问题 $H_0: \beta_1 = \beta_2 = \cdots = \beta_k = 0$. 二是检验每个变量 $x_i (i=1,2,\cdots,k)$ 对 Y 的影响是否具有显著性，即检验问题 $H_0: \beta_i = 0 (i=1,2,\cdots,k)$，那些影响不显著的自变量应从模型中逐个剔除，重新建立只包含对 Y 有显著影响的自变量的回归方程，由于这方面的内容超出了工程硕士的要求，下面仅列出检验方法，不再详细介绍.

1. 线性回归模型的显著性检验

与一元线性回归情况类似，如果整个 $x_1, x_2, \cdots, x_k$ 对 Y 的影响不显著，那么模型 (5.3.1)中的系数 $\beta_i = 0 (i=1,2,\cdots,k)$. 因此，问题归结为检验

$$H_0: \beta_1 = \beta_2 = \cdots = \beta_k = 0 \tag{5.3.9}$$

由性质 5.3.4 可知，在 H_0 成立条件下，对确定的 S_T^2，$\dfrac{S_R^2}{S_E^2}$ 应较小，也就是说 $\dfrac{S_R^2}{S_E^2}$ 较大是一个小概率事件，故可选择拒绝域的形式为 $\left\{\dfrac{S_R^2}{S_E^2} > c\right\}$，再由性质 5.3.5 知，当 H_0 成立时，有

$$F = \frac{(n-k-1)S_R^2}{kS_E^2} \sim F(k, n-k-1) \tag{5.3.10}$$

所以当 H_0 成立时，对给定的显著水平 α 可求得临界值

$$c = \frac{k}{n-k-1} F_{1-\alpha}(k, n-k-1) \tag{5.3.11}$$

此法称为 F 检验法.

仍可利用回归平方和 S_R^2 在总离差平方和 S_T^2 中所占比例大小衡量 Y 与 $x_1, x_2, \cdots, x_k$ 之间线性相关的密切程度. 称

$$R = \sqrt{\frac{S_R^2}{S_T^2}} = \sqrt{\frac{\sum_{i=1}^n (\hat{y}_i - \bar{y})^2}{\sum_{i=1}^n (y_i - \bar{y})^2}}, \quad 0 \leqslant R \leqslant 1 \tag{5.3.12}$$

为样本复相关系数或多元相关系数.

2. 回归系数的显著性检验

当 Y 与 $x_1, x_2, \cdots, x_k$ 之间有显著的线性关系时,还必须检验每个变量 x_i ($i=1,2,\cdots,k$) 的显著性. 如果 x_i 对 Y 的作用不显著,那么 β_i 应为零,也就是要对

$$H_{0i}: \beta_i = 0, \quad i=1,2,\cdots,k \tag{5.3.13}$$

进行检验. 由性质 5.3.1 知

$$\hat{\boldsymbol{\beta}} \sim N_{k+1}(\boldsymbol{\beta}, \sigma^2 (\boldsymbol{X}^T \boldsymbol{X})^{-1})$$

记 $\boldsymbol{C} = (\boldsymbol{X}^T \boldsymbol{X})^{-1} = (c_{ij})_{(k+1)\times(k+1)}$,则 $\hat{\beta}_i \sim N(\beta_i, \sigma^2 c_{ii})$,$i=1,2,\cdots,k$,从而当 H_{0i} 成立时,有

$$F_i = \frac{(n-k-1)\hat{\beta}_i^2}{c_{ii} S_E^2} \sim F(1, n-k-1), \quad i=1,2,\cdots,k \tag{5.3.14}$$

$$T_i = \frac{\sqrt{n-k-1}\hat{\beta}_i}{\sqrt{c_{ii}} S_E} \sim t(n-k-1), \quad i=1,2,\cdots,k \tag{5.3.15}$$

于是,F_i 与 T_i 都可以用来检验 H_{0i},对给定的显著性水平 α ($0<\alpha<1$),检验规则为当 F_i 的样本值

$$f_i > F_{1-\alpha}(1, n-k-1) \tag{5.3.16}$$

时,拒绝 H_{0i},否则,接受 H_{0i};或当 T_i 的样本值

$$|t_i| > t_{1-\frac{\alpha}{2}}(n-k-1) \tag{5.3.17}$$

时,拒绝 H_{0i},否则,接受 H_{0i}.

如果检验结果是接受 H_{0i},即 $\beta_i = 0$,则应将 x_i 从回归方程

$$\hat{y} = \hat{\beta}_0 + \hat{\beta}_1 x_1 + \cdots + \hat{\beta}_k x_k \tag{5.3.18}$$

中剔除,重新用最小二乘法估计回归系数,建立新的回归方程

$$\hat{y} = \hat{\beta}_0^* + \hat{\beta}_1^* x_1 + \cdots + \hat{\beta}_{i-1}^* x_{i-1} + \hat{\beta}_{i+1}^* x_{i+1} + \cdots + \hat{\beta}_k^* x_k \tag{5.3.19}$$

一般地,$\hat{\beta}_j^* \neq \hat{\beta}_j$,但有如下关系:

$$\hat{\beta}_j^* = \hat{\beta}_j - \frac{c_{ij}}{c_{ii}} \hat{\beta}_i, \quad j \neq i; j=0,1,\cdots,k \tag{5.3.20}$$

注意,在剔除不显著自变量时,考虑到自变量之间的交互作用对 Y 的影响,每次只剔除一个自变量,如果有几个自变量检验都不显著,则先剔除其中 f_i 值最小的那个自变量. 当剔除 x_i,并利用式 (5.3.20) 建立新的回归方程 (5.3.19) 后,还必须对剩下的 $k-1$ 个自变量 $x_1, x_2, \cdots, x_{i-1}, x_{i+1}, \cdots, x_k$ 再用上述方法检验它们的显著性. 如果不显著,则还需逐个剔除直至保留下的自变量对 Y 都有显著的作用为止.

例 5.3.1 为了研究我国民航客运量的变化趋势及其成因,以民航客运量作为因变量 Y,以国民收入 x_1、消费额 x_2、铁路客运量 x_3、民航航线里程 x_4、来华旅游入境人数 x_5 为影响民航客运量的主要因素;根据《1994 年统计摘要》获得 1978—1993 年统计数据见表 5.3.1.

表 5.3.1 民航统计数据表

年 份	Y/万人	x_1/亿元	x_2/亿元	x_3/万人	x_4/万 km	x_5/万人
1978	231	3010	1888	81 491	14.89	180.92
1979	298	3350	2195	86 389	16.00	420.39
1980	343	3688	2531	92 204	19.53	570.25
1981	401	3941	2799	95 300	21.82	776.71
1982	445	4258	3054	99 922	23.27	792.43
1983	391	4736	3358	106 044	22.91	947.70
1984	554	5652	3905	11 353	26.02	1285.22
1985	744	7020	4879	112 110	27.72	1783.30
1986	997	7859	5552	108 579	32.43	2281.95
1987	1310	9313	6386	112 429	38.91	2690.23
1988	1442	11 738	8038	122 645	37.38	3169.48
1989	1283	13 176	9005	113 807	47.19	2450.14
1990	1660	14 384	9663	95 712	50.68	2746.20
1991	2178	16 557	10 969	95 081	55.91	3335.65
1992	2886	20 223	12 985	99 693	83.66	3311.50
1993	3383	24 882	15 949	105 458	96.08	4152.70

试建立 Y 对 x_1, x_2, x_3, x_4, x_5 的线性回归方程,并对回归方程和回归系数作显著性检验,建立最佳回归方程.

解 (1) 根据最小二乘估计法,求得回归系数的估计值
$$\hat{\boldsymbol{\beta}} = (\hat{\beta}_0, \hat{\beta}_1, \hat{\beta}_2, \hat{\beta}_3, \hat{\beta}_4, \hat{\beta}_5) = (-195.9, 0.5196, -0.7708, 0.0006, 15.9803, 0.3437)$$
即多元线性回归方程
$$\hat{y} = -195.9 + 0.5196x_1 - 0.7708x_2 + 0.0006x_3 + 15.9803x_4 + 0.3437x_5$$
此方程的 $\hat{\beta}_1, \hat{\beta}_2, \hat{\beta}_3, \hat{\beta}_4, \hat{\beta}_5$ 有明确的含义. 如 $\hat{\beta}_1 = 0.5196$ 表示国民收入每增加 1 亿元,在其他条件不变的情况下,民航客运量增加 0.5196 万人.

(2) 对回归方程进行显著性检验
$$H_0: \beta_1 = \beta_2 = \beta_3 = \beta_4 = \beta_5 = 0$$
计算
$$\bar{y} = 1159.125, \quad \bar{x}_1 = 9611.688, \quad \bar{x}_2 = 6447.25$$
$$\bar{x}_3 = 96138.56, \quad \bar{x}_4 = 38.4, \quad \bar{x}_5 = 1930.923$$
$$S_T^2 = \sum_{i=1}^{49} y_i^2 - 49\bar{y}^2 = 13\,843\,370$$

$$S_R^2 = \sum_{i=1}^{5} \hat{\beta}_i l_{iy} = 13\,791\,100$$

$$S_E^2 = S_T^2 - S_R^2 = 52\,270$$

其中,$l_{iy} = \sum_{k=1}^{n}(x_{ki} - \bar{x}_i)(y_k - \bar{y}), i = 1,2,3,4,5$,于是,$F = \dfrac{S_R^2/5}{S_E^2/10} = 527.69$,取显著性水平 $\alpha = 0.05$,查 F 分布表得 $F_{0.95}(5,10) = 3.33$,显然 $F = 527.69 > F_{0.95}(5,10) = 3.33$,故拒绝 H_0,表明线性回归方程高度显著,即说明 x_1, x_2, x_3, x_4, x_5 整体上对 y 有显著的影响.

(3) 对回归系数的显著性检验

$$H_0: \beta_i = 0, \quad i = 1,2,3,4,5$$

按公式 $F_i = \dfrac{(n-k-1)\hat{\beta}_i^2}{c_{ii} S_E^2}, i = 1,2,3,4,5$ 计算

$$F_1 = 23.302, F_2 = 21.434, F_3 = 0.454, F_4 = 8.735, F_5 = 27.135$$

给定 $\alpha = 0.05$,查 F 分布表得 $F_{0.95}(1,10) = 4.96$,F_1, F_2, F_4, F_5 均大于查表值,而 $F_3 = 0.454 < F_{0.95}(1,10) = 4.96$,说明 x_1, x_2, x_4, x_5 对 y 有显著影响,而 x_3 对 y 无显著影响. 这说明铁路客运量对民航客运量无显著影响. 为了简化模型,剔除铁路客运量 x_3,得到新的线性回归方程为

$$\hat{y} = -153.8784 + 0.5090x_1 - 0.7544x_2 + 15.9777x_4 + 0.3471x_5$$

再经过检验,所有回归变量均对 y 有显著影响,且可以算出复相关系数 $R = 0.998$.

*5.3.4 回归诊断

回归诊断(regression diagnostic)是 20 世纪 70 年代发展起来的统计理论与技术,它的产生与发展是和计算机技术的飞速发展分不开的. 20 世纪后半叶,回归分析成为各个领域科技工作者分析数据的一种常用工具. 但在长期的实际应用中发现,借助于 LS 估计建立的回归方程并不总是正确的,甚至会严重的偏离实际,也就是实际中存在滥用回归分析的现象. 经过长期的实践,人们逐渐地发现经典的 LS 估计的结果并不总是令人满意,因而统计学家试图从多个方面进行改进 LS 估计. 例如,为了克服设计阵的病态性,提出了以岭估计为代表的多种有偏估计. 为了解决自变量个数较多的大型回归模型的变量取舍问题,提出了众多的回归自变量选择准则和算法. 为了克服 LS 估计对异常值的敏感性,提出了各种稳健回归等.

对于线性回归模型

$$\boldsymbol{Y} = \boldsymbol{X\beta} + \boldsymbol{\varepsilon} \tag{5.3.21}$$

的参数估计与检验问题,作如下一些假定:

(1) $E(Y | X_1 = x_1, X_2 = x_2, \cdots, X_n = x_n)$ 是 $x_1, x_2, \cdots, x_n$ 的线性函数;

(2) 试验误差项 $\varepsilon_1, \varepsilon_2, \cdots, \varepsilon_n$ 满足条件:

$$E\varepsilon_i = 0, i=1,2,\cdots,n, \quad \text{cov}(\varepsilon_i,\varepsilon_j) = \begin{cases} \sigma^2, & i=j \\ 0, & i \neq j \end{cases}$$

即 ε 满足条件

$$E\boldsymbol{\varepsilon} = \mathbf{0}, \quad \text{cov}(\boldsymbol{\varepsilon}) = \sigma^2 \boldsymbol{I}_n \tag{5.3.22}$$

(3) 试验误差项 $\varepsilon_1, \varepsilon_2, \cdots, \varepsilon_n$ 均服从正态分布.

在实际问题中这些假定是否成立？如果成立，这正是前面讨论的线性回归模型，所讨论的参数估计和假设检验都是可靠的. 如果实际数据与这些假设偏离比较大，那么得到的一些结果如假设检验以及区间估计就不再成立.

下面是一个著名的例子，说明了回归诊断的必要性.

例 5.3.2 （Anscombe, 1973）表 5.3.2 给出了两个变量 Y 与 x 的四组数据.

表 5.3.2 Anscombe 数据

数据组号 数据号	1~3 x	1 Y	2 Y	3 Y	4 x	4 Y
1	10.0	8.04	9.14	7.46	8.0	6.58
2	8.0	6.95	8.14	6.77	8.0	5.76
3	13.0	7.58	8.74	12.74	8.0	7.71
4	9.0	8.81	8.77	7.11	8.0	8.84
5	11.0	8.33	9.26	7.81	8.0	8.47
6	14.0	9.96	8.10	8.84	8.0	7.04
7	6.0	7.24	6.13	6.08	8.0	5.25
8	4.0	4.26	3.10	5.39	19.0	12.50
9	12.0	10.84	9.13	8.15	8.0	5.56
10	7.0	4.82	7.26	6.44	8.0	7.91
11	5.0	5.68	4.74	5.73	8.0	6.89

每组数据有 11 对观测值 (y_i, x_i)，其中第 2 列是前 3 组数据自变量 x 的值，第 3, 4, 5 列分别是第 1, 2, 3 组数据因变量 Y 的值. 最后两列为第 4 组数据. 对这四组数据分别作一元线性回归分析，常数项 β_0 和回归系数 β_1 的 LS 估计分别为 $\hat{\beta}_0 = 3.0, \hat{\beta}_1 = 0.5$，即它们有相同的经验回归方程 $y = \hat{\beta}_0 + \hat{\beta}_1 x = 3.0 + 0.5x$，误差方差 σ^2 的估计都为 $\hat{\sigma}^2 = 13.5$，复相关系数的平方 $R^2 = 0.667$. 因为这些回归统计量都有相同的值，很自然得出结论：一元线性回归模型 $y = \beta_0 + \beta_1 x + \varepsilon$ 对这四组数据适合程度是一样的. 但是，这个结论是不对的. 事实上只要稍微考察一下这些数据在直角坐标系中的散点图（图 5.3.1）就可以领悟到这一点.

图 5.3.1(a) 表明，对第一组数据来讲，一元线性回归确实是适合的. 而从图 5.3.1(b) 容易看出，同样的模型对第二组数据是不妥当的，很可能要考虑某种光滑曲线，或许是二次三项式模型. 图 5.3.1(c) 显示一元线性回归对多数数据是适合的，惟独第

三个观测点(13.00,12.74)远离回归直线,以后把这种点称为异常点(outlier).如果把异常点暂时剔除掉,对剩下的数据重新配回归直线,这时经验回归方程为 $y=4+0.346x$,与原来的经验回归方程 $y=3.0+0.5x$ 有明显的不同,所以这个异常点很可能是强影响点.对最后一组数据,情况与前三组都不相同,从图 5.3.1(d)可以看出,不能认为 y 与 x 之间存在某种线性依赖关系.这里第八对数据对应的点(19.0,12.50)远离其他点.如果把它剔除掉,R^2 就减少很多,以至于从 R^2 就可断言 y 与 x 没有什么相关关系.于是第八对数据可称为强影响点.对这种情况,可以说数据不够好,应该对自变量 x 在[8,19]这个区间上再收集一些数据.

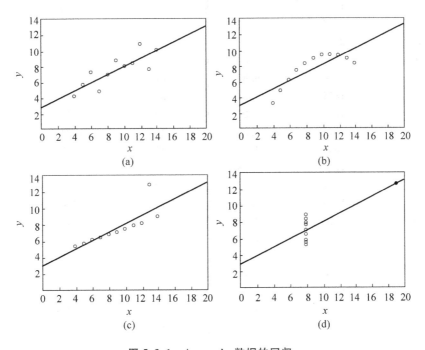

图 5.3.1　Anscombe 数据的回归

回归诊断是一个比较复杂的问题.它有点像医生给病人治病.有时一个症状往往是多种不同疾病的征兆,必须仔细地从多方面作检查分析,才能断言毛病出现在什么地方,进一步的讨论超出了要求,感兴趣的读者可参阅书末的相关文献.

5.4　应用案例

例 5.4.1　为了研究某个城市的用电量,需要研究高峰期的用电量 Y(单位: kW/h)与月总用电量 X(单位: kW)之间的关系,调查了某年某月 53 户居民的用电记录,具体数据如表 5.4.1.

表 5.4.1 数据表

用 户	X	Y	用 户	X	Y
1	679	0.79	28	2030	4.43
2	292	0.44	29	1643	3.16
3	1012	0.56	30	414	0.5
4	493	0.79	31	354	0.17
5	582	2.7	32	1276	1.88
6	1156	3.64	33	745	0.77
7	997	4.73	34	435	1.39
8	2189	9.5	35	540	0.56
9	1097	5.34	36	874	1.56
10	2078	6.85	37	1543	5.28
11	1818	5.84	38	1029	0.64
12	1700	5.21	39	710	4
13	747	3.25	40	1434	0.31
14	837	4.2	41	783	3.29
15	1748	4.88	42	406	0.44
16	1381	3.48	43	1242	3.24
17	1428	7.58	44	658	2.14
18	1255	2.63	45	1746	5.71
19	1777	4.99	46	468	0.64
20	370	0.59	47	1114	1.9
21	2316	8.19	48	413	0.51
22	1130	4.79	49	1787	8.33
23	463	0.51	50	3560	14.94
24	770	1.74	51	1495	5.11
25	724	4.1	52	2221	3.85
26	808	3.94	53	1526	3.93
27	790	0.96			

解 使用 Excel 求解一元线性回归模型,计算步骤如下:

(1) 选取"工具"中的"数据分析";

(2) 选取"回归";

(3) 选择"确定",将弹出一个对话框;

(4) 在"输入 Y 区域"中输入 B2:B54;

(5) 在"输入 X 区域"中输入 A2:A54;

(6) 关闭"常数为零"复选框,打开"标记"、"置信度"复选框,并使其值为95%;

(7) 在"输出区域"中输入 D2;

(8) 打开"残差"、"残差图"、"标准残差"、"线性拟合图"、"正态概率图"复选框,按"确定",将得出表 5.4.2～表 5.4.4 中的结果以及图 5.4.1～图 5.4.3.

表 5.4.2 回归统计表

复相关系数 R	0.8376
R^2	0.7016
修正的 R^2	0.6956
标准误差	1.5879
观测值	53

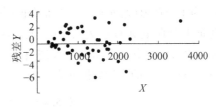

图 5.4.1 Y 与 X 的残差图

表 5.4.3 方差分析表

	自由度	平方和	均方	F 值	显著水平
回归分析	1	296.4159	296.4159	117.5603	9.86E-15
残差	50	126.0697	2.521 395		
总计	51	422.4856			

表 5.4.4 参数估计表

	系数	标准误差	t 统计量	显著水平	置信下限 95%	置信上限 95%
常数项	-0.7921	0.4501	-1.7600	0.0845	-1.6960	0.1119
X	0.0037	0.0003	10.8425	9.86E-15	0.003	0.0043

其回归方程为 $\hat{y} = -0.7923 + 0.0037x$.

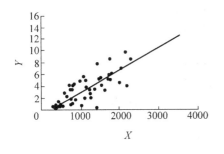

图 5.4.2 线性拟合图

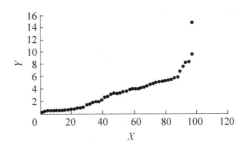

图 5.4.3 正态概率图

从以上统计数据知,复相关系数 $R=0.8376$,拟合效果图的效果不是太佳,并且向外散开,很像一个漏斗,根据残差分析知,回归分析模型假定方差齐性有出入,需要考虑对 Y 作方差稳定性的变换.不妨令 $Z=\sqrt{Y}$,则可得经验回归方程 $\hat{z}=0.5956+0.001x$,再作残差图,对 Z 的方差已趋于稳定,如图 5.4.4 所示.

这说明变换 $Z=\sqrt{Y}$ 是适宜的.

例 5.4.2 为了建立国家总收入的回归模型,将国家总收入 Y(亿元)为因变量,自变量分别为:x_1 为工业产值(亿元);x_2 为农业产值(亿元);x_3 为建筑业产值(亿元);x_4 为人口(万人);x_5 为社会商品零售总额(亿元).据《中国统计年鉴》获得 1978—2003 年间的统计数据如表 5.4.5.

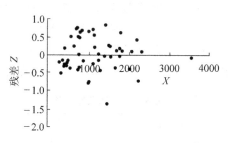

图 5.4.4 Z 与 X 的残差图

表 5.4.5 1978—2003 年间统计数据表　　　　　　　　亿元

年份	x_1 (工业产值)	x_2 (农业产值)	x_3 (建筑业产值)	x_4 (人口/万人)	x_5 (社会零售总额)	Y (国家总收入)
1978	1607	1018.4	138.2	95 623	860.5	3624.1
1979	1769.7	1258.9	143.8	96 839	865.8	4038.2
1980	1996.5	1359.4	195.5	98 213	966.4	4517.8
1981	2048.4	1545.6	207.1	99 393	1061.3	4860.3
1982	2162.3	1761.6	220.7	100 851	1150.1	5301.8
1983	2375.6	1960.8	270.6	102 319	1327.5	5957.4
1984	2789	2295.5	316.7	103 627	1769.8	7206.7
1985	3448.7	2541.6	417.9	105 093	2556.2	8989.1
1986	3967	2763.9	525.7	106 718	2945.6	10 201.4
1987	4585.8	3204.3	665.8	108 356	3506.6	11 954.5
1988	5777.2	3831	810	110 172	4510.1	14 922.3
1989	6484	4228	794	111 833	5403.2	16 917.8
1990	6858	5017	859.4	113 512	5813.5	18 598.4
1991	8087.1	5288.6	1015.1	115 049	7227	21 662.5
1992	10 284.5	5800	1415	116 476	9138.6	26 651.9
1993	14 143.8	6882.1	2284.7	117 844	11 323.8	34 560.5
1994	19 359.6	9457.2	3012.6	119 193	14 930	46 670
1995	24 718.3	11 993	3819.6	120 474	17 947.2	57 494.9
1996	29 082.6	13 844.2	4530.5	121 744	20 427.5	66 850.5
1997	32 412.1	14 211.2	4810.6	122 997	23 028.7	73 142.7
1998	33 387.9	14 552.4	5231.4	124 200	25 173.5	76 967.2
1999	35 087.21	14 471.96	5470.6	125 275	27 037.69	80 579.36
2000	39 047.3	14 628.2	5888	126 265	29 904.6	88 254
2001	42 374.6	15 411.8	6375.4	127 185	33 153	95 727.85
2002	45 975.15	16 117.3	7005.04	128 040	36 074.75	103 935.33
2003	53 092.9	17 092.1	8181.3	128 834	38 885.7	116 603.2

试建立 Y 与 x_1, x_2, x_3, x_4, x_5 之间的回归模型,并进行统计分析.

解 不妨假设变量 Y 与 x_1, x_2, x_3, x_4, x_5 之间构成线性回归模型.下面使用 Excel 求解多元线性回归模型,方法如下:

(1) 选取"工具"中的"数据分析";

(2) 选取"回归";

(3) 选择"确定",将弹出一个对话框;

(4) 在"输入 Y 区域"中输入 G2:G27;

(5) 在"输入 X 区域"中输入 B2:F27;表示选定 5 个自变量;

(6) 关闭"常数为零"复选框,打开"标记"、"置信度"复选框,并使其值为 95%;

(7) 在"输出区域"中输入 A38;

(8) 打开"残差"、"残差图"、"标准残差"、"线性拟合图"、"正态概率图"复选框,按"确定",将得到表 5.4.6~表 5.4.9 的结果以及图 5.4.5。

表 5.4.6 回归统计

复相关系数 R	0.999 989 722
R^2	0.999 979 444
修正的 R^2	0.999 974 034
标准误差	187.798 404 8
观测值	25

表 5.4.7 方差分析表

	自由度	平方和	均方	F 值	显著水平
回归分析	5	32 597 305 913	6 519 461 183	184 853.597	7.873 45E-44
残差	19	670 096.5762	35 268.2409		
总计	24	32 597 976 010			

表 5.4.8 参数估计表

	系数	标准误差	t 统计量	显著水平	置信下限 95%	置信上限 95%
常数项	−8733.9896	1801.5643	−4.8480	0.0001	−12 504.708 2	−4963.27
x_1	1.1376	0.0970	11.7272	3.8168E-10	0.9346	1.3407
x_2	0.6278	0.0588	10.6684	1.8378E-09	0.5046	0.7509
x_3	1.3863	0.4597	3.0158	0.0071	0.4242	2.3484
x_4	0.0919	0.0181	5.0838	6.5961E-05	0.0541	0.1297
x_5	0.7932	0.0693	11.4497	5.7007E-10	0.6482	0.9382

回归方程为

$$y = -8733.9896 + 1.1376x_1 + 0.6278x_2 + 1.3863x_3 + 0.0919x_4 + 0.7932x_5$$

表 5.4.9 预测值与残差值表

观测值	预测值	残 差	标准残差
1	3855.4757	182.7243	1.0935
2	4454.3167	63.4833	0.3799
3	4830.0452	30.2548	0.1811
4	5318.4973	−16.6973	−0.0999
5	6030.9981	−73.5981	−0.4405
6	7246.3357	−39.6357	−0.2372
7	9050.0839	−60.9839	−0.3650
8	10 386.9068	−185.5068	−1.1102
9	12 157.0519	−202.5519	−1.2122
10	15 068.5720	−146.2720	−0.8754
11	16 960.7129	−42.9129	−0.2568
12	18 451.8854	146.5147	0.8768
13	21 498.8769	163.6231	0.9792
14	26 521.4603	130.4397	0.7806
15	34 655.7811	−95.2811	−0.5702
16	46 199.2996	470.7004	2.8170
17	57 516.9455	−22.0455	−0.1319
18	66 713.4925	137.0075	0.8199
19	73 298.2413	−155.5413	−0.9309
20	77 017.6029	−50.4029	−0.301 642 3
21	80 809.2896	−229.9296	−1.376 042 254
22	88 356.0258	−102.025 79	−0.610 586 062
23	95 969.8951	−242.0451	−1.448 549 065
24	103 777.7154	157.6147	0.943 264 516
25	116 420.1324	183.0676	1.095 590 686

x_5 与 y 的线性拟合效果图如图 5.4.6 所示,其余的类似,不再重复.

x_3 与 y 的残差效果图如图 5.4.7,其余类似.

由正态概率图(图 5.4.5)可知,回归模型的正态性假定是符合要求的. 另外由方差分析表 5.4.7 可知,计算值 $F=184\,853.6$,另一方面,查表值 $F_{0.95}(5,19)=2.63$,显然,$F \gg F_{0.95}(5,19)$,因此,拒绝 $H_0:\beta_1=\beta_2=\cdots=\beta_5=0$,说明多元线性回归模型正确. 同样,由表 5.4.6 和表 5.4.7 知,$R \approx 0.9999$ 和 $P\{F>F_{0.95}(5,19)\} \approx 7.8734 \times 10^{-44}$,也说

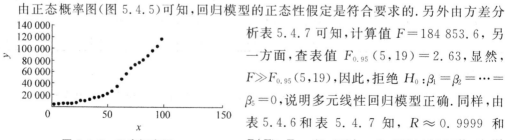

图 5.4.5 正态概率图

明多元线性回归是合适的.

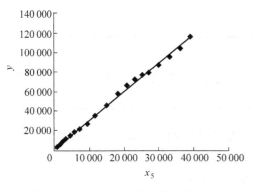

图 5.4.6　x_5 与 y 的线性拟合效果图

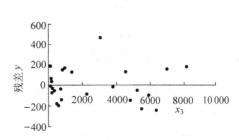

图 5.4.7　x_3 与 y 的残差效果图

习 题 5

1. 下表数据是退火温度 $x(℃)$ 对黄铜延性 Y 效应的试验结果，Y 是以延伸率计算的，且设为正态变量，求 Y 对 X 的样本线性回归方程.

$x/℃$	300	400	500	600	700	800
$y/\%$	40	50	55	60	67	70

2. 国家需要大力发展国际旅游行业以增加国家的外汇收入．那么外汇收入 Y 与接待旅游人数 X 之间构成什么样的统计关系呢？根据 2004 年的中国统计年鉴，得到 1985—2002 年间的统计数据如下表.

$y/$万美元	527,860,1063,1281,1027,1823,2354,3997,4819,5432,6333,7090,10 548,8837,9726, 13 837,16 341,21 802
$x/$人次	49 508,55 152,60 894,64 181,41 248,69 609,81 745,141 165,135 596,138 593,142 892, 161 761,259 414,163 738,184 936,266 081,313 254,461 484

试建立外汇收入 Y 与接待旅游人数 X 之间的回归模型，并进行回归分析.

3. 某河流溶解氧浓度（以百万分之一计）随着水向下游流动时间加长而下降．现测得 8 组数据，如下表所示．求溶解氧浓度对流动时间的样本线性回归方程，并以 $\alpha=0.05$ 对回归显著性作检验.

流动时间 $t/$天	0.5	1.0	1.6	1.8	2.6	3.2	3.8	4.7
溶解氧浓度$/10^{-6}$	0.28	0.29	0.29	0.18	0.17	0.18	0.10	0.12

4. 假设 X 是一可控制变量, Y 是一随机变量, 服从正态分布. 现在不同的 X 值下分别对 Y 进行观测, 得如下数据.

x_i	0.25	0.37	0.44	0.55	0.60	0.62	0.68	0.70	0.73
y_i	2.57	2.31	2.12	1.92	1.75	1.71	1.60	1.51	1.50
x_i	0.75	0.82	0.84	0.87	0.88	0.90	0.95	1.00	
y_i	1.41	1.33	1.31	1.25	1.20	1.19	1.15	1.00	

(1) 假设 X 与 Y 有线性相关关系, 求 Y 对 X 样本回归直线方程, 并求 $DY=\sigma^2$ 的无偏估计;

(2) 检验 Y 和 X 之间的线性关系是否显著 ($\alpha=0.05$);

(3) 求 Y 置信度为 95% 的预测区间;

(4) 为了把 Y 的观测值限制在 $(1.08, 1.68)$, 需把 x 的值限制在什么范围? ($\alpha=0.05$)

5. 证明对一元线性回归系数 $\hat{\beta}_0, \hat{\beta}_1$ 相互独立的充分必要条件是 $\bar{x}=0$.

6. 某矿脉中 13 个相邻样本点处某种金属的含量 Y 与样本点对原点的距离 X 有如下观测值.

x_i	2	3	4	5	7	8	10
y_i	106.42	108.20	109.58	109.50	110.00	109.93	110.49
x_i	11	14	15	16	18	19	
y_i	110.59	110.60	110.90	110.76	111.00	111.20	

分别按 (1) $y=a+b\sqrt{x}$; (2) $y=a+b\ln x$; (3) $y=a+\dfrac{b}{x}$ 建立 Y 对 X 的回归方程, 并用相关系数 $R=\sqrt{1-\dfrac{S_E^2}{S_T^2}}$ 指出其中哪一种相关最大.

7. 设线性模型
$$\begin{cases} y_1 = \beta_1 + \varepsilon_1 \\ y_2 = 2\beta_1 - \beta_2 + \varepsilon_2 \\ y_3 = \beta_1 + 2\beta_2 + \varepsilon_3 \end{cases}$$
其中 $\varepsilon_i \sim N(0,\sigma^2)(i=1,2,3)$ 且相互独立, 试求 β_1, β_2 的 LS 估计.

8. 设模型为
$$y_i = \beta_0 + \beta_1 x_i + \beta_2(3x_i^2-2) + \varepsilon_i, \quad i=1,2,3$$
$$\varepsilon_i \sim N(0,\sigma^2), \varepsilon_1,\varepsilon_2,\varepsilon_3 \text{ 相互独立}$$

$$x_1 = -1, \quad x_2 = 0, \quad x_3 = 1$$

(1) 求 $\beta_0, \beta_1, \beta_2$ 的最小二乘估计;

(2) 证明当 $\beta_2 = 0$ 时,β_0 和 β_1 的最小二乘估计结果与(1)相同.

9. 养猪场为估算猪的毛重,随机抽测了 14 头猪的身长 x_1(单位:cm),肚围 x_2(单位:cm)与体重 y(单位:kg),得数据如下表所示,试求一个 $y = b_0 + b_1 x_1 + b_2 x_2$ 型的经验公式.

身长 x_1	41	45	51	52	59	62	69	72	78	80	90	92	98	103
肚围 x_2	49	58	62	71	62	74	71	74	79	84	85	94	91	95
体重 y	28	39	41	44	43	50	51	57	63	66	70	76	80	84

10. 某种商品的需求量 Y,消费者的平均收入 x_1 和商品价格 x_2 的统计数据如下表所示. 试求 Y 对 x_1, x_2 的线性回归方程.

x_{i1}	1000	600	1200	500	300	400	1300	1100	1300	300
x_{i2}	5	7	6	6	8	7	5	4	3	9
y_i	100	75	80	70	50	65	90	100	110	60

11. 某农学院对 200 只北京鸭进行试验,得到鸭的周龄 X 与平均日增重 Y 的数据如下:

x_i	1	2	3	4	5	6	7	8	9
y_i/g	21.9	47.1	61.9	70.8	72.8	66.4	50.3	25.3	3.2

(1) 求形如 $y = b_0 + b_1 x + b_2 x^2$ 的回归方程;

(2) 对上述回归方程的显著性作检验($\alpha = 0.01$).

12. 某医院管理工作者希望了解病人对医院工作的满意程度 Y 和病人的年龄 X_1、病情的严重程度 X_2 和忧虑程度 X_3 之间的关系. 他们随机选取了 23 位,得到如下数据.

病人编号 i	1	2	3	4	5	6	7	8	9	10	11	12
x_{1i}	50	36	40	41	28	49	42	45	52	29	29	43
x_{2i}	51	46	48	44	43	54	50	48	62	50	48	53
x_{3i}	2.3	2.3	2.2	1.8	1.8	2.9	2.2	2.4	2.9	2.1	2.4	2.4
y_i	48	57	66	70	89	36	46	54	26	77	89	67

续表

病人编号 i	13	14	15	16	17	18	19	20	21	22	23
x_{1i}	38	34	53	36	33	29	33	55	29	44	43
x_{2i}	55	51	54	49	56	46	49	51	52	58	50
x_{3i}	2.2	2.3	2.2	2.0	2.5	1.9	2.1	2.4	2.3	2.9	2.3
y_i	47	51	57	66	79	88	60	49	77	52	60

（1）试建立线性回归方程；

（2）对线性回归模型作检验；

（3）判定该回归模型是否是最优回归模型.

第 6 章

方 差 分 析

方差分析(analysis of variance)是数理统计中广泛应用的基本方法之一,是社会实践和科学研究中分析数据的一个重要工具.

在实际问题中,影响事物的因素往往很多.例如,在化工生产中,有原料成分、原料剂量、催化剂、反应温度、压力、溶剂浓度、反应时间、机器设备及人员水平等因素.其中每一因素的改变都有可能影响产品的数量和质量,并且有些因素影响大,有些因素影响小,有必要找出对产品数量和质量影响显著的那些因素.因此需要进行科学试验.方差分析就是根据试验结果进行分析,鉴别各因素对试验结果的影响程度的有效方法.

方差分析按影响试验指标的因素的个数进行分类,可分为单因素方差分析、双因素方差分析和多因素方差分析.本章只介绍单因素方差分析和双因素方差分析.

6.1 方差分析的基本原理

在试验中所关心的试验结果称为试验指标,试验中需要考察的、可以控制的条件称为因素或因子(factor),因素所处的不同状态称为水平(level).一般来说,各因素对试验指标的影响是不同的,而且一个因素所处的不同状态(水平)对试验指标的影响往往也是不同的.将数据分成多组,同一组中的数据可以认为有同一来源(同一总体),方差分析就是通过对这些分组数据进行分析,检验在一定假设条件下各组的均值是否相等,由此判断因素的各水平状态对试验指标的影响是否显著,从而选出对试验指标起重要作用的因素或状态条件.

例 6.1.1 某食品公司对一种食品设计了四种新包装.为了考察哪种包装最受欢迎,选取了四个商店进行了销售试验,观察在一定时期的销售量,数据见表 6.1.1.

表 6.1.1　销售量数据表　　　　　　　　　　　　　万件

包装类型	商店			
	一	二	三	四
A_1	12	18	11	14
A_2	14	12	13	12
A_3	19	17	21	18
A_4	24	30	23	21

试判断四种包装对销售量是否有显著影响？若影响显著，哪种包装比较好？

此例属于单因素方差分析问题．将包装类型作为因素（因子）A，包装的四种类型作为包装的不同状态，称为水平，记为 $A_i(i=1,2,3,4)$．在同一种状态 A_i 下，测定了四个商店在一定时期的销售量（试验指标），其数据差异可归因于随机因素．设四种类型的包装分属四个不同的总体，如果假定销售量（试验指标）服从正态分布，那么每种包装的销售数据都可以看作是来自正态总体的样本观测值．

要辨别随机误差和包装类型这两个因素中哪一个是造成销售量差异的主要因素，这一问题可归结于判断四个总体是否具有相同分布的问题，进一步可以简化为具有相同方差的正态总体均值是否相等的问题．

6.2　单因素方差分析

6.2.1　方差分析模型

单因素方差分析只考虑一个因素 A 对试验指标的影响，取因素 A 的 r 个水平 A_1，$A_2,\cdots,A_r$，在水平 A_i 下重复进行 n_i 次试验，可获得试验指标的 n_i 个数据：y_{i1}，y_{i2}，$\cdots$，$y_{in_i}(i=1,2,\cdots,r)$．

假定用 Y_i 代表水平 A_i 下的总体，则 $Y_i(i=1,2,\cdots,r)$ 为 r 个相互独立的正态总体，分别服从于正态分布 $N(\mu_i,\sigma^2)$．$Y_{i1},Y_{i2},\cdots,Y_{in_i}$ 表示从总体 Y_i 中抽取的样本，y_{i1}，$y_{i2},\cdots,y_{in_i}$ 就是样本 $Y_{i1},Y_{i2},\cdots,Y_{in_i}$ 所取的观察值，其数据结构见表 6.2.1．

表 6.2.1　单因素方差分析数据结构表

水平号	试验指标观测值	均值	方差
1	$y_{11},y_{12},\cdots,y_{1n_1}$	$\bar{y}_{1\cdot}$	s_1^2
2	$y_{21},y_{22},\cdots,y_{2n_2}$	$\bar{y}_{2\cdot}$	s_2^2
$\vdots$	$\vdots$	$\vdots$	$\vdots$
r	$y_{r1},y_{r2},\cdots,y_{rn_r}$	$\bar{y}_{r\cdot}$	s_r^2

针对上面提出的问题,提出两个基本假定:

(1) 总体 $Y_1, Y_2, \cdots, Y_r$ 相互独立,且 $Y_i \sim N(\mu_i, \sigma^2), i=1,2,\cdots,r$,其中 $\mu_i(i=1,2,\cdots,r)$ 和 σ^2 未知;

(2) 在各总体 Y_i 下,诸 $Y_{ij}(j=1,2,\cdots,n_i)$ 独立同分布,且
$$Y_{ij} \sim N(\mu_i, \sigma^2), \quad i=1,2,\cdots,r, j=1,2,\cdots,n_i$$

记 $e_{ij} = Y_{ij} - \mu_i, n = \sum_{i=1}^{r} n_i, \bar{\mu} = \frac{1}{n}\sum_{i=1}^{r} n_i\mu_i, \alpha_i = \mu_i - \bar{\mu}$. 其中 μ_i 表示组内数据的理论值;e_{ij} 表示随机误差,是由某些不可控制或不可预知因素引起的随机误差,通常假定随机误差服从相互独立的正态分布 $N(0, \sigma^2)$;n 表示数据总数;α_i 为第 i 个水平 A_i 对试验指标的效应值,反映水平 A_i 对试验指标的影响大小,显然 $\sum_{i=1}^{r} n_i\alpha_i = 0$.

单因素方差分析的模型如下:
$$\begin{cases} Y_{ij} = \bar{\mu} + \alpha_i + e_{ij}, & i=1,2,\cdots,r; j=1,2,\cdots,n_i \\ e_{ij} \sim N(0, \sigma^2), & \text{且诸 } e_{ij} \text{ 相互独立} \\ \sum_{i=1}^{r} n_i\alpha_i = 0 \end{cases} \quad (6.2.1)$$

6.2.2 方差分析

因素的不同水平对试验指标影响的差异归结为检验假设
$$H_0: \mu_1 = \mu_2 = \cdots = \mu_r \text{ (或 } \alpha_1 = \alpha_2 = \cdots = \alpha_r = 0) \quad (6.2.2)$$

相应的备选假设为:存在至少一对 $\mu_i \neq \mu_j$. 很自然地可以借鉴两个正态总体在方差相等的假定下,进行均值差 $\mu_1 - \mu_2$ 的检验方法. 现在有 r 组数据,$r > 2$,要考虑的均值差有 $r(r-1)/2$ 组,显然在 $r > 2$ 的情况下,用 t 统计量进行均值差的两两检验不是好方法,寻找针对 r 组数据的统一检验统计量很有必要. 统计学家 Fisher 给出了解决上述问题的方法,称为方差分析法. 后来该方法被广泛应用于各个领域,尤其是工业试验数据分析中,取得了很大的成功. 为了介绍这一方法,需要引入一些统计量和相应的概念. 参照表 6.2.1,记

$$\bar{Y}_{i \cdot} = \frac{1}{n_i}\sum_{j=1}^{n_i} Y_{ij}, \quad i=1,2,\cdots,r, \quad \bar{Y} = \frac{1}{n}\sum_{i=1}^{r}\sum_{j=1}^{n_i} Y_{ij} = \frac{1}{n}\sum_{i=1}^{r} n_i\bar{Y}_{i\cdot} \quad (6.2.3)$$

其中 $n = \sum_{i=1}^{r} n_i$ 为样本总数,$\bar{Y}_{i\cdot}$、$\bar{Y}$ 分别为第 i 组样本的样本均值和总的样本均值. 容易发现

$$E\bar{Y}_{i\cdot} = \mu_i, \quad E\bar{Y} = \frac{1}{n}\sum_{i=1}^{r} n_i\mu_i = \bar{\mu}$$

记

总平方和
$$S_T^2 = \sum_{i=1}^{r} \sum_{j=1}^{n_i} (Y_{ij} - \bar{Y})^2$$

组间差平方和
$$S_A^2 = \sum_{i=1}^{r} n_i (\bar{Y}_{i\cdot} - \bar{Y})^2$$

组内差平方和
$$S_E^2 = \sum_{i=1}^{r} \sum_{j=1}^{n_i} (Y_{ij} - \bar{Y}_{i\cdot})^2$$

各平方和有如下关系：

$$S_T^2 = S_A^2 + S_E^2 \text{（平方和分解公式）} \tag{6.2.4}$$

证明
$$\begin{aligned}
S_T^2 &= \sum_{i=1}^{r} \sum_{j=1}^{n_i} (Y_{ij} - \bar{Y}_{i\cdot} + \bar{Y}_{i\cdot} - \bar{Y})^2 \\
&= \sum_{i=1}^{r} \sum_{j=1}^{n_i} (Y_{ij} - \bar{Y}_{i\cdot})^2 + \sum_{i=1}^{r} n_i (\bar{Y}_{i\cdot} - \bar{Y})^2 + 2 \sum_{i=1}^{r} \sum_{j=1}^{n_i} (Y_{ij} - \bar{Y}_{i\cdot})(\bar{Y}_{i\cdot} - \bar{Y}) \\
&= S_E^2 + S_A^2 + 2 \sum_{i=1}^{r} \sum_{j=1}^{n_i} (Y_{ij} - \bar{Y}_{i\cdot})(\bar{Y}_{i\cdot} - \bar{Y})
\end{aligned}$$

其中的交叉乘积和

$$2 \sum_{i=1}^{r} \sum_{j=1}^{n_i} (Y_{ij} - \bar{Y}_{i\cdot})(\bar{Y}_{i\cdot} - \bar{Y}) = \sum_{i=1}^{r} (\bar{Y}_{i\cdot} - \bar{Y}) \sum_{j=1}^{n_i} (Y_{ij} - \bar{Y}_{i\cdot}) = 0$$

以上各平方和的具体含义各不相同. S_T^2 是所有数据到总样本均值的距离平方和，它是试验指标对中心位置的变化的总度量，即 S_T^2 是描述全部数据离散程度的指标. S_E^2 是每个观测数据与其组内平均值的离差平方和，S_E^2 还可以表示为 $S_E^2 = \sum_{i=1}^{r} S_{E_i}^2$，其中 $S_{E_i}^2 = \sum_{j=1}^{n_i} (Y_{ij} - \bar{Y}_{i\cdot})^2$ 是第 i 组样本产生的随机误差，因此 S_E^2 描述了所有随机误差造成试验指标的变化，也称 S_E^2 为误差平方和. S_A^2 是组内样本均值 $\bar{Y}_{i\cdot}$ 与总平均值 $\bar{Y}$ 的偏离加权平方和，它描述了样本组的中心位置相对于全体样本中心位置的总离散程度，也反映因子的不同水平造成试验指标变化的总度量，也称 S_A^2 为系统误差.

通过 S_A^2 的值可以反映原假设 H_0 是否成立. 因为若 S_A^2 显著地大于 S_E^2，说明各总体 Y_i 之间的差异显著，H_0 就可能不成立. 使用比值 S_A^2/S_E^2 作为检验 H_0 的统计量，比值 S_A^2/S_E^2 越大，对假设 H_0 越不利，S_A^2/S_E^2 的值大到什么程度就可以否定 H_0? 统计量 S_A^2/S_E^2 服从什么分布?理论上可以证明

$$\frac{S_T^2}{\sigma^2} \sim \chi^2(n-1); \quad \frac{S_{E_i}^2}{\sigma^2} \sim \chi^2(n_i-1), \quad \frac{S_A^2}{\sigma^2} \sim \chi^2(r-1)$$

其中 $S_E^2 = \sum_{i=1}^r S_{E_i}^2$，由 χ^2 分布的可加性知，$\frac{S_E^2}{\sigma^2} \sim \chi^2(n-r)$；$\sigma^2$ 为总体的方差，$(n-1)$, $(n-r)$, $(r-1)$ 分别为各平方和 S_T^2, S_E^2, S_A^2 的自由度，它们也满足分解公式：$(n-1) = (n-r) + (r-1)$.

根据 F 统计量的定义

$$F = \frac{S_A^2/(r-1)}{S_E^2/(n-r)} \sim F(r-1, n-r) \tag{6.2.5}$$

记 $\overline{S}_A^2 = S_A^2/(r-1)$, $\overline{S}_E^2 = S_E^2/(n-r)$，统称为平均平方和. 式(6.2.5)可以简化为

$$F = \frac{\overline{S}_A^2}{\overline{S}_E^2} \sim F(r-1, n-r)$$

在给定显著性水平 α 的情况下，H_0 的拒绝域 $K_0 = \{F > F_{1-\alpha}(r-1, n-r)\}$. 当算出的 F 值大于查表值 $F_{1-\alpha}(r-1, n-r)$ 时，拒绝假设 H_0.

进行单因素方差分析时，需要将有关统计量和分析结果用表格的方式详细罗列，见表 6.2.2.

表 6.2.2　单因素方差分析表

方差来源	自由度	平方和	均方	F 值	概率
因素 A	$r-1$	S_A^2	$\overline{S}_A^2$	$F = \dfrac{\overline{S}_A^2}{\overline{S}_E^2}$	p
随机误差	$n-r$	S_E^2	$\overline{S}_E^2$		
总和	$n-1$	S_T^2			

表 6.2.2 中的平方和的实际计算公式如下：

$$S_A^2 = \sum_{i=1}^r n_i \overline{Y}_{i\cdot}^2 - n\overline{Y}^2, \quad S_E^2 = \sum_{i=1}^r \left(\sum_{j=1}^{n_i} Y_{ij}^2 - \sum_{i=1}^r n_i \overline{Y}_{i\cdot}^2 \right), \quad S_T^2 = S_A^2 + S_E^2 \tag{6.2.6}$$

对例 6.1.1 进行计算，此时 $r = 4, n = 4 \times 4 = 16$，计算结果见表 6.2.3.

表 6.2.3　方差分析表

方差来源	自由度	平方和	均方	F 值	概率
因素 A	3	348.69	116.229	16.36	0.0002
随机误差 E	12	85.25	7.104		
总和	15	433.938			

当 $\alpha=0.05$ 时,在 F 分布表中查得 $F_{0.95}(3,12)=3.49$,$F=16.36>3.49$,或 $p=0.0002<0.05$,所以拒绝 H_0,即认为包装类型的不同对销售量的影响显著.

图 6.2.1 中的盒子图反映了四组数据的基本数值特征,如各组样本数据的中位数、最大与最小值等. 注意盒子的上下线分别表示样本的 25% 和 75% 的分位数,若中位数不在盒子的中间,则表明样本数据有一定的偏度.

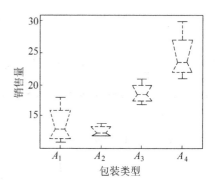

图 6.2.1 盒子图

6.2.3 统计分析

针对例 6.1.1,还可以进一步地探讨哪一种包装类型较好,这需要进行多重比较. 在因素 A 对试验指标有显著影响的情况下,因素 A 的第 i 个水平效应 $\alpha_i(=\mu_i-\bar{\mu})$ 反映了因素 A 的第 i 个水平对试验指标的影响,各水平效应不完全相同,可以从中选出效应值最大(或最小)的水平(称为最优水平)作为实施方案,究竟选择效应最大的还是最小的,根据实际问题很容易判定.

下面就通过统计分析求出 $\alpha_i(i=1,2,\cdots,r)$ 的点估计和各参数 μ_i 的置信区间. 由于 $\bar{Y}_{i\cdot}=\dfrac{1}{n_i}\sum_{j=1}^{n_i}Y_{ij}$ 是 μ_i 的无偏估计,即 $E\bar{Y}_{i\cdot}=\mu_i$,又

$$E\bar{Y}=E\left(\frac{1}{n}\sum_{i=1}^{r}n_i\bar{Y}_{i\cdot}\right)=\frac{1}{n}\sum_{i=1}^{r}n_i\mu_i=\bar{\mu}$$

$$\hat{\alpha}_i=\bar{Y}_{i\cdot}-\bar{Y},\quad i=1,2,\cdots,r$$

所以 $E\hat{\alpha}_i=\alpha_i$,即 $\hat{\alpha}_i=\bar{Y}_{i\cdot}-\bar{Y}$ 是 $\alpha_i=\mu_i-\bar{\mu}$ 的无偏估计量. 构造统计量

$$T=\frac{\bar{Y}_{i\cdot}-\mu_i}{\sigma/\sqrt{n_i}}\sqrt{\frac{(n-r)\sigma^2}{S_E^2}}\sim t(n-r)$$

可推导出正态总体均值 μ_i 的置信度为 $1-\alpha$ 的置信区间为

$$\left(\bar{Y}_{i\cdot}\pm t_{1-\frac{\alpha}{2}}(n-r)\sqrt{\frac{S_E^2}{n_i(n-r)}}\right),\quad i=1,2,\cdots,r \qquad (6.2.7)$$

对例 6.1.1,由公式 $\hat{\alpha}_i=\bar{Y}_{i\cdot}-\bar{Y},i=1,2,\cdots,r$,可以计算出因素 A 各个水平下的效应值:

$$\hat{\alpha}_1=\bar{y}_1-\bar{y}=13.75-17.44=-3.69$$
$$\hat{\alpha}_2=\bar{y}_2-\bar{y}=12.75-17.44=-4.69$$
$$\hat{\alpha}_3=\bar{y}_3-\bar{y}=18.75-17.44=1.31$$
$$\hat{\alpha}_4=\bar{y}_4-\bar{y}=24.5-17.44=7.06$$

该问题需要试验指标(销售量)达到最大.计算表明,效应值$\hat{a}_4$最大,说明包装类型A_4的销售量最多.因此,A_4为最优水平.在该最优水平下,对总体均值μ_4进行预测.取$\alpha=0.05$,计算得到$\bar{y}_4=24.5, S_E^2=85.25, n-r=12, n_i=4, t_{0.975}(12)=2.1788$,代入公式(6.2.7)中,得$\mu_4$的置信区间(21.6,27.404).

例 6.2.1 设有五种治疗某疾病的药,欲比较它们的疗效,抽取了 30 个病人,将他们分成 5 组,每组 6 人,同组病人使用同一种药,记录病人从开始服药到痊愈所需的时间(单位:d),具体数据如表 6.2.4($\alpha=0.05$).类似于图 6.2.1,图 6.2.2 中的盒子图反映了本例五组数据的基本数值特征.

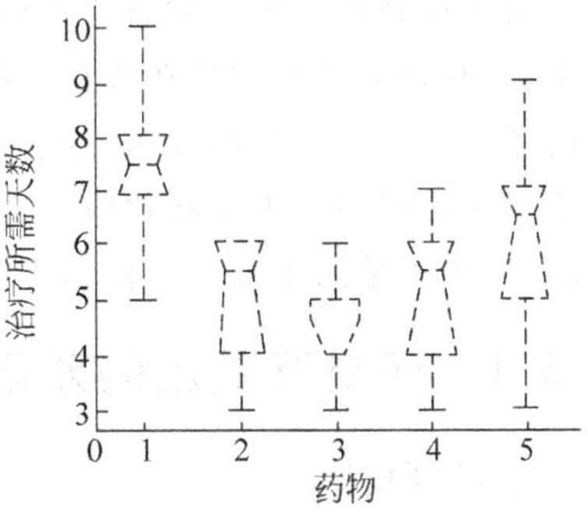

药物因素 A 有 5 个水平(五种疗效),因而是一个单因素方差分析问题.要检验的假设为五种药物疗效无差异,等价于检验假设 H_0:$\mu_1=\mu_2=\cdots=\mu_5$,假定五组数据分别来自同方差的五个正态总体 $N(\mu_i,\sigma^2), i=1,2,\cdots,5$.

计算结果列入表 6.2.5 和表 6.2.6.对给定的 $\alpha=0.05$,查表得 $F_{0.95}(4,25)=2.76$,因为 $F=3.9>2.76$,并且 p 值 $0.0136<0.05$,所以拒绝 H_0,即认为 5 种药物的疗效有显著差异.

图 6.2.2 盒子图

表 6.2.4 药物疗效表 d

药物 A	治疗所需天数
1	5,8,7,7,10,8
2	4,6,6,3,5,6
3	6,4,4,5,4,3
4	7,4,6,6,3,5
5	9,3,5,7,7,6

表 6.2.5 基本数据表

水平	n_i	均值	标准差
1	6	7.5000	1.6432
2	6	5.0000	1.2649
3	6	4.3333	1.0328
4	6	5.1667	1.4720
5	6	6.1667	2.0412

表 6.2.6 方差分析表

方差来源	自由度	平方和	均方	F 值	概率
因素 A	4	36.4667	9.11667	3.9	0.0136
误差	25	58.5	2.34		
总和	29	94.9667			

直观分析:注意到各组样本均值中,最大值为 $\bar{y}_1.=7.5$,最小值为 $\bar{y}_3.=4.33$,因此,可以断定最大值与最小值之间的差异是显著的,并且第三种药物的疗效显著地优于第一种药物的疗效,因为它花费的时间最少.第三种药物的疗效与第二、四、五种药物的疗效相比是否有显著差异,还需要作进一步的统计分析.

注意：在单因素试验中，各水平下的试验次数 n_i 可以不相等.

*6.3 双因素方差分析

在许多实际问题中，可能同时需考虑几个因素对试验指标的影响. 在例 6.1.1 中，对食品销售量的影响因素，不仅有包装类型，可能还有销售价格、促销手段等因素. 双(多)因素方差分析就是研究两种(或多种)因素对试验指标影响程度的一种应用统计方法.

由于存在两个因素对试验指标的影响，各个因素的不同水平的搭配可能对试验指标产生新的影响，这种现象在统计上称为交互效应(interaction effect). 如"男性的肥胖比女性的肥胖更容易引起高血压"这种说法，描述的是超重状态下的血压与性别有关，体重、性别对血压可能产生交互效应. 各因素间是否存在交互效应是多因素方差分析产生的新问题，反映了单因素方差分析与多因素方差分析的本质区别，下面分两种情况讨论.

6.3.1 无交互效应的双因素方差分析

1. 统计模型

设有两个因素 A,B 影响试验指标，因素 A 有 r 个水平，因素 B 有 s 个水平，因素 A, B 的不同水平的每种组合都只做一次试验，这种情况下，两因素间无交互效应. 其数据结构见表 6.3.1.

表 6.3.1 无交互效应的双因素方差分析数据结构表

因素 A	因素 B				平均值
	B_1	B_2	$\cdots$	B_s	
A_1	y_{11}	y_{12}	$\cdots$	y_{1s}	$\bar{y}_{1\cdot}$
A_2	y_{21}	y_{22}	$\cdots$	y_{2s}	$\bar{y}_{2\cdot}$
$\vdots$	$\vdots$	$\vdots$		$\vdots$	$\vdots$
A_r	y_{r1}	y_{r2}	$\cdots$	y_{rs}	$\bar{y}_{r\cdot}$
	$\bar{y}_{\cdot 1}$	$\bar{y}_{\cdot 2}$	$\cdots$	$\bar{y}_{\cdot s}$	

假设 $Y_{ij}(i=1,2,\cdots,r;j=1,2,\cdots,s)$ 之间相互独立，且 $Y_{ij} \sim N(\mu_{ij},\sigma^2)$，则 $\eta_{ij} = \mu_{ij} + e_{ij}(i=1,2,\cdots,r;j=1,2,\cdots,s)$，其中各 e_{ij} 之间均独立同分布，且有 $e_{ij} \sim N(0,\sigma^2)$，记

$$\bar{\mu} = \frac{1}{rs}\sum_{i=1}^{r}\sum_{j=1}^{s}\mu_{ij}, \quad \bar{\mu}_{i\cdot} = \frac{1}{s}\sum_{j=1}^{s}\mu_{ij}, \quad \alpha_i = \bar{\mu}_{i\cdot} - \bar{\mu}$$

$$\bar{\mu}_{\cdot j} = \frac{1}{r}\sum_{i=1}^{r}\mu_{ij}, \quad \beta_j = \bar{\mu}_{\cdot j} - \bar{\mu}$$

称 $\bar{\mu}$ 为总平均，α_i 为因素 A 在水平 i 下对试验指标的效应，β_j 为因素 B 在水平 j 下对试验指标的效应，显然有 $\sum_{i=1}^{r}\alpha_i = 0, \sum_{j=1}^{s}\beta_j = 0$，得到统计线性模型如下：

$$\begin{cases} \eta_{ij} = \bar{\mu} + \alpha_i + \beta_j + e_{ij} \\ e_{ij} \sim N(0,\sigma^2), \quad 且各 e_{ij} 相互独立 \\ \sum_{i=1}^{r}\alpha_i = 0, \quad \sum_{j=1}^{s}\beta_j = 0 \end{cases} \quad (6.3.1)$$

2. 方差分析

方差分析的主要任务是系统分析因素 A 和因素 B 对试验指标的影响大小。在给定水平 α 下，可提出如下统计假设：

对因素 A，原假设为因素 A 对试验指标影响不显著，等价于

$$H_{01}: \alpha_1 = \alpha_2 = \cdots = \alpha_r = 0$$

对因素 B，原假设为因素 B 对试验指标影响不显著，等价于

$$H_{02}: \beta_1 = \beta_2 = \cdots = \beta_s = 0$$

检验假设 H_{01} 或 H_{02} 的方法类似于单因素方差分析，利用平方和分解公式中的各种离差平方和，构造 F 统计量。记

$$S_T^2 = \sum_{i=1}^{r}\sum_{j=1}^{s}(Y_{ij}-\bar{Y})^2, \quad \bar{Y} = \frac{1}{rs}\sum_{i=1}^{r}\sum_{j=1}^{s}Y_{ij}, \quad \bar{Y}_{i\cdot} = \frac{1}{s}\sum_{j=1}^{s}Y_{ij}, \quad \bar{Y}_{\cdot j} = \frac{1}{r}\sum_{i=1}^{r}Y_{ij}$$

$$S_A^2 = s\sum_{i=1}^{r}(\bar{Y}_{i\cdot}-\bar{Y})^2, \quad S_B^2 = r\sum_{j=1}^{s}(\bar{Y}_{\cdot j}-\bar{Y})^2$$

$$S_E^2 = \sum_{i=1}^{r}\sum_{j=1}^{s}(Y_{ij}-\bar{Y}_{i\cdot}-\bar{Y}_{\cdot j}+\bar{Y})^2$$

同样，可以得到下面的分解公式：

$$S_T^2 = S_A^2 + S_B^2 + S_E^2 （平方和分解公式） \quad (6.3.2)$$

称 S_T^2 为总偏差平方和；S_E^2 为误差平方和；S_A^2, S_B^2 分别为因素 A,B 的效应平方和；样本总数 $n=rs$，并且

$$\frac{S_T^2}{\sigma^2} \sim \chi^2(n-1); \frac{S_A^2}{\sigma^2} \sim \chi^2(r-1), \frac{S_B^2}{\sigma^2} \sim \chi^2(s-1)$$

$$\frac{S_E^2}{\sigma^2} \sim \chi^2((n-1)-(r-1)-(s-1)), 即 \frac{S_E^2}{\sigma^2} \sim \chi^2((r-1)(s-1))$$

其中 σ^2 为总体的方差。

有关统计量和分析结果已列入表 6.3.2，检验是否接受假设 H_{01},H_{02} 有两种方法：一是根据 F 值进行推断，当 $F_A > F_{1-\alpha}(r-1,(r-1)(s-1))$ 或 $F_B > F_{1-\alpha}(s-1,(r-1)(s-1))$ 时，

拒绝 H_{01} 或 H_{02}；二是根据 p 值进行推断，当 $p_A<\alpha$ 或 $p_B<\alpha$ 时，拒绝 H_{01} 或 H_{02}. 一般而言，双(多)因素方差分析的计算量比较大，应尽量使用计算机进行计算，下一节的案例分析中将介绍 Excel 的应用.

表 6.3.2　无交互效应的双因素方差分析表

方差来源	平方和	自由度	均方	F 值	显著水平
因素 A	S_A^2	$r-1$	$\overline{S}_A^2$	$F_A=\overline{S}_A^2/\overline{S}_E^2$	$p_A=P(F_A>F_{1-p_A})$
因素 B	S_B^2	$s-1$	$\overline{S}_B^2$	$F_B=\overline{S}_B^2/\overline{S}_E^2$	$p_B=P(F_B>F_{1-p_B})$
误差	S_E^2	$(r-1)(s-1)$	$\overline{S}_E^2$		
总和	S_T^2	$rs-1$			

例 6.3.1　为了提高某种产品的合格率，考察原料用量和来源地对产品的合格率(试验指标)是否有影响. 假设原料来源于三个地方：甲、乙、丙. 原料的使用量有三种方案：现用量、增加 5%、增加 8%. 每个水平组合各做一次试验，得到表 6.3.3 的数据，试分析原料用量及来源地对产品合格率的影响是否显著.

表 6.3.3　产品合格率数据表

	原料来源(A)	原料用量(B)		
		B_1(现用量)	B_2(增加 5%)	B_3(增加 8%)
产品合格率	甲地 A_1	59	70	66
	乙地 A_2	63	74	70
	丙地 A_3	61	66	71

解　设有两个因素 A,B，它们分别对应于产品的来源地和原料使用量. 显然因素 A 有三个水平 A_1,A_2,A_3，因素 B 也有三个水平 B_1,B_2,B_3，因为各组 (A_i,B_j) 中只采样一个数据，在这种情况下没有交互效应. 原问题转化为如下的假设检验问题：

$$H_{01}: \alpha_1 = \alpha_2 = \alpha_3 = 0 (水平 A_i 下的效应 \alpha_i)$$
$$H_{02}: \beta_1 = \beta_2 = \beta_3 = 0 (水平 B_j 下的效应 \beta_j)$$

利用表 6.3.2 中的计算公式，算得方差分析结果列入表 6.3.4.

表 6.3.4　双因素方差分析表

方差来源	平方和	自由度	均方	F 值	显著水平
因素 A	26	2	13	1.86	0.02
因素 B	146	2	73	10.43	
误差	28	4	7		
总和	200	8			

给定显著水平 $\alpha=0.05$，查表得到 F 临界值 $F_{0.95}(2,4)=6.94$. 因为

$$F_A = 1.86 < F_{0.95}(2,4) = 6.94, \quad F_B = 10.43 > F_{0.95}(2,4) = 6.94$$

所以,接受 H_{01},拒绝 H_{02}. 即根据现有数据资料,有 95% 的把握推断原料来源地对产品的合格率影响不大,而原料使用量对合格率有显著影响. 进一步地对因素 B 进行统计分析,可以根据效应的估计公式 $\hat{\beta}_j = \bar{y}_{\cdot j} - \bar{y} (j=1,2,3)$,计算因素 B 各水平下的效应值

$$\hat{\beta}_1 = 61 - 66.67 = -5.67, \quad \hat{\beta}_2 = 70 - 66.67 = 3.33, \quad \hat{\beta}_3 = 69 - 66.67 = 2.33$$

显然 $\hat{\beta}_2$ 最大,说明 B_2 为最优水平. 如果乙地最方便且运输距离短,那么最优条件为 $A_2 B_2$,即采用乙地原料并在原基础上增加原料 5% 这一方案最优.

6.3.2 有交互效应的双因素方差分析

更一般的情况是: A,B 两因素有交互效应,即两因素对指标的效应不是简单的叠加. 在这种情况下,数据结构如表 6.3.5 所示.

表 6.3.5 有交互效应的双因素方差分析数据结构表

因素 A	因素 B									
	B_1			B_2			$\cdots$	B_s		
A_1	y_{111}	y_{112}	$\cdots$ y_{11n}	y_{121}	y_{122}	$\cdots$ y_{12n}		y_{1s1}	y_{1s2}	$\cdots$ y_{1sn}
A_2	y_{211}	y_{212}	$\cdots$ y_{21n}	y_{221}	y_{222}	$\cdots$ y_{22n}	$\cdots$	y_{2s1}	y_{2s2}	$\cdots$ y_{2sn}
$\vdots$	$\vdots$	$\vdots$	$\vdots$	$\vdots$	$\vdots$	$\vdots$		$\vdots$	$\vdots$	$\vdots$
A_r	y_{r11}	y_{r12}	$\cdots$ y_{r1n}	y_{r21}	y_{r22}	$\cdots$ y_{r2n}		y_{rs1}	y_{rs2}	$\cdots$ y_{rsn}

表中的数据代表三层含义,y_{ijk} 表示因素 A,B 在第 i,j 个水平状态下第 k 个样本观测值. 在数据组 (A_i, B_j) 中,假设获取的样本容量 n 都相同.

假定:(1) $Y_{ijk} \sim N(\mu_{ij}, \sigma^2), k=1,2,\cdots,n$,并且组内样本相互独立;
(2) 组与组之间的样本也相互独立.

容易建立如下的统计线性模型:

$$\begin{cases} \eta_{ijk} = \bar{\mu} + \alpha_i + \beta_j + \gamma_k + e_{ijk} \\ e_{ijk} \sim N(0, \sigma^2), \quad \text{且各 } e_{ijk} \text{ 相互独立} \\ \sum_{i=1}^{r} \alpha_i = 0, \quad \sum_{j=1}^{s} \beta_j = 0, \quad \sum_{i=1}^{r}\sum_{j=1}^{s} \gamma_{ij} = 0 \end{cases} \quad (6.3.3)$$

其中 α_i, β_j 分别表示因素 A,B 对试验指标的效应,$\gamma_{ij} = (\mu_{ij} - \bar{\mu}) - \alpha_i - \beta_j$ 称为 A_i 与 B_j 对试验指标的交互效应(interaction effect),式中 $(\mu_{ij} - \bar{\mu})$ 反映水平组合 (A_i, B_j) 对试验指标的总效应. 需要检验如下统计假设:

对因素 A,原假设为因素 A 对试验指标影响不显著,等价于

$$H_{01}: \alpha_1 = \alpha_2 = \cdots = \alpha_r = 0$$

对因素 B,原假设为因素 B 对试验指标影响不显著,等价于
$$H_{02}: \beta_1 = \beta_2 = \cdots = \beta_s = 0$$
对交互效应 $A \times B$:原假设为 $A \times B$ 对试验指标影响不显著,等价于
$$H_{03}: \gamma_{ij} = 0; i = 1, 2, \cdots, r; j = 1, 2, \cdots, s$$

与无交互效应的方差分析相比,模型(6.3.3)与(6.3.1)不同的是增加了交互效应项 γ_{ij},相应的统计分析和分析结果的解释都复杂化了. 这里不再赘述相应的计算公式,仅把结果列入方差分析表 6.3.6.

表 6.3.6 有交互效应的双因素方差分析表

方差来源	平方和	自由度	均方	F 值	显著水平
因素 A	S_A^2	$r-1$	$\overline{S}_A^2$	$F_A = \overline{S}_A^2 / \overline{S}_E^2$	$p_A = P(F_A > F_{1-p_A})$
因素 B	S_B^2	$s-1$	$\overline{S}_B^2$	$F_B = \overline{S}_B^2 / \overline{S}_E^2$	$p_B = P(F_B > F_{1-p_B})$
交互效应 $A \times B$	$S_{A \times B}^2$	$(r-1)(s-1)$	$\overline{S}_{A \times B}^2$	$F_{A \times B} = \overline{S}_{A \times B}^2 / \overline{S}_E^2$	$p_{A \times B} = P(F_{A \times B} > F_{1-p_{A \times B}})$
误差	S_E^2	$rs(n-1)$	$\overline{S}_E^2$		
总和	S_T^2	$rs-1$			

根据表 6.3.6 判断:(1)当某 F 值大于给定 α 时的查表值(F 表),则拒绝相应的 $H_{0i}, i = 1, 2, 3$;(2)当表中某个 p 值小于给定的 α 时,则拒绝相应的 $H_{0i}, i = 1, 2, 3$.

例 6.3.2 为调查正常人在一天内不同时间和不同的工作强度下体能消耗的情况,对 32 个正常人作了某种体能测试. 将一天分为四种不同时间段,又将人的工作速度分为四种(按正常工作速度的 60%,80%,100%,120%),试验指标是正常人在不同时间段和不同工作速度下的能量消耗值,如表 6.3.7 所示.

表 6.3.7 受试者在四种不同时间以四种不同速度工作的能量消耗

人的工作效率 A	受试时间 B							
	一		二		三		四	
60%	2.70	3.30	1.71	2.14	1.90	2.00	2.72	1.85
80%	1.38	1.35	1.74	1.56	3.14	2.29	3.51	3.15
100%	2.35	1.95	1.67	1.50	1.63	1.05	1.39	1.72
120%	2.26	2.13	3.41	2.56	3.17	3.18	2.22	2.19

解 设有两个因素 A, B,分别表示人的工作速度和时间. 这是一个双因素问题,两个因素都分别有 4 个水平,在每一个水平状态(A_i, B_j)组合下,抽取了两个样本,在此情况下,应该考虑两个因素的交互效应 $A \times B$. 根据表 6.3.7,计算得到双因素方差分析表 6.3.8.

表 6.3.8 能量消耗实验方差分析表

方差来源	平方和	自由度	均方	F 值	显著性
因素 A	3.9948	3	1.3316	11.90	**
因素 B	0.4541	3	0.1514	1.35	
交互效应 $A \times B$	8.4123	9	0.9347	8.35	**
误差	1.7902	16	0.1119		
总和	14.6514	31			

经检验知,因素 A 对试验指标影响显著,因素 B 对试验指标的影响不显著,而两因素的交互效应 $A \times B$ 对试验指标影响显著(表 6.3.8 中的"**"表示在显著水平 0.01 下显著.此外"*"表示在显著水平 0.05 下显著,"(*)"表示在显著水平 0.1 下显著,查阅参考书籍时注意区分).

6.4 应用案例

例 6.4.1 某养鸡场为检验四种不同的饲料对肉鸡的增重是否有显著影响,每种饲料选择 6 只小鸡作试验,20 天后测得增重的数据如表 6.4.1.

表 6.4.1 养鸡场数据表

样本	饲料品种			
	甲	乙	丙	丁
1	37	49	33	41
2	42	38	34	48
3	45	40	40	40
4	49	39	38	42
5	50	50	47	38
6	45	41	36	41

利用方差分析法,在 $\alpha=0.05$ 水平下检验哪一种饲料对小鸡的增重有显著影响?

解 显然,这是一个单因素的方差分析问题,欲检验如下问题:

$$H_0: \mu_1 = \mu_2 = \mu_3 = \mu_4; \quad H_1: 4 \text{ 种饲料不全相同}$$

用 Excel 软件求解步骤如下:
(1) 选取"工具"菜单中的"数据分析";
(2) 选定"单因子方差分析"选项,将弹出一对话框;
(3) 在"输入范围"中输入 A1:D7;
(4) 在"分组方式"中,选定"列",数据采用列方式排列;
(5) 在"输出范围"中输入 A9;

(6) 选择"确定",其计算结果如表 6.4.2 所示.

表 6.4.2 单因素方差分析

组	计 数	求 和	平 均	方 差
列 1	6	268	44.6667	22.6667
列 2	6	257	42.8333	27.7667
列 3	6	228	38	26
列 4	6	250	41.6667	11.4667

表 6.4.2 简单地计算了列和、平均值和方差值. 由表 6.4.3 可知,由于 $F=2.1609<F_{0.95}(3,16)=3.0984$,接受 H_0,说明四种饲料没有明显差异.

表 6.4.3 方差分析表

差异源	平方和	自由度	均方	F 值	显著水平	临界值
组间	142.4583	3	47.4861	2.1609	0.1245	3.0984
组内	439.5	20	21.975			
总计	581.9583	23				

例 6.4.2 用三种不同的方法加工制作鱼,12 位鉴赏家对美食鱼给予评价打分,10 分为满分.假设每个方法准备 12 块鱼由鉴赏家们品尝打分,主要从四个方面评价:色、味、质地、水分.具体数据见表 6.4.4.

表 6.4.4 对美食鱼的鉴赏数据

鉴赏指标	制作方法		
	1	2	3
色	5.4,5.2,6.1,4.8,5,5.7,6,4,5.7,5.6,5.8,5.3	5,4.8,3.9,4,4.5,5.6,6,5.2,5.3,5.9,6.1,6.2,5.1	4.8,5.4,4.9,5.7,4.2,6,5.1,4.8,5.3,4.6,4.5,4.4
味	6,6.2,5.9,5,5.7,6.1,6,5,5.4,5.2,6.1,5.9	5.3,4.9,4,5.1,5.4,5.5,4.8,5,1.6,1,6,5.7,4.9	5,5,5.1,5.2,4.6,5.3,5.2,4.6,5.4,4.4,4,4.2
质地	6.3,6,6,5.9,5,6,5.8,4,4.9,5.4,5.2,5.8	5,3,4.2,4,4,4.8,5.1,5.7,5.4,5.8,5.7,6.1,5.9,9.5.3	6.5,6,5.9,6.4,5.3,5.8,6.2,5,5.7,6.8,5.7,5.5,5.6
水分	6.7,5.8,7,5.6,6.6,6.5,5.8,6.4,6	6.5,5.6,5.5,8,6.2,6,6.4,6,6.2,6,4.8	7,6.4,6.5,6.4,6.3,6.4,6.5,5.7,6.6,5.6,5.9,5.5

利用方差分析法,试检验三种制作方法对美食鱼的色、味、质地、水分上是否有显著差异?

解 这是一个可重复的双因子方差分析问题,利用 Excel 软件求解步骤如下:
(1) 选取"工具"菜单中的"数据分析";
(2) 选定"方差分析:可重复双因素分析"选项,将弹出一对话框;

(3) 在"输入范围"中输入 A1：D49；
(4) 在"每一样本的行数"中，输入 12，表示重复抽样数；
(5) 在"输出范围"中输入 F2，选择"确定"，其计算结果如表 6.4.5～表 6.4.10。

表 6.4.5 因素 A 的方差分析

色(A)	方法 1	方法 2	方法 3	总计
计数	12	12	12	36
求和	64.6	63.1	59.7	187.4
平均	5.3833	5.2583	4.975	5.2056
方差	0.3415	0.5827	0.2948	0.4131

表 6.4.6 因素 B 的方差分析

味(B)	方法 1	方法 2	方法 3	总计
计数	12	12	12	36
求和	68.5	62.8	58	189.3
平均	5.7083	5.2333	4.8333	5.2583
方差	0.1954	0.3297	0.2115	0.3631

表 6.4.7 因素 C 的方差分析

质地(C)	方法 1	方法 2	方法 3	总计
计数	12	12	12	36
求和	66.3	63.7	70.9	200.9
平均	5.525	5.3083	5.9083	5.5806
方差	0.4257	0.3536	0.2608	0.3902

表 6.4.8 因素 D 的方差分析

水分(D)	方法 1	方法 2	方法 3	总计
计数	12	12	12	36
求和	71.8	70.5	74.8	217.1
平均	5.9833	5.875	6.2333	6.0306
方差	0.4852	0.2675	0.2079	0.3250

表 6.4.9 各种方法的统计分析

总计	方法 1	方法 2	方法 3
计数	48	48	48
求和	271.2	260.1	263.4
平均	5.65	5.4188	5.4875
方差	0.3902	0.4305	0.5918

表 6.4.10 双因素方差分析表

方差来源	平方和	自由度	均方	F 值	显著水平	临界值
样本 A	15.5402	3	5.1801	15.7125	8.53E-09	2.6732
列 B	1.3538	2	0.6769	2.0531	0.1324	3.0648
交互 $A\times B$	7.3279	6	1.2213	3.7046	0.0020	2.1680
内部	43.5175	132	0.3297			
总计	67.7394	143				

由表 6.4.10 可知,$F_A=15.7125>F_{0.95}(3,132)=2.6732$,认为鉴别指标(色、味、质地和水分)有明显差异. 又 $F_B=2.0531<F_{0.95}(2,132)=3.0648$,可以认为在方法上没有明显差异,$F_{A\times B}=3.7046>F_{0.95}(6,132)=2.1680$,说明有交互效应. 比较表 6.4.5~表 6.4.8,可知,专家对水分(D)的打分最高,平均分数达到了 6.0306.

习 题 6

1. 某钢厂对 1 月份某五天生产的钢锭重量进行抽样,结果如下(单位:kg).

日 期	质 量			
1	5500	5800	5740	5710
2	5440	5680	5240	5600
3	5400	5410	5430	5400
4	5640	5700	5660	5700
5	5610	5700	5610	5400

试检验不同日期生产的钢锭的平均重量有无显著差异?($\alpha=0.05$)

2. 粮食加工厂用四种不同的方法储藏粮食,储藏一段时间后分别抽样化验,得到粮食含水率(%)如下.

方法Ⅰ	方法Ⅱ	方法Ⅲ	方法Ⅳ
7.3	5.8	8.1	7.9
8.3	7.4	6.4	9.0
7.6	7.1	7.0	
8.4			
8.3			

试检验这四种不同的储藏方法对粮食的含水率有无显著影响?($\alpha=0.05$)

3. 试验某种钢的冲击值(kg·m/cm²),影响该指标的因素有两个,一是含铜量 A,另一个是温度 B,不同状态下的实测数据如下.

含铜量	试验温度			
	20℃	0℃	−20℃	−40℃
0.2%	10.6	7.0	4.2	4.2
0.4%	11.6	11.0	6.8	6.3
0.8%	14.5	13.3	11.5	8.7

试检验含铜量和试验温度是否会对钢的冲击值产生显著差异?($\alpha=0.05$)

4. 在橡胶生产过程中,选择四种不同的配料方案及五种不同的硫化时间,测得产品的抗断强度如下(单位:kg/cm²).

配料方案	B_1	B_2	B_3	B_4	B_5
A_1	151	157	144	134	136
A_2	144	162	128	138	132
A_3	134	133	130	122	125
A_4	131	126	124	126	121

检验配料方案及硫化时间对产品的抗断强度是否有显著影响?($\alpha=0.05$)

5. 下面记录了三位操作工分别在四台不同的机器上操作三天的日产量:

机器	操作工		
	B_1	B_2	B_3
M_1	15,15,17	19,19,16	16,18,21
M_2	17,17,17	15,15,15	19,22,22
M_3	15,17,16	18,17,16	18,18,18
M_4	18,20,22	15,16,17	17,17,17

(1) 操作工之间的差异是否显著?
(2) 机器之间的差异是否显著?
(3) 它们的交互效应是否显著?

6. 在某化工产品的生产过程中,对三种浓度 A 和四种温度 B 的每一种搭配重复试验两次,测得产量如下(单位:kg).

B	A		
	A_1	A_2	A_3
B_1	21,23	23,25	26,23
B_2	22,23	26,24	29,27
B_3	25,23	28,27	24,25
B_4	27,25	26,24	24,23

试检验不同的浓度,不同的温度和它们的交互效应对产量是否有显著性影响？($\alpha=0.05$)

7. 双因素方差分析中定义的残差变量是什么？

8. 请你解释双因素方差分析中交互效应的含义,并举一个交互效应的例子.

9. 举出一个具有三个因素的方差分析的实际例子.

10. 试证明如下三个等式成立：

(1) $\sum_{i=1}^{l} \sum_{j=1}^{m} (\bar{x}_{i\cdot} - \bar{x})(\bar{x}_{\cdot j} - \bar{x}) = 0$

(2) $\sum_{i=1}^{l} \sum_{j=1}^{m} (\bar{x}_{i\cdot} - \bar{x})(x_{ij} - \bar{x}_{i\cdot} - \bar{x}_{\cdot j} + \bar{x}) = 0$

(3) $\sum_{i=1}^{l} \sum_{j=1}^{m} (\bar{x}_{\cdot j} - \bar{x})(x_{ij} - \bar{x}_{i\cdot} - \bar{x}_{\cdot j} + \bar{x}) = 0$

第 7 章

试 验 设 计

在生产实践中,试制新产品、改革工艺、寻求好的生产条件等,常常需要做试验.影响试验的因素很多,需要考察各种因素对试验的影响.如果对每个因素的每个水平都相互搭配进行全面试验,那么需要做的试验次数就会非常多.比如,对 5 个 3 水平的因素进行全面试验,需做 $3^5 = 243$ 次试验;对 10 个 3 水平的因素需做 59 049 次试验,从人力、物力、财力及时间来讲都不现实.因此,希望只做其中的部分试验,又能相当好地反映全面搭配可能出现的各种情况,就必须事先对试验进行合理安排,也就是要进行试验设计(experiment design).

试验设计始于 20 世纪 20 年代,最初用于农业生产试验,以后逐渐推广应用于工业生产和科学技术研究.试验设计是以数理统计为基础,科学地安排多因素试验的一类实用性很强的统计方法.它的主要任务是研究如何合理地安排试验以使试验次数尽可能地少,并根据这些试验结果进行统计推断以得到良好的试验方案.正交(试验)设计(orthogonal design)是最常用的一类试验设计方法,它既能大大降低试验次数,又能达到较好的统计效果,通过预设的正交表巧妙地安排试验,利用试验结果进行统计分析,从而找出较优(或最优)的试验方案.

7.1 正交设计的基本概念

7.1.1 指标、因素与水平

在试验设计中,根据试验目的选定的、用来考察或衡量试验效果的特性称为试验指标(简称指标).指标可分为定量指标(也称为数量指标)和定性指标(也称为非数量指标).前者指试验中能够直接得到具体数值的指标,如硬度、强度、温度、尺寸、寿命、成本、次品率、产量等;后者则指不能用数量表示的指标,如颜色、外观、光泽、味道、手感等.为了数据分析方便,对定性指标总是用一个(或多个)适当的数与它建立对应关系,将定性指标转化为数量指标.因此,以后所讲指标均指数量指标.仅考虑一个指标的试验问题称为单指标试验问题,考虑两个或更多个指标称为多指标试验问题.目前的试验设计方法主要是对单指标试验问题,对多指标试验问题,可以将多个指标一一考虑,然后在各个指标间寻求平衡、折中,或者用综合指标把多指标问题转化为单指标问题.

对试验指标可能产生影响的原因或要素称为因素(也称为因子),一般用 $A,B,C,\cdots$ 表示.因素可分为两大类,一类是人们可以控制和调节的,称为可控制因素,如加热温度、冷却速度、切削速度、进给量等;另一类是人们暂时不能控制和调节的,称为不可控制因素,如机床的轻微振动、刀具的轻微磨损等.正交设计选取的因素通常是可控因素.

在试验设计中,选定的因素所处的状态或条件不同,可能引起试验指标的变化,称因素的各种状态或条件为水平,一般用 $1,2,3,\cdots$ 表示.在一次试验中,每个因素总取一个特定的水平,称各因素水平的一种组合为一个试验方案或试验条件.

7.1.2 正交表

正交表是正交设计中安排试验,并对试验结果进行统计分析的重要工具.下面以表 7.1.1 所示的正交表 $L_8(2^7)$ 为例,介绍正交表的记号和特点.

表 7.1.1 正交表 $L_8(2^7)$

试验号	列 号						
	1	2	3	4	5	6	7
1	1	1	1	1	1	1	1
2	1	1	1	2	2	2	2
3	1	2	2	1	1	2	2
4	1	2	2	2	2	1	1
5	2	1	2	1	2	1	2
6	2	1	2	2	1	2	1
7	2	2	1	1	2	2	1
8	2	2	1	2	1	1	2

记号 $L_8(2^7)$ 表达的含义如下:

(1) 字母"L"表示正交表;

(2) 数字"8"表示这张表共有 8 行,每一行都对应一个试验方案,因此,这张表共安排了 8 次试验;

(3) 数字"7"表示这张表共有 7 列,说明这张表最多可安排 7 个因素;

(4) 数字"2"表示在表的主体部分只出现 1,2 两个数字,它们分别代表因素的 2 个水平,说明各个因素都是 2 水平的.

正交表的一般记号为 $L_n(r_1 \times r_2 \times \cdots \times r_k)$,$n$ 表示正交表的行数,每行代表一个试验

方案,因此 n 也代表试验次数;k 表示正交表的列数,说明试验至多可以安排的因素个数;$r_i(i=1,2,\cdots,k)$ 表示第 i 列安放的因素的水平数. 如果 $r_1=r_2=\cdots=r_k=r$,则正交表简记为 $L_n(r^k)$.

从表 7.1.1 可以看到正交表的两个重要特点.

(1) 整齐可比性:即每一列中,不同的数字出现的次数相等. 如 $L_8(2^7)$,每列不同数字是 1,2,各出现 4 次.

(2) 均衡搭配性:即任意两列中,把同一行的两个数字看成一对有序数对时,不同的有序数对出现的次数相等. 如 $L_8(2^7)$,任意两列中的不同有序数对共有 4 个:(1,1),(1,2),(2,1),(2,2),它们各出现 2 次.

正交表的这两个特点,使得表中安排的试验方案在全部试验方案中是均匀分散的,很有代表性,由这一小部分试验结果所得到的分析结论能反映由全面试验结果所做的分析结论,可以从中找出最优或较优的试验方案.

每张正交表都附有一张交互效应表,它用来说明在正交表中如何安放两因素之间的交互效应. 仍以 $L_8(2^7)$ 为例,假定要求考察 3 个因素 A,B,C,如果因素 A,B 分别放在 $L_8(2^7)$ 的第 1,2 列,那么在 $L_8(2^7)$ 的交互效应表(见表 7.1.2)中,因素 A,B 的列号 1 与 2 对应的数字是 3,因此,A,B 的交互效应(记为 $A\times B$)必须放在 $L_8(2^7)$ 的第 3 列. 这时,因素 C 以及其他的交互效应就只能放在 $L_8(2^7)$ 表的其余列上.

在实际问题中,3 个(或更多个)因素之间的交互效应常常可以忽略不计;任意两个因素之间的交互效应也不必都去考察,是否考虑交互效应没有统一的规定,一般可根据具体问题的相关专业知识进行取舍.

表 7.1.2 $L_8(2^7)$ 的交互效应表

			列　　号			
1	2	3	4	5	6	7
(1)	3	2	5	4	7	6
	(2)	1	6	7	4	5
		(3)	7	6	5	4
			(4)	1	2	3
				(5)	1	2
					(6)	1

7.1.3 正交试验方案

正交设计的任务之一是用正交表确定试验方案,下面通过例子加以说明.

例 7.1.1 某化工厂为了提高一种化工产品的转换率,计划通过试验寻求较好的生产工艺条件. 根据历史资料, 影响转换率的因素可能有三个: 反应温度、反应时间、用碱量, 依次记为 A, B, C. 由经验确定的各个因素水平见表 7.1.3. 问应如何安排正交试验?

表 7.1.3 因素水平表

水平	因素		
	A	B	C
1	80	90	5
2	85	120	6
3	90	150	7

首先, 选择一张合适的正交表. 根据因素的水平数选择具有该水平数的一类正交表, 再根据因素的个数具体选定一张表. 为节省试验成本, 一般应尽量选择较小的表, 即 L 左下角数字较小的表. 在本例中, 考虑的是三因素三水平, 若不考虑交互效应, 选用 $L_9(3^4)$ 即可.

其次, 把因素安放到正交表的各列上端, 称为表头设计. 在不考虑交互效应的场合, 可以把因素放在任意列上, 一个因素占一列. 对本例, 把因子 A, B, C 分别安放在前三列上, 没有安放因素的第 4 列称为空列. 表头设计如表 7.1.4 所示.

表 7.1.4 表头设计

因素	A	B	C	空列
列号	1	2	3	4

最后, 制定出试验方案. 将正交表中安放因素的列中的数字换成该因素的相应水平, 不放因素的列不予以考虑, 这时每一行都对应一个试验方案. 对本例, 试验方案如表 7.1.5 所示 (不包含最后一列).

表 7.1.5 试验方案表

试验方案 序号 i	因素 A 1	B 2	C 3	转换率 y_i/% 试验结果
1	1(80℃)	1(90min)	1(5%)	31
2	1	2(120min)	2(6%)	54
3	1	3(150min)	3(7%)	38
4	2(85℃)	1	2	53
5	2	2	3	49
6	2	3	1	42
7	3(90℃)	1	3	57
8	3	2	1	62
9	3	3	2	64

表 7.1.5 给出了计划要做的 9 个试验方案所采取的水平搭配. 例如, 第 5 号试验方案的三个数字依次为 2,2,3, 表示第 5 号试验方案的水平搭配为: 反应温度取 85℃、反应时间取 120min、用碱量取 7%.

由上述例子可见, 用正交表来安排试验能大大减少试验次数, 节省大量的人力、物力、财力和时间. 但使用正交表安排试验时要注意以下几点.

(1) 每个因素只能占用一个列号, 一个列号上只能放置一个因素. 因此, 正交表的列数不能少于因素的个数.

(2) 因素的水平个数要同因素所在列的水平数一致, 即有 r 个水平的因素应放在有 r 个水平的列号上, 列号水平数对应于因子水平数.

(3) 如果要考察两因素的交互效应, 则将交互效应当成因素, 依据交互效应表, 在正交表上选用列号反映这个交互效应.

7.2 无交互效应的正交设计与数据分析

一旦试验方案确定, 就必须按各号试验的条件严格进行试验, 记录试验结果, 对所得数据进行分析以获得最优决策. 对试验结果的分析, 通常有两种方法, 一种是直观分析法或称为极差分析法, 另一种是方差分析法. 前者是通过各因素水平变化引起试验指标变化的极差, 直接分析试验结果, 确定出最优的或满意的试验方案. 后者用方差分析方法来处理试验结果, 将因素水平变化与试验误差两者对指标的影响区分开, 对影响试验结果的各个因素的重要程度进行定量估计. 直观分析和方差分析各有特点, 互相补充, 在实际工作中多是两者皆用. 下面通过例 7.1.1 说明正交设计的基本步骤和数据分析方法.

第 1 步 试验设计

在安排试验时一般应完成以下几项工作.

(1) 明确试验目的: 在本例中试验目的是提高化工产品的转换率.

(2) 确定试验指标: 试验指标是用来衡量试验方案好坏的, 在本例中直接用化工产品的转换率作为试验指标, 该指标是效益型指标, 即指标值越大表明试验方案越好.

(3) 确定因素与水平: 在试验前首先要分析影响试验指标的因素是什么, 每个因素在试验中取哪些水平. 在本例中, 选取的因素与水平已在表 7.1.3 中说明.

(4) 选用合适的正交表, 进行表头设计, 制定试验方案. 在本例中, 这项工作前面已经说明.

第 2 步 进行试验, 记录试验结果

按正交表规定的方案做试验, 试验结果记录在正交表的最后一列上. 如例 7.1.1, 试验结果 $y_1, y_2, \cdots, y_9$ 标在表 7.1.5 的最后一列上.

注意：必须严格按照规定的方案完成每一个试验，即使根据有关的专业知识可以断定其中某个方案试验的效果肯定不好，仍须认真完成。每一个试验结果都将从不同的角度提供有用的信息。为了避免事先考虑不周而产生的系统误差，试验的次序最好随机化，也可用抽签的方式决定。此外，在试验中还应尽量避免因操作人员的不同、仪器设备的不同等引起的系统误差，尽可能地使试验中除所考察的因素外的其他因素固定，在不能避免上述影响的场合可以增加一个"区组因素"。譬如，试验由 3 个人进行，则可以把"人"看成一个因素，3 个人便是 3 个水平，将其放在正交表的空列上，那么该列的 1,2,3 对应的试验分别由第 1、第 2、第 3 个人去做，这样就避免了因人员变动而造成的系统误差。

第 3 步　数据分析

试验的任务是分析哪些因素对指标有明显影响，各个因素以什么样的水平组合可以使指标达到最优。为此，可以利用正交表的特点对试验数据进行统计分析。

1. 直观分析法

(1) 确定最好的试验方案

为方便起见，假定考虑了 p 个因素，每个因素有 r 种不同的水平，每种水平在试验方案中出现了 m 次，则总的试验次数 $n=rm$，试验结果记为 $y_1, y_2, \cdots, y_n$。为了分析每个因素的水平变化对试验结果的影响，对每一列按水平号将 n 个试验方案分为 r 组，令 $K_{lj}(l=1,2,\cdots,r; j=1,2,\cdots,p)$ 表示正交表的第 j 列（包括空列）中水平 l 对应的 m 个试验结果之和，$\bar{K}_{lj}=K_{lj}/m(l=1,2,\cdots,r; j=1,2,\cdots,p)$。如，对例 7.1.1，按每一列中水平号 1、2、3 将 9 个试验方案分为 3 组，K_{11} 表示第 1 列中水平 1 对应的 3 个试验结果之和，即 $K_{11}=y_1+y_2+y_3$，$\bar{K}_{11}=(y_1+y_2+y_3)/3$；$K_{23}$ 表示第 3 列中水平 2 的 3 个试验结果之和，即 $K_{23}=y_2+y_4+y_9$，$\bar{K}_{23}=(y_2+y_4+y_9)/3$。

从表 7.1.5 可见，在第 1 列水平 1 对应的三个试验方案 1,2,3 中，因素 A 都采用水平 1 参与试验，因素 B 的三个水平各参加一次试验，因素 C 的三个水平也各参加一次。第 1 列中水平 2 或水平 3 对应的试验方案情况类似。这说明针对因素 A 的这三个水平的试验方案，因为保证了因素 B,C 的条件一致，能够很好地反映因素 A 的水平差异。可以用 $\bar{K}_{11}=41, \bar{K}_{21}=48, \bar{K}_{31}=61$ 来度量因素 A 的三个水平对试验指标的影响，通过比较这三个平均值大小可以看出因素 A 的各个水平的优劣。由于 $\bar{K}_{31}>\bar{K}_{21}>\bar{K}_{11}$，所以，因素 A 的水平 3 最优。其余因素的讨论类似，计算结果均列在表 7.2.1 下方。

由表 7.2.1 可知，使试验指标达到最大的试验方案是 $A_3B_2C_2$，即反应温度为 90℃，反应时间为 120min，用碱量为 6%。

(2) 分析因素对试验指标影响的大小顺序

这可以通过因素水平变化引起的极差来衡量。极差大，表明这个因素对指标的影响

大,是重要的因素;极差小,表明这个因素对指标的影响小,通常是不重要的因素.每个因素的极差计算公式为

$$R_j = \max_{1\leqslant l\leqslant r} \overline{K}_{lj} - \min_{1\leqslant l\leqslant r} \overline{K}_{lj}, \quad j=1,2,\cdots,p \tag{7.2.1}$$

对重要因素要选取使指标达到最佳的水平;对不重要的因素,可以任意选取一个水平,一般选取经济、方便的水平.

例 7.1.1 的极差计算结果见表 7.2.1.因为 $R_1 > R_3 > R_2$,所以,反应温度,即因素 A 是最主要的,其次是用碱量(因素 C),而反应时间(因素 B)影响最小.因此,在生产中要特别控制反应温度,因为反应时间影响不大,可以取较短的时间以提高生产效率.

表 7.2.1 数据分析计算表

试验号	A 1	B 2	C 3	空列 4	试验结果 $y_i/\%$
1	1	1	1	1	31
2	1	2	2	2	54
3	1	3	3	3	38
4	2	1	2	3	53
5	2	2	3	1	49
6	2	3	1	2	42
7	3	1	3	2	57
8	3	2	1	3	62
9	3	3	2	1	64
K_{1j}	123	141	135	144	
K_{2j}	144	165	171	153	
K_{3j}	183	144	144	153	
$\overline{K}_{1j}$	41	47	45	48	$K=450$ $P=22\,500$ $Q_T=23\,484$
$\overline{K}_{2j}$	48	55	57	51	
$\overline{K}_{3j}$	61	48	48	51	
R_j	20	8	12	3	
Q_j	23 118	22 814	22 734	22 518	
S_j^2	618	114	234	18	$S_T^2=984$

(3) 分析因素与指标的关系

可以通过因素-指标图直观刻画因素与指标之间的关系.对每个因素,以指标为纵坐标,因素水平为横坐标作因素-指标图,并连成折线.对例 7.1.1,因素-指标图如图 7.2.1 所示.

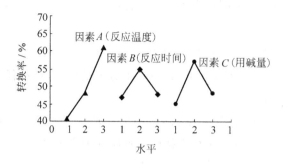

图 7.2.1 因素-指标关系图

从图中看出,转换率随反应温度的增加呈上升趋势,反应时间在水平 2,即 120min 附近较好,用碱量在水平 2,即 6% 附近较好. 如果希望进一步提高转换率,则可取因素 A 大于 90℃ 的水平再做进一步的试验,这为我们指出了进一步试验的方向.

2. 方差分析法

直观分析方法简单明了,通俗易懂,计算量少,但没有把由于因素水平的改变引起的数据波动与试验误差引起的数据波动区别开来. 同时,对影响试验结果的各因素的重要程度,没有给出精确的数量估计,也没有提供一个用来考察、判断因素的影响是否显著的标准. 为弥补直观分析的不足,可采用方差分析法分析试验结果.

根据方差分析的思想,要把试验数据总的波动分解为两部分,一部分是因素变化引起的波动,另一部分是试验误差引起的波动,即把试验数据总的离差平方和 S_T^2 分解为各个因素引起的离差平方和 $S_j^2 (j=1,2,\cdots)$ 与试验误差引起的离差平方和 S_E^2,并计算它们的平均离差平方和,然后进行 F 检验,得到方差分析表,最后进行统计推断.

把方差分析用于正交设计的数据分析时,其计算也可以在正交表上进行,基本计算过程如下.

(1) 计算离差平方和

① 总离差平方和 $S_T^2 = \sum_{i=1}^{n}(y_i - \bar{y})^2$,其中 $\bar{y} = \frac{1}{n}\sum_{i=1}^{n} y_i$. 进一步得到

$$S_T^2 = \sum_{i=1}^{n}(y_i - \bar{y})^2 = \sum_{i=1}^{n} y_i^2 - \frac{1}{n}\left(\sum_{i=1}^{n} y_i\right)^2 \tag{7.2.2}$$

记 $S_T^2 = Q_T - P$,其中 $Q_T = \sum_{i=1}^{n} y_i^2, P = \frac{1}{n} K^2, K = \sum_{i=1}^{n} y_i$.

② 因素引起的离差平方和,以计算因素 A 的离差平方和为例,

$$S_A^2 = \sum_{l=1}^{r} m(\bar{K}_{l1} - \bar{y})^2 = \frac{1}{m}\sum_{l=1}^{r} K_{l1}^2 - \frac{1}{n}\left(\sum_{i=1}^{n} y_i\right)^2 \tag{7.2.3}$$

记 $S_A^2 = Q_A - P$,其中 $Q_A = \dfrac{1}{m}\sum\limits_{l=1}^{r} K_{l1}^2$.

S_A^2 反映了因素 A 的水平变化引起的试验指标的差异,即因素 A 对试验指标的影响.用同样的方法可以计算其他因素的离差平方和.把两因素的交互效应当成一个新的因素看待,仍可用这种方法计算离差平方和.下面是任意因素的离差平方和计算公式:

$$S_j^2 = \sum_{l=1}^{r} m(\overline{K}_{lj} - \overline{y})^2 = Q_j - P, \quad j = 1,2,\cdots,p \tag{7.2.4}$$

其中

$$Q_j = \frac{1}{m}\sum_{l=1}^{r} K_{lj}^2, \quad j = 1,2,\cdots,p \tag{7.2.5}$$

有了各个因素的离差平方和就可以得到全部因素引起的离差

$$S^2 = \sum_{j=1}^{p} S_j^2 \tag{7.2.6}$$

③ 试验误差的离差平方和,根据总离差平方和分解公式 $S_T^2 = S^2 + S_E^2$,得

$$S_E^2 = S_T^2 - S^2 \tag{7.2.7}$$

(2) 计算自由度

试验的总自由度:$f_总 = $ 实验总次数 $-1 = n-1$;

第 j 个因素的自由度:$f_j = $ 因素水平数 $-1 = r-1$;

两因素交互效应的自由度:$f_{A\times B} = f_A \times f_B$;

试验误差的自由度:$f_E = f_总 - f_因$.

(3) 计算平均离差平方和(均方)

由于离差平方和的大小与求和项数有关,因此,不能确切地反映各个因素的情况.为消除项数的影响,计算它的平均离差平方和.

各个因素的平均离差平方和

$$V_j = \frac{S_j^2}{f_j}, \quad j = 1,2,\cdots,p \tag{7.2.8}$$

试验误差的平均离差平方和

$$V_E = \frac{S_E^2}{f_E} \tag{7.2.9}$$

(4) 计算各个因素的 F 值

将各个因素的平均离差平方和与误差平方和相比,得出 F 值,

$$F_j = \frac{V_j}{V_E}, \quad j = 1,2,\cdots,p \tag{7.2.10}$$

这个比值的大小反映了各因素对试验结果影响程度的大小.

(5) 对因素进行显著性检验

对给定的显著性水平 α, 查出各个因素的临界值 $F_\alpha(f_j,f_E)$, 与 F_j 值比较. 通常, 若 $F_j > F_{0.99}(f_j,f_E)$, 就称该因素的影响是高度显著的, 用"**"表示; 若 $F_{0.95}(f_j,f_E) < F_j < F_{0.99}(f_j,f_E)$, 则称该因素的影响是显著的, 用"*"表示; 若 $F_{0.90}(f_j,f_E) < F_j < F_{0.95}(f_j,f_E)$, 则称该因素的影响是比较显著的, 用"(*)"表示; 若 $F_j < F_{0.90}(f_j,f_E)$, 则表示该因素的影响不显著, 不用任何符号.

对例 7.1.1, 按上述计算方法, 各个因素的离差平方和与总离差平方和的计算结果见表 7.2.1, 也可给出方差分析表 7.2.2.

表 7.2.2 方差分析表

方差来源	平方和	自由度	均方	F 值	显著性
因素 A	618	2	309	34.33	*
因素 B	114	2	57	6.33	
因素 C	234	2	117	13.00	(*)
误差	18	2	9		
总和	984	8			

临界值 $F_{0.90}(2,2)=9.0$, $F_{0.95}(2,2)=19$, $F_{0.99}(2,2)=99$, 所有因素的 F 值均小于 $F_{0.99}$, 故无高度显著因素.

(6) 选取因素水平的最佳组合

选取最佳水平组合的原则是: 显著或高度显著的因素应选取最好的水平; 其余因素, 原则上可任意选取, 视具体情况而定. 本例方差分析的结论如下:

① 因素的主次顺序是: 主 $\xrightarrow{A,C,B}$ 次;

② 最佳水平组合为 $A_3B_2C_2$. 当然, 对因素 B, 从节约的角度出发, 也不妨采用时间为 90min (即 B_1) 这一方案, 这时的最佳试验方案为 $A_3B_1C_2$.

7.3 有交互效应的正交设计与数据分析

前面介绍的正交设计未考虑因素的交互影响. 实际上, 在许多试验中, 不仅很多因素对指标有影响, 而且因素搭配也会对指标产生影响, 此即所谓交互效应. 下面通过一个例子来说明如何对有交互效应的问题进行正交设计与数据分析.

例 7.3.1 某纺织厂在梳棉机上纺粘锦混纺纱, 为了降低棉结粒数, 想通过试验确定相关的三个因素的一个较好水平组合. 所考虑的因素及水平如表 7.3.1 所示. 根据专业人员的意见, 必须重视交互效应, 但三个因子之间的交互效应 $A \times B \times C$ 可以忽略不计.

7.3 有交互效应的正交设计与数据分析

表 7.3.1　因素水平表

水平	因素		
	金属针布 A	产量水平 B/kg	锡林速度 C/(r/min)
1	日本	6	238
2	青岛	10	320

该问题的试验目标是降低棉结粒数,试验指标是棉结粒数,属于成本型指标,即指标值越小越好. 在因素以及因素水平都给定的情况下,这个问题的具体处理方法可按照下列步骤依次进行.

第 1 步　选择合适的正交表

每个因素都取两种水平,因此应该在二水平正交表中选取. 考虑到两因素间的交互效应,所以选取的正交表至少要有 6 列. 因而选用正交表 $L_8(2^7)$.

第 2 步　进行表头设计

把因素 A 放在第 1 列,因素 B 放在第 2 列,按照 $L_8(2^7)$ 的交互效应表,A 与 B 的交互效应 $A\times B$ 必须放在第 3 列;把因素 C 放在第 4 列,这时 $C\times A$ 必须放在第 5 列,$B\times C$ 必须放在第 6 列,第 7 列为空列. 表头设计见表 7.3.2.

表 7.3.2　表头设计

因素	A	B	$A\times B$	C	$C\times A$	$B\times C$	空列
列号	1	2	3	4	5	6	7

第 3 步　制订试验方案

根据正交表 $L_8(2^7)$、表 7.3.1 和表 7.3.2,建立试验方案表 7.3.3,它实际上是正交表 $L_8(2^7)$ 的第 1,2,4 列构成的.

表 7.3.3　试验方案表

因素	A(金属针布)	B(产量水平)	C(锡林速度)
列号 试验号	1	2	4
1	1(日本)	1(6kg)	1(238r/min)
2	1	1	2(320r/min)
3	1	2(10kg)	1
4	1	2	2
5	2(青岛)	1	1
6	2	1	2
7	2	2	1
8	2	2	2

第4步 按规定的方案做试验

记录试验结果 $y_1, y_2, \cdots, y_n$，并标在正交表的最后一列，见表7.3.4. 为了计算方便，对数据 y_i 作了变换：$y_i' = 20(y_i - 0.30)$，这样做不会改变各个因素的 F 值.

表 7.3.4 数据分析计算表

因素 列号 试验号	A 1	B 2	A×B 3	C 4	C×A 5	B×C 6	空列 7	$y_i' = 20(y_i-0.30)$
1	1	1	1	1	1	1	1	0
2	1	1	1	2	2	2	2	1
3	1	2	2	1	1	2	2	−2
4	1	2	2	2	2	1	1	0
5	2	1	2	1	2	1	2	−3
6	2	1	2	2	1	2	1	4
7	2	2	1	1	2	2	1	−3
8	2	2	1	2	1	1	2	2
K_{1j}	−1	2	0	−8	4	−1	1	$K=-1$
K_{2j}	0	−3	−1	7	−5	0	−2	$P=0.1255$
R_j	1	5	1	15	9	1	3	$Q_T=43$
S_j^2	0.125	3.125	0.125	28.125	10.125	0.125	1.125	$S_T^2=42.875$

第5步 进行数据分析

(1) 计算各个统计量的观测值 $K_{lj}(j=1,2,\cdots,7; l=1,2), R_j(j=1,2,\cdots,7), K, P, Q_T, S_T^2$ 与 $S_j^2(j=1,2,\cdots,7)$.

在两水平情形 $(r=2)$ 下，有如下简化计算方法：

$$S_j^2 = \frac{1}{n}(K_{1j} - K_{2j})^2, \quad j = 1, 2, \cdots, 7 \tag{7.3.1}$$

从而可以省略 Q_j 的计算. 计算结果列入表7.3.4.

(2) 直观分析

由极差可以看出，三个因素 A, B, C 中，对指标影响最大的是 C，其次是 B，最后是 A. 交互效应 $C \times A$ 的影响也很大. 在最佳水平组合中，因素 C 选水平1，因素 B 选水平2，因素 A 的极差不是很大，可根据具体情况选择水平状态.

(3) 方差分析

各个因素以及各个因素的交互效应的离差平方和就是各因素所在列的 S_j^2，空列的 S_j^2 为误差离差平方和 S_E^2. 交互效应的自由度为相应因素的自由度之积，S_E^2 的自由度还是用减法来计算. 对例7.3.1，有

$$S_A^2 = S_1^2, \quad S_B^2 = S_2^2, \quad S_C^2 = S_4^2$$
$$S_{A\times B}^2 = S_3^2, \quad S_{B\times C}^2 = S_6^2, \quad S_{C\times A}^2 = S_5^2$$
$$S_{\boxtimes}^2 = \sum_{j=1}^{6} S_j^2, \quad S_E^2 = S_7^2, \quad S_T^2 = S_{\boxtimes}^2 + S_E^2 = \sum_{j=1}^{7} S_j^2$$

S_A^2, S_B^2, S_C^2 的自由度都是 $1(=2-1)$；$S_{A\times B}^2, S_{B\times C}^2, S_{C\times A}^2$ 的自由度都是 $1(=1\times 1)$；S_T^2 的自由度是 $7(=8-1)$；S_E^2 的自由度是 $1(=7-(1+1+1+1+1+1))$. 临界值为

$$F_{0.90}(1,1) = 39.90, \quad F_{0.95}(1,1) = 161.40, \quad F_{0.99}(1,1) = 4052$$

方差分析表见表 7.3.5.

表 7.3.5　方差分析表

方差来源	平方和	自由度	均方	F 值	显著性
因素 A	0.125	1	0.125	0.11	
因素 B	3.125	1	3.125	2.78	
因素 C	28.125	1	28.125	25.00	
$A\times B$	0.125	1	0.125	0.11	
$B\times C$	0.125	1	0.125	0.11	
$C\times A$	10.125	1	10.125	9.00	
误差	1.125	1	1.125		
总和	42.785	7			

从方差分析表 7.3.5 可见，所有因素的效应与交互效应都不显著. 但是，仔细考察方差分析表，$F_A, F_{A\times B}, F_{B\times C}$ 的值特别小. 这表明因素 A 与交互效应 $A\times B, B\times C$ 是影响棉结粒数的次要因素，应该把它们从方差分析中剔出. 为此，把这些平方和与自由度合并到误差项中去，得到

$$S_E^{2} = S_1^2 + S_3^2 + S_6^2 + S_7^2 \tag{7.3.2}$$

且自由度为 $4(=7-(1+1+1))$. 重新查出临界值

$$F_{0.90}^*(1,4) = 4.54, \quad F_{0.95}^*(1,4) = 7.71, \quad F_{0.99}^*(1,4) = 21.2$$

得到新的方差分析表 7.3.6.

表 7.3.6　修正后的方差分析表

方差来源	平方和	自由度	均方	F 值	显著性
因素 B	3.125	1	3.125	8.33	*
因素 C	28.125	1	28.125	75.00	**
$C\times A$	10.125	1	10.125	27.00	**
误差	1.5	4	0.375		
总和	42.785	7			

由方差分析表 7.3.6 看出,因素 B 的影响显著,交互效应 $C\times A$ 的影响高度显著,必须高度重视锡林速度与金属针布这两个因素的交互效应. 由于因素 A 与 C 都是二水平,因此共有四种水平组合:$A_1C_1, A_1C_2, A_2C_1, A_2C_2$. 由试验方案表 7.3.3 看出,每种水平组合下各做了两次试验,列出因素 A 与 C 的搭配效应表 7.3.7.

表 7.3.7 因子搭配效应表

因素 A	因素 C	
	C_1(238r/min)	C_2(320r/min)
A_1(日本)	$y'_1+y'_3=-2$	$y'_2+y'_4=1$
A_2(青岛)	$y'_5+y'_7=-6$	$y'_6+y'_8=6$

由此看出,水平搭配 A_2C_1 较好. 这样,本例中较好的因素水平搭配是 $A_2B_2C_1$,即以后可采用金属针布是青岛的,产量水平为 10kg,锡林速度为 238r/min 这一方案来组织生产.

这里还需要补充说明一个问题. 因素 C 的影响也是高度显著的. 由于 $K_{14}<K_{24}$,因此较优的水平是 C_1. 这与已经得到的结论是一致的,有时两者会发生矛盾,这时一般是优先照顾按交互效应选出的水平. 因为这样选出的水平搭配中不仅包含了交互效应,也包含了因素本身的效应.

最后指出,关于多因素的正交设计,可能会遇到这样一些情形:(1)试验指标不止一个,即多指标的试验分析;(2)重复试验分析,为了提高统计分析的可靠性,需要将试验反复进行;(3)混合型正交试验,在实际中,由于试验设备、原料、生产条件等限制,有时需重点考察某些因素而多取一些水平,于是就会出现水平数不等的正交试验. 这些问题的正交设计的基本原理与前面介绍一样,具体如何分析可以参考相关文献.

7.4 应用案例

Excel 表中没有专门的正交设计计算,尤其是没有内置正交表,因此需要查阅本书附录提供的正交表,不过本章的内容涉及的计算是很简单的,借助于 Excel 表格的功能可以方便地进行直观分析.

例 7.4.1 为提高某种产品的质量,需对该产品的原料进行配方试验. 根据以往经验,配方中要考虑 3 个重要因素:水分、粒度和碱度. 它们各自有 3 个水平,具体数据如表 7.4.1 所示.

衡量配方的指标是:抗压强度、落下强度和裂纹度,前两个指标越大越好,第 3 个指标越小越好. 在不考虑交互效应的条件下,选用正交表 $L_9(3^4)$ 来安排试验,表头设计见表 7.4.2.

表 7.4.1 因素及水平

水平	因素		
	水分 $A/\%$	粒度 $B/\%$	碱度 C
1	8	4	1.1
2	9	6	1.3
3	7	8	1.5

表 7.4.2 表头设计

因素	A	B	C	空列
列号	1	2	3	4

9 个试验方案以及对应的 3 个试验指标的试验结果如表 7.4.3 所示. 试对试验结果进行分析,找出最好的配方方案.

表 7.4.3 试验方案及试验结果表

试验号 \ 列号	1 A	2 B	3 C	4 空列	各指标的试验结果		
					抗压强度/ (kg/个)	落下强度/ (0.5m/次)	裂纹度
1	1(8%)	1(4%)	1(1.1)	1	11.5	1.1	3
2	1	2(6%)	2(1.3)	2	4.5	3.6	4
3	1	3(8%)	3(1.5)	3	11.0	4.6	4
4	2(9%)	1	2	3	7.0	1.1	3
5	2	2	3	1	8.0	1.6	2
6	2	3	1	2	18.5	15.1	0
7	3(7%)	1	3	2	9.0	1.1	3
8	3	2	1	3	8.0	4.6	2
9	3	3	2	1	13.4	20.2	1

这是一个多指标试验设计问题,仍然可以用单指标试验设计方法来处理. 首先,对多个指标分别一一考虑,然后在各个指标间寻求平衡、折中,或者用综合指标把多指标问题转化为单指标问题,找出使各个指标值都达到较好水平的试验方案. 下面介绍一种综合平衡法.

第 1 步 将表 7.4.3 的数据输入 Excel 表中,用单指标试验设计问题的数据分析方法对 3 个指标的试验结果分别进行计算. 计算结果见表 7.4.4,3 个指标的方差分析表分别见表 7.4.5~表 7.4.7.

表 7.4.4　数据分析表

试验号 \ 列号	1 A	2 B	3 C	4 空列	各指标的试验结果 抗压强度/(kg/个)	落下强度/(0.5m/次)	裂纹度
1	1	1	1	1	11.5	1.1	3
2	1	2	2	2	4.5	3.6	4
3	1	3	3	3	11.0	4.6	4
4	2	1	2	3	7.0	1.1	3
5	2	2	3	1	8.0	1.6	2
6	2	3	1	2	18.5	15.1	0
7	3	1	3	2	9.0	1.1	3
8	3	2	1	3	8.0	4.6	2
9	3	3	2	1	13.4	20.2	1

指标		1 (A)	2 (B)	3 (C)	4 (空列)	
抗压强度	K_{1j}	27.0	27.5	38.0	32.9	
	K_{2j}	33.5	20.5	24.9	32.0	$K_A=90.9$
	K_{3j}	30.4	42.9	28.0	26.0	$P_A=918.1$
	$\overline{K}_{1j}$	9.0	9.2	12.7	11.0	$Q_A=1053.2$
	$\overline{K}_{2j}$	11.2	6.8	8.3	10.6	
	$\overline{K}_{3j}$	10.1	14.3	9.3	8.7	
	R_j	2.2	7.5	4.4	2.3	
	S_j^2	7.0	87.5	31.2	9.4	$S_A^2=135.1$
裂纹度	K_{1j}	11	9	5	6	
	K_{2j}	5	8	8	7	
	K_{3j}	6	5	9	9	$K_B=22$
	$\overline{K}_{1j}$	3.7	3.0	1.7	2	$P_B=53.8$
	$\overline{K}_{2j}$	1.7	2.7	2.7	2.3	$Q_B=68$
	$\overline{K}_{3j}$	2.0	1.7	3.0	3	
	R_j	2.0	1.3	1.3	1	
	S_j^2	6.9	2.9	2.9	1.5	$S_B^2=14.2$
落下强度	K_{1j}	9.3	3.3	20.8	22.9	
	K_{2j}	17.8	9.8	24.9	19.8	
	K_{3j}	25.9	39.9	7.3	10.3	$K_C=53$
	$\overline{K}_{1j}$	3.1	1.1	6.9	7.6	$P_C=312.1$
	$\overline{K}_{2j}$	5.9	3.3	8.3	6.6	$Q_C=697.5$
	$\overline{K}_{3j}$	8.6	13.3	2.4	3.4	
	R_j	5.5	12.2	5.9	4.2	
	S_j^2	46	254.2	56.5	28.7	$S_C^2=385.7$

表 7.4.5 抗压强度的方差分析表

方差来源	平方和	自由度	均方	F 值	显著性
因素 A	7	2	3.5	0.74	
因素 B	87.5	2	43.75	9.3	(*)
因素 C	31.2	2	15.6	3.3	
误差	9.4	2	4.7		
总和	135.1	8			

表 7.4.6 落下强度的方差分析表

方差来源	平方和	自由度	均方	F 值	显著性
因素 A	46	2	23	1.6	
因素 B	254.2	2	127.6	8.86	
因素 C	56.2	2	28.1	1.95	
误差	28.7	2	14.4		
总和	385.7	8			

表 7.4.7 裂纹度的方差分析表

方差来源	平方和	自由度	均方	F 值	显著性
因素 A	6.9	2	3.45	4.6	
因素 B	2.9	2	1.45	1.93	
因素 C	2.9	2	1.45	1.93	
误差	1.5	2	0.75		
总和	14.2	8			

使用 Excel 的函数 FINV 很容易获得临界值 $F_{0.90}(2,2)=9.0$, $F_{0.95}(2,2)=19$, $F_{0.99}(2,2)=99$. 根据数据分析表和方差分析表知,因素对抗压强度指标影响的大小顺序是: $B \to C \to A$,较优的配方为 $A_2B_3C_1$;因素对落下强度指标影响的大小顺序是: $B \to C \to A$,较优的配方为 $A_3B_3C_2$;因素对裂纹度指标影响的大小顺序是: $A \to B \to C$,较优的配方为 $A_2B_3C_1$.

第 2 步 综合分析,确定最好的配方方案.

这 3 个方案不完全相同,对一个指标是好方案,而对另一个指标却不一定是好方案. 为便于综合分析,下面分别观察每一个因素对各指标的影响.

(1) 粒度 B 对各指标的影响

从 3 个较优配方方案看,粒度 B 取水平 3,这也可从表 7.4.4 看出. 对抗压强度和落下强度来讲,粒度的极差都是最大的,也就是说粒度是影响最大的因素,且以取水平 3 (8%)为最好;对裂纹度来讲,粒度的极差不是最大,即不是影响最大的因素,但也是以取

8%为最好.总的说来,对3个指标而言,粒度都是以取8%为最好.

(2) 碱度 C 对各指标的影响

3个较优配方方案中有两个方案的碱度 C 取水平1(1.1).由表7.4.4看出,对3个指标来说,碱度的极差都不是最大的,也就是说,碱度不是影响最大的因素,是较次要的因素.但对抗压强度和裂纹度来讲,碱度取1.1最好,对落下强度来讲,碱度取1.3最好,但取1.1也不是太差,对3个指标综合考虑,碱度取1.1为好.

(3) 水分 A 对各指标的影响

3个较优配方方案中有两个方案的水分 A 取水平2(9%).从表7.4.4看出,对裂纹度来讲,水分的极差最大,即水分是影响最大的因素,水分取9%最好,但对抗压强度和落下强度来讲,水分的极差都是最小的,即是影响最小的因素.对抗压强度来讲,水分取9%最好,取7%次之;对落下强度来讲,水分取7%最好,取9%次之.对3个指标综合考虑,应照顾水分对裂纹度的影响,取9%为好.

通过各因素对各指标影响的综合分析,得出最好的试验方案是:

B_3　　粒度　　第3水平　　8%
C_1　　碱度　　第1水平　　1.1
A_2　　水分　　第2水平　　9%

由此可见,分析多指标问题的方法是:先分别考察每个因素对各指标的影响,然后进行分析比较,确定出最好的水平,从而得出最好的试验方案,这种方法称为综合平衡法.对多指标的问题,要做到最好的综合平衡,有时是很困难的,这是综合平衡法的缺点.也可以用综合评分法,在一定意义上来讲,可以克服综合平衡法的这个缺点.具体做法请查阅相关文献.

习　题　7

1. 试说明下列正交表符号及数字的涵义

$$L_{12}(2^{11});\ L_{16}(4^5);\ L_{16}(4^2 \times 2^8);\ L_{16}(8 \times 2^8)$$

2. 某轴承厂为了提高轴承圈退火的质量,确定出下表所示的影响因素及水平.

水　平	因　素		
	上升温度 A/℃	保温时间 B/h	出炉温度 C/℃
水平 1	800	6	400
水平 2	820	8	500

(1) 若考虑两因素之间的交互效应,问应选用哪张正交表来安排试验,并写出第3号试验方案;

(2) 若不考虑交互效应,选取正交表 $L_4(2^3)$,试验结果如下表。

试验号	1	2	3	4
硬度合格率/%	100	45	85	70

试给出正交试验结果分析表,并对试验结果进行直观分析和方差分析,确定最佳试验方案.

3. 磁鼓电机是彩色录像机磁鼓组件的关键部件之一,按质量要求其输出力矩应大于 210N·cm. 某生产厂过去这项指标的合格率较低,从而希望通过试验找出好的条件,以提高磁鼓电机的输出力矩.经分析,影响输出力矩的可能因素有 3 个,A:充磁量,B:定位角度,C:定子线圈匝数,根据各个因素的可能取值范围,经专业人员分析研究,确定出下表所示的因素及水平.

水平	因素		
	充磁量 $A/10^{-4}$T	定位角度 $B/(\pi/180)$rad	定子线圈匝数 C/匝
1	900	10	70
2	1100	11	80
3	1300	12	90

(1) 如果不考虑交互效应,试选用合适的正交表,进行表头设计,列出第 5 号试验方案;

(2) 如果不考虑交互效应,选用正交表 $L_9(3^4)$,9 个试验的输出力矩(N·cm)为:160,215,180,168,236,190,157,205,140,试给出正交试验结果分析表,并对试验结果进行直观分析和方差分析,给出因素对试验指标影响的顺序,确定最佳试验方案.

4. 在某种化油器设计中,希望寻找一种结构,使在不同天气条件下均具有较小的比油耗.试验中考察的因素及水平如下表所示.

水平	因素				
	大喉管直径 A/mm	中喉管直径 B/mm	环形小喉管直径 C/mm	空气量孔直径 D/mm	天气 E
1	32	22	10	1.2	高气压
2	34	21	9	1.0	低气压
3	36	20	8	0.8	

(1) 如果不考虑交互效应,试选用合适的正交表,进行表头设计,列出第 6 号试验方案;

(2) 如果不考虑交互效应,选用的正交表是 $L_{18}(2\times 3^7)$,试验结果比油耗为:

240.7,230.1,236.5,217.1,210.5,306.8,
247.1,228.3,237.7,208.4,253.3,232.0,
209.2,245.1,234.1,217.7,209.7,339.8

试对试验结果进行直观分析和方差分析,给出因素对试验指标影响的顺序,确定最佳的试验方案(提示:计算步骤和计算方法与水平数相等的情形一样).

5. 结合工作实际或生活实际,给出一个试验设计问题,并回答下列问题:
(1) 试验设计的问题是什么?
(2) 试验设计的目的是什么?
(3) 试验设计的指标是什么?
(4) 选择的因素及水平是什么?
(5) 选择的正交表及表头设计是什么?
(6) 给出试验结果后,数据分析过程及分析结果是什么?

第 8 章

因子分析

在实际工作中,有时需要从众多的变量中提炼出少数几个有代表性的综合变量,用以反映原来变量的大部分信息;有时又需要确定若干因素的公共影响因素.例如,在评价产品质量时,为了评价全面,常常选择很多评价指标,但指标太多会给计算带来困难,同时也不便于掌握产品质量的整体状况.因此,希望从众多的指标中提炼出少数几个影响产品质量的综合性因子.又如,反映我国经济发展基本情况的指标有很多,可以提炼出影响经济发展的主要因子,通过这些主要因子来评价我国经济发展状况.因子分析(factor analysis)就是解决上述问题的一种有效的统计分析方法.

因子分析由英国心理学家 Charles Spearman 于 1904 年提出,是用于解决智力测验得分的统计分析问题,这方面的研究一直没有间断过,由于一大批心理统计学家致力于潜变量(latent variable)和结构方程模型(structural equation model)等问题的研究,使因子分析的理论和应用都得到了迅速的发展.

今天,因子分析已经不再局限于传统的心理学研究领域,而是广泛应用于社会、经济、管理、生物、医学、地质、考古以及体育等各个领域.

8.1 因子分析的基本原理

因子分析将具有复杂关系的一组变量(或样品)综合为数量较少的几个因子,以再现原变量和因子之间的相互关系.具体而言,就是根据变量之间的相关程度,把若干个能直接观测的原变量分为数量较少的几个组,使得同组内的变量相关性较高,不同组的变量相关性较低.每组变量代表一个方面,或称为(综合)因子,这些因子是隐含的、不可观测的(称为潜变量),但共同影响原变量.因子分析的主要应用是寻求基本结构、简化观测系统、对变量或样品分类、对数据降维.

因子分析有确定的统计模型.观察数据在模型中被分解为公共因子(common

factor)、特殊因子(specific factor).例如,为了解学生学习能力,对学生进行了抽样命题考试,考题涉及面很广,但总的来讲可归结为学生的语文水平、数学推导、艺术修养、历史知识、生活知识等五个方面,把每一个方面称为一个(公共)因子,显然每个学生的成绩均与这五个因子相关.设第 i 个学生考试的分数 X_i 能用这五个公共因子 $F_1,F_2,\cdots,F_5$ 的线性组合表示出来

$$X_i = \mu_i + a_{i1}F_1 + a_{i2}F_2 + \cdots + a_{i5}F_5 + \varepsilon_i, \quad i=1,2,\cdots,p$$

组合系数 $a_{i1},a_{i2},\cdots,a_{i5}$ 称为因子载荷(loadings),它表示第 i 个学生在这五个因子方面的能力;μ_i 是总平均,ε_i 是第 i 个学生的分数不能被这五个因子包含的部分,称为特殊因子,常假定 $\varepsilon_i \sim N(0,\sigma_i^2)$.不难发现,这个模型与回归模型在形式上是很相似的,但回归模型中,因变量和自变量是可观测的量,而这里的公共因子 $F_1,F_2,\cdots,F_5$ 却是隐藏的、不可观测的潜变量,有关参数的意义也有很大的差异.

因子分析的首要任务就是估计因子载荷 a_{ij} 和特殊因子的方差 σ_i^2,然后对这些抽象的因子 $F_i(i=1,2,\cdots,5)$ 给出具有实际背景的解释,并利用综合出的少数因子,再现原变量和因子之间的相互关系,达到简化观测系统、对原始变量分类和数据降维的目的.

因子分析的内容十分丰富,常见类型有 R 型因子分析(对变量进行因子分析)和 Q 型因子分析(对样品进行因子分析).从全部计算过程看,这两种类型都是一样的,只不过出发点不同,R 型从相关系数矩阵出发,Q 型从相似系数矩阵出发.因此,本章仅介绍 R 型因子分析.

8.2 因子分析模型

8.2.1 统计模型

设有 p 个可观测的随机变量 $X_i(i=1,2,\cdots,p)$,线性依赖于少数几个不可观测的公共因子 $F_j(j=1,2,\cdots,m(m<p))$,其统计模型为

$$\begin{cases} X_1 = \mu_1 + a_{11}F_1 + a_{12}F_2 + \cdots + a_{1m}F_m + \varepsilon_1 \\ X_2 = \mu_2 + a_{21}F_1 + a_{22}F_2 + \cdots + a_{2m}F_m + \varepsilon_2 \\ \vdots \\ X_p = \mu_p + a_{p1}F_1 + a_{p2}F_2 + \cdots + a_{pm}F_m + \varepsilon_p \end{cases} \tag{8.2.1}$$

其中,$\varepsilon_1,\varepsilon_2,\cdots,\varepsilon_p$ 为特殊因子,是不可观测的随机变量,表示原变量中不能用公共因子 $F_j(j=1,2,\cdots,m)$ 解释的特殊部分;$a_{ij}(i=1,2,\cdots,p;j=1,2,\cdots,m)$ 是因子载荷,表示第 i 个变量 X_i 在第 j 个因子上的载荷;μ_i 是总平均.可以将式(8.2.1)用下列矩阵形式表示:

$$X = \mu + AF + e \tag{8.2.2}$$

式中,$X=(X_1,X_2,\cdots,X_p)^T$,$\mu=(\mu_1,\mu_2,\cdots,\mu_p)^T$,$F=(F_1,F_2,\cdots,F_m)^T$,$\varepsilon=(\varepsilon_1,\varepsilon_2,\cdots,$

$\varepsilon_p)^T$,$\boldsymbol{A}=(a_{ij})_{p\times m}$,称为因子载荷矩阵,并假定 $\boldsymbol{A}$ 的秩为 m.

当上述因子模型满足下列条件时,就称为正交因子模型.

$$\begin{cases} E\boldsymbol{F}=\boldsymbol{0} \\ \operatorname{cov}(\boldsymbol{F})=\boldsymbol{I} \\ E\boldsymbol{\varepsilon}=\boldsymbol{0} \\ \operatorname{cov}(\boldsymbol{\varepsilon})=\operatorname{diag}(\sigma_1^2,\sigma_2^2,\cdots,\sigma_p^2) \\ \operatorname{cov}(\boldsymbol{F},\boldsymbol{\varepsilon})=\boldsymbol{0} \end{cases} \quad (8.2.3)$$

由式(8.2.3)可以看出,在正交因子模型中,公共因子 $F_j (j=1,2,\cdots,m)$ 彼此不相关,且具有零均值和单位方差;特殊因子 $\varepsilon_1,\varepsilon_2,\cdots,\varepsilon_p$ 之间以及与所有公共因子之间也不相关.当因子的各个分量之间相关时,相应的因子模型称为斜交因子模型,本书不讨论这种模型,感兴趣的读者请查阅相关文献.

8.2.2 正交因子模型的性质

性质 8.2.1 原变量 $\boldsymbol{X}$ 的协方差矩阵 $\operatorname{cov}(\boldsymbol{X})$ 具有如下分解式:

$$\operatorname{cov}(\boldsymbol{X})=\boldsymbol{A}\boldsymbol{A}^T+\operatorname{cov}(\boldsymbol{\varepsilon}) \quad (8.2.4)$$

即

$$DX_i=\sum_{k=1}^m a_{ik}^2+\sigma_i^2, \quad i=1,2,\cdots,p \quad (8.2.5)$$

$$\operatorname{cov}(X_i,X_j)=\sum_{k=1}^m a_{ik}a_{jk}, \quad i\neq j, \quad i,j=1,2,\cdots,p \quad (8.2.6)$$

如果 $\boldsymbol{X}$ 已经标准化,则 $\operatorname{cov}(\boldsymbol{X})$ 就是 $\boldsymbol{X}$ 的相关系数矩阵 $\boldsymbol{R}$,即有

$$\boldsymbol{R}=\boldsymbol{A}\boldsymbol{A}^T+\operatorname{cov}(\boldsymbol{\varepsilon}) \quad (8.2.7)$$

该性质说明,在正交因子模型中,能用因子载荷解释原变量之间的相关性.

性质 8.2.2 原变量与公共因子的协方差等于因子载荷,即

$$\operatorname{cov}(\boldsymbol{X},\boldsymbol{F})=\boldsymbol{A} \quad (8.2.8)$$

或

$$\operatorname{cov}(X_i,F_j)=a_{ij}, \quad i=1,2,\cdots,p; j=1,2,\cdots,m \quad (8.2.9)$$

性质 8.2.3 模型不受原变量的量纲影响,即对原变量 $\boldsymbol{X}$ 做量纲变换后所得到的变量 $\boldsymbol{X}^*$ 与公共因子 $\boldsymbol{F}$ 之间仍能建立正交因子模型.

性质 8.2.4 因子载荷矩阵不惟一,但产生相同的协方差,即设 $\boldsymbol{T}$ 为 m 阶正交矩阵,令 $\boldsymbol{A}^*=\boldsymbol{A}\boldsymbol{T}$,$\boldsymbol{F}^*=\boldsymbol{T}^T\boldsymbol{F}$,则

$$\boldsymbol{X}=\boldsymbol{\mu}+\boldsymbol{A}\boldsymbol{F}+\boldsymbol{\varepsilon}=\boldsymbol{\mu}+\boldsymbol{A}\boldsymbol{T}\boldsymbol{T}^T\boldsymbol{F}+\boldsymbol{\varepsilon}=\boldsymbol{\mu}+\boldsymbol{A}^*\boldsymbol{F}^*+\boldsymbol{\varepsilon}$$

且 $\boldsymbol{X}=\boldsymbol{\mu}+\boldsymbol{A}^*\boldsymbol{F}^*+\boldsymbol{\varepsilon}$ 满足式(8.2.3)和式(8.2.4).

在实际应用中,常常利用这一性质,利用旋转变换简化载荷矩阵,使得新因子具有更鲜明的实际意义.

8.2.3 因子模型的统计意义

为了便于解释因子分析的计算结果,详细说明因子模型中各个量的统计意义是十分必要的.

1. 因子载荷的统计意义

由 $\text{cov}(X_i, F_j) = a_{ij}, i = 1, 2, \cdots, p; j = 1, 2, \cdots, m$ 知,因子载荷 a_{ij} 是原变量 X_i 与公共因子 F_j 的协方差,当随机向量 $\boldsymbol{X}$ 标准化时,$a_{ij} = \text{cov}(X_i, F_j) = \rho(X_i, F_j)$,即因子载荷 a_{ij} 是原变量 X_i 与公共因子 F_j 的相关系数,心理学家将其称为载荷,表示第 i 个变量在第 j 个公共因子上的负荷,反映了第 i 个变量在第 j 个公共因子上的相对重要性.

2. 变量公共因子方差的统计意义

变量 X_i 的公共因子方差定义为

$$h_i^2 = \sum_{k=1}^{m} a_{ik}^2, \quad i = 1, 2, \cdots, p \tag{8.2.10}$$

由式(8.2.5)、式(8.2.10)得:$DX_i = h_i^2 + \sigma_i^2, i = 1, 2, \cdots, p$. 若 X 标准化,则 $1 = h_i^2 + \sigma_i^2, i = 1, 2, \cdots, p$. 此式说明变量 X_i 的方差由两部分组成,第一部分为公共因子方差 h_i^2,它刻画了全部公共因子对变量 X_i 的总方差所做的贡献. 当 h_i^2 接近 1 时,说明该变量的几乎全部原始信息都可以被所选取的公共因子加以说明;当 h_i^2 接近 0 时,说明公共因子对 X_i 的影响很小,主要由特殊因子 ε_i 来描述. 因此,公共因子方差 h_i^2 是 X_i 方差的重要组成部分. 第二部分 σ_i^2 是特殊因子所产生的方差,称为特殊因子方差,或称为个性方差,仅与变量 X_i 有关,它也是使 X_i 的方差为 1 的补充值.

3. 公共因子 F_j 的方差贡献的统计意义

记 $S_j^2 = \sum_{k=1}^{p} a_{kj}^2, j = 1, 2, \cdots, m$,称为公共因子 F_j 对 $\boldsymbol{X}$ 的贡献,表示公共因子 F_j 对所有变量 $X_i (i = 1, 2, \cdots, p)$ 的总影响,S_j^2 越大,说明 F_j 对 $\boldsymbol{X}$ 的影响越大;反之,说明 F_j 对 $\boldsymbol{X}$ 的影响越小. S_j^2 是衡量公共因子 F_j 相对重要性的指标,如果各个公共因子的方差贡献 $S_j^2 (j = 1, 2, \cdots, m)$ 满足 $S_1^2 \geqslant S_2^2 \geqslant \cdots \geqslant S_m^2$,就能以此为依据,找出最有影响的公共因子.

8.3 因子分析模型中参数的估计方法

设原变量组为随机向量 $X=(X_1,X_2,\cdots,X_p)^T$，$\mu=EX$，$\Sigma=\text{cov}(X)$. $X_1,X_2,\cdots,X_n$ 是来自 X 的一组样本，则 μ，Σ 的估计量选择为

$$\hat{\mu}=\bar{X}=\frac{1}{n}\sum_{i=1}^{n}X_i \tag{8.3.1}$$

$$\hat{\Sigma}=S^2=(s_{ij})_{p\times p}=\frac{1}{n-1}\sum_{i=1}^{n}(X_i-\bar{X})(X_i-\bar{X})^T \tag{8.3.2}$$

对实际问题建立因子模型，关键是如何根据样本数据 $X_1,X_2,\cdots,X_n$ 估计出因子载荷矩阵 A 和特殊因子 ε 的方差矩阵 D. 一般方法有主成分法、主因子法、最大似然法等，下面仅介绍最常用的主成分法.

从式(8.2.4)可知，载荷矩阵 A 的估计 $\hat{A}$ 和特殊因子方差矩阵 $D=\text{cov}(\varepsilon)$ 的估计 $\hat{D}$ 应满足

$$S^2=\hat{A}\hat{A}^T+\hat{D} \tag{8.3.3}$$

由于 S^2 是非负定的 p 阶矩阵，所以存在 p 个非负特征值，按从大到小设为：$\lambda_1\geqslant\lambda_2\geqslant\cdots\geqslant\lambda_p$，对应的标准正交化特征向量为 $\eta_1,\eta_2,\cdots,\eta_p$，记 $\Lambda=\text{diag}(\lambda_1,\lambda_2,\cdots,\lambda_p)$，$T=(\eta_1,\eta_2,\cdots,\eta_p)$，则 S^2 有如下分解：

$$S^2=T\Lambda T^T=\sum_{i=1}^{p}\lambda_i\eta_i\eta_i^T$$

可适当选择因子个数 $m<p$，使得累积贡献率

$$\sum_{i=1}^{m}\lambda_i\bigg/\sum_{i=1}^{p}\lambda_i$$

达到一个较高的百分比. 选定因子数后，S^2 有如下的近似分解：

$$S^2=\sum_{i=1}^{p}\lambda_i\eta_i\eta_i^T\approx\sum_{i=1}^{m}\lambda_i\eta_i\eta_i^T+\hat{D}=\hat{A}\hat{A}^T+\hat{D} \tag{8.3.4}$$

由此可得样本相关矩阵 S^2 的主成分载荷矩阵

$$\hat{A}=(\sqrt{\lambda_1}\,\eta_1,\sqrt{\lambda_2}\,\eta_2,\cdots,\sqrt{\lambda_m}\,\eta_m)=(\hat{a}_{ij})_{p\times m} \tag{8.3.5}$$

式(8.3.5)也常称为载荷因子的主成分分解. 由式(8.3.4)立即得到 D 的估计

$$\hat{D}=\text{diag}(\hat{\sigma}_1^2,\hat{\sigma}_2^2,\cdots,\hat{\sigma}_p^2)=S^2-\hat{A}\hat{A}^T \tag{8.3.6}$$

$$\hat{\sigma}_i^2=s_{ii}-\sum_{j=1}^{m}\hat{a}_{ij}^2,\quad i=1,2,\cdots,p \tag{8.3.7}$$

当原始变量 $X_i(i=1,2,\cdots,p)$ 的单位不同时，必须首先对原始变量作标准化变换，标准化变量的样本协方差矩阵 S^2 即为原始变量的样本相关系数矩阵 $\hat{R}$，用 $\hat{R}$ 代替式(8.3.4)中

的 S^2，可类似地求得主成分解．下面举例说明．

例 8.3.1 在一项关于消费者爱好的研究中，随机地邀请一些顾客，从味道、价格、风味、适于快餐、能量补充 5 个方面（变量）对某种新食品进行评价，得到这 5 个变量的样本相关系数矩阵

$$\hat{\boldsymbol{R}} = \begin{bmatrix} 1.00 & 0.02 & 0.96 & 0.42 & 0.01 \\ 0.02 & 1.00 & 0.13 & 0.71 & 0.85 \\ 0.96 & 0.13 & 1.00 & 0.50 & 0.11 \\ 0.42 & 0.71 & 0.50 & 1.00 & 0.79 \\ 0.01 & 0.85 & 0.11 & 0.79 & 1.00 \end{bmatrix}$$

计算 $\hat{\boldsymbol{R}}$ 的特征值并按从大到小的顺序排序，$\hat{\boldsymbol{R}}$ 的前两个特征值为 $\lambda_1 = 2.85, \lambda_2 = 1.82$，其余三个均小于 1，且累积贡献率 $(\lambda_1 + \lambda_2) / \sum_{i=1}^{5} \lambda_i = 0.93$，于是选择公共因子数 $m = 2$，因子载荷、变量共同度和特殊因子方差的估计均列在表 8.3.1 中．

表 8.3.1 因子分析主成分解

变量	因子载荷估计 $\hat{a}_{ij} = \sqrt{\lambda_i}\eta_{ij}$		旋转因子载荷估计		共同因子方差估计 $\hat{h}_i^2$	特殊因子方差 $\hat{\sigma}_i^2 = 1 - \hat{h}_i^2$
	F_1	F_2	F_1^*	F_2^*		
1	0.56	0.82	0.02	0.99	0.98	0.02
2	0.78	−0.53	0.94	−0.01	0.88	0.12
3	0.65	0.75	0.13	0.98	0.98	0.02
4	0.94	−0.11	0.84	0.43	0.89	0.11
5	0.80	−0.54	0.97	−0.02	0.93	0.07
特征值	2.85	1.81				
累计贡献率	0.571	0.932	0.507	0.934		

从表 8.3.1 可见，5 个共同因子方差都比较大，表明了这两个公共因子确实解释了每个变量方差的绝大部分．又因为

$$\hat{\boldsymbol{A}}\hat{\boldsymbol{A}}^{\mathrm{T}} + \hat{\boldsymbol{D}} = \begin{bmatrix} 1.00 & 0.01 & 0.97 & 0.44 & 0.00 \\ 0.01 & 1.00 & 0.11 & 0.97 & 0.91 \\ 0.97 & 0.11 & 1.00 & 0.53 & 0.11 \\ 0.44 & 0.97 & 0.53 & 1.00 & 0.81 \\ 0.00 & 0.91 & 0.11 & 0.81 & 1.00 \end{bmatrix}$$

与 $\hat{\boldsymbol{R}}$ 比较接近，从直观上，可以认为两个公共因子的模型给出了数据较好的拟合．

8.4 因子旋转

完成了因子模型的参数估计后,还必须对模型中的公共因子进行合理的解释,给出具有实际意义的一种名称,用来反映在预测每个可观测的原始变量时这个公共因子的重要性. 要合理解释公共因子通常需要一定的专业知识和经验,同时,公共因子是否易于解释,很大程度上取决于载荷矩阵 A 的元素结构. 最理想的载荷结构是,每一列各载荷的平方值靠近 0 或靠近 1. 如果载荷矩阵的元素居中,不大不小,则难以做出解释,此时就需要进行因子旋转,使得旋转之后的载荷矩阵在每一列上元素的绝对值尽量地拉开距离. 旋转后的因子称为旋转因子,因子旋转原理就像调节显微镜的焦点,以便看清观察物的细微之处.

因子旋转方法有正交旋转和斜交旋转两类,在此仅介绍正交旋转. 根据 8.2 节正交因子模型载荷矩阵的不惟一性,对载荷矩阵 A 作正交变换(即右乘正交阵 T(正交旋转)),使得 AT 能有更鲜明的实际意义,旋转后的公共因子向量 $F^* = T^T F$ 的各分量是互不相关的. 正交矩阵的不同选取方式构成了正交旋转的若干方法,在这些方法中使用最普遍的是最大方差旋转法(varimax).

最大方差旋转法的基本思想是在保持公共因子的正交性及公共因子方差总和不变的条件下,使旋转后的所有公共因子的相对载荷 a_{ij}^*/h_i 平方的方差和达到最大. 令

$$A^* = AT = (a_{ij}^*)_{p \times m}$$

$$d_{ij} = a_{ij}^*/h_i, \quad i = 1, 2, \cdots, p; j = 1, 2, \cdots, m$$

$$\overline{d}_j = \frac{1}{p} \sum_{i=1}^{p} d_{ij}^2, \quad j = 1, 2, \cdots, m$$

则旋转后的第 j 个公共因子相对载荷平方的方差为

$$V_j = \frac{1}{p} \sum_{i=1}^{p} (d_{ij}^2 - \overline{d}_j)^2, \quad j = 1, 2, \cdots, m \tag{8.4.1}$$

用 a_{ij}^* 除以 h_i 是为了消除各个原始变量 X_i 对公共因子依赖程度不同的影响,选择除数 h_i 是因为它是 A^* 的第 $i(i=1,2,\cdots,p)$ 行元素的平方和

$$h_i^{*2} = \sum_{j=1}^{m} a_{ij}^{*2} = (a_{i1}^*, a_{i2}^*, \cdots, a_{im}^*)(a_{i1}^*, a_{i2}^*, \cdots, a_{im}^*)^T$$

$$= (a_{i1}, a_{i2}, \cdots, a_{im}) T T^T (a_{i1}, a_{i2}, \cdots, a_{im})^T = \sum_{j=1}^{m} a_{ij}^2 = h_i^2$$

取 d_{ij}^2 是为了消除 d_{ij} 符号不同的影响.

最大方差旋转就是选择正交矩阵 T,使得载荷矩阵 $A^* = AT$ 所有 m 列元素平方和的

相对方差之和 $V = \sum_{j=1}^{m} V_j$ 达到最大.

当 $m=2$ 时, 进行因子旋转的正交矩阵 $\boldsymbol{T}$ 可选择 $\begin{pmatrix} \cos\phi & -\sin\phi \\ \sin\phi & \cos\phi \end{pmatrix}$ (这是逆时针旋转, 如作顺时针旋转只需将次对角线上的两个正弦函数对换即可, ϕ 是坐标平面上因子轴按顺时针方向旋转的角度. 只要求出 ϕ, 就能求出 $\boldsymbol{T}$). 由式(8.4.1)可求出载荷矩阵 $\boldsymbol{A}^*$ 所有列元素平方和的相对方差之和 $V(=V_1+V_2)$ 关于 ϕ 的函数. 令 $dV/d\phi=0$, 经计算, ϕ 应满足

$$\tan 4\phi = (D_0 - 2A_0B_0/p)/(C_0 - (A_0^2 - B_0^2)/p) \tag{8.4.2}$$

其中

$$\begin{cases} A_0 = \sum_{i=1}^{p} u_i, & B_0 = \sum_{i=1}^{p} v_i \\ C_0 = \sum_{i=1}^{p} (u_i^2 - v_i^2), & D_0 = 2\sum_{i=1}^{p} u_i v_i \\ u_i = \left(\frac{a_{i1}}{h_i}\right)^2 - \left(\frac{a_{i2}}{h_i}\right)^2, & v_i = \frac{2a_{i1}a_{i2}}{h_i^2} \end{cases} \tag{8.4.3}$$

当公共因子数 $m>2$ 时, 则需逐次对每两个公共因子进行上述旋转变换. m 个公共因子的两两配对旋转共需 $m(m-1)/2$ 次, 称其为完成了第一轮旋转, 并记第一轮旋转后的最大方差为 $V^{(1)}$. 然后, 再重新开始第二轮旋转. 每经一轮旋转, $\boldsymbol{A}$ 的各列的相对方差和 V 只会变大, 当第 k 轮旋转后的 $V^{(k)}$ 与上一次循环的 $V^{(k-1)}$ 比较变化不大时, 就停止旋转.

例 8.4.1(续例 8.3.1) 在例 8.3.1 中, 用主成分法得到了因子载荷矩阵, 现在对它们作方差最大化旋转, 新旧两种因子载荷及共同度的估计见表 8.3.1.

很明显, 变量 X_2, X_4, X_5 在旋转因子 F_1^* 有大载荷, 而在 F_2^* 上的载荷较小或可忽略; 变量 X_1, X_3 在 F_2^* 上有大载荷, 而在 F_1^* 上的载荷却是可以忽略. 因此, 有理由称 F_1^* 为营养因子, F_2^* 为滋味因子. 诸变量的因子旋转如图 8.4.1 所示.

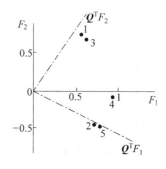

图 8.4.1 方差最大旋转图

8.5 因子得分

前面讨论了如何从样本数据出发获得公共因子和因子载荷矩阵, 并给出公共因子的解释. 但有时也需要把公共因子表示成变量的线性组合, 或反过来对每组样本计算公共

因子的估计值,即所谓的因子得分(factor scores).因子得分可用于模型诊断,也可作为进一步分析的原始数据.值得注意的是,因子得分的估计并不是通常意义下的参数估计,而是对不可观测的、抽象的随机潜变量的估计.

根据因子模型,公共因子不是可观测原始变量 $X_i(i=1,2,\cdots,p)$ 的线性组合,而是非线性组合,因而,公共因子的得分无法直接计算得到.但可用各种不同的方法来估计因子得分,常用的方法有加权最小二乘法和回归法,对于用主成分分解法建立的因子模型,常用加权最小二乘法估计因子得分.

类似求解线性回归系数的方法,对于模型(8.2.1),寻求因子 $F_j(j=1,2,\cdots,m)$ 的一组取值 $\hat{F}_j(j=1,2,\cdots,m)$ 使得加权的残差平方和

$$\sum_{i=1}^{p} \frac{1}{\sigma_i^2} \left[(x_i - \mu_i) - \left(\sum_{k=1}^{m} a_{ik}\hat{F}_k\right) \right]^2 \tag{8.5.1}$$

达到最小.这样求得的因子得分 $\hat{F}_j(j=1,2,\cdots,m)$ 称为 Bartlett 因子得分.

根据式(8.2.2),式(8.5.1)用矩阵表示为

$$(\boldsymbol{X} - \boldsymbol{\mu} - \boldsymbol{A}\hat{\boldsymbol{F}})^{\mathrm{T}} \boldsymbol{D}^{-1} (\boldsymbol{X} - \boldsymbol{\mu} - \boldsymbol{A}\hat{\boldsymbol{F}}) \tag{8.5.2}$$

其中 $\hat{\boldsymbol{F}} = (\hat{F}_1, \hat{F}_2, \cdots, \hat{F}_m)^{\mathrm{T}}$.用微积分求极值方法可得到 Bartlett 因子得分的表达式

$$\hat{\boldsymbol{F}} = (\boldsymbol{A}^{\mathrm{T}}\boldsymbol{D}^{-1}\boldsymbol{A})^{-1}\boldsymbol{A}^{\mathrm{T}}\boldsymbol{D}^{-1}(\boldsymbol{X} - \boldsymbol{\mu}) \tag{8.5.3}$$

在实际应用中,用估计 $\bar{\boldsymbol{X}}, \hat{\boldsymbol{A}}, \hat{\boldsymbol{D}}$ 分别代替上述公式中的 $\boldsymbol{\mu}, \boldsymbol{A}, \boldsymbol{D}$,并将每个样品的数据 $\boldsymbol{X}_i$ 代替 $\boldsymbol{X}$,便可以得到相应的因子得分 $\hat{\boldsymbol{F}}_i$.

8.6 应用案例

进行因子分析时,一般包括以下步骤.

设原始数据如表 8.6.1.

表 8.6.1 因子分析数据表

样品	变量			
	X_1	X_2	$\cdots$	X_p
1	x_{11}	x_{12}	$\cdots$	x_{1p}
2	x_{21}	x_{22}	$\cdots$	x_{2p}
$\vdots$	$\vdots$	$\vdots$		$\vdots$
n	x_{n1}	x_{n2}	$\cdots$	x_{np}

(1) 将原始数据标准化,为书写方便仍记为 $x_{ij}(i=1,2,\cdots,n;j=1,2,\cdots,p)$.

(2) 建立变量的相关系数矩阵 $\boldsymbol{R} = (r_{ij})_{p \times p}$.

$$r_{ij} = \frac{1}{n}\sum_{k=1}^{n} x_{ki}x_{kj}, \quad i,j = 1,2,\cdots,p \tag{8.6.1}$$

若做 Q 型因子分析,则建立样品的相似系数矩阵 $Q=(q_{ij})_{n\times n}$,以下步骤类似,只是将相关矩阵 R 改为 Q 即可.

(3) 求 R 的特征根以及对应的标准正交化特征向量,分别记为 $\lambda_1 \geqslant \lambda_2 \geqslant \cdots \geqslant \lambda_p$ 和 $\eta_1, \eta_2, \cdots, \eta_p$,特征矩阵记为 $T=(\eta_1, \eta_2, \cdots, \eta_p)$.

(4) 根据累计贡献率的要求,比如 $\left(\sum_{i=1}^{m}\lambda_i\right) / \left(\sum_{i=1}^{p}\lambda_i\right) \geqslant 80\%$,取前 m 个特征根及相应的特征向量估计因子载荷矩阵

$$\hat{A} = (\sqrt{\lambda_1}\,\eta_1, \sqrt{\lambda_2}\,\eta_2, \cdots, \sqrt{\lambda_m}\,\eta_m) = (\hat{a}_{ij})_{p\times m} \tag{8.6.2}$$

(5) 对 $\hat{A}$ 实施最大方差正交旋转,解释因子.

(6) 计算因子得分.

下面借助于 Excel 工具对实际问题进行具体分析.

例 8.6.1 某校初三两个班 100 名学生的数学、物理、化学、语文、历史、英语的成绩(百分制)如表 8.6.2 所示.试对这些数据进行因子分析.

具体操作步骤如下.

(1) 按表 8.6.1 的格式录入数据,共 7 列 101 行(也可以在重庆大学数理学院 sci 论坛公共课辅导栏目下载原始数据 http://sci.cqu.edu.cn/scibbs),由于 Excel 提供了计算相关系数矩阵的工具,可以省略将原始数据标准化这一步.

(2) 建立变量的相关系数矩阵.在菜单栏选择"工具"→"数据分析"→"相关系数"后,弹出一个表单,在输入区域里输入"B1:G101"或者按右边的标记后用鼠标点选;分组方式选择逐列(如果数据变量是按行录入的选择逐行);选择标志位于第一行;输出区域内输入"I1"确定即可得到如下相关系数矩阵:

$$R = \begin{bmatrix} 1.00 & 0.64 & 0.61 & -0.61 & -0.49 & -0.50 \\ 0.64 & 1.00 & 0.54 & -0.43 & -0.34 & -0.35 \\ 0.61 & 0.54 & 1.00 & -0.45 & -0.36 & -0.37 \\ -0.61 & -0.43 & -0.45 & 1.00 & 0.81 & 0.83 \\ -0.49 & -0.34 & -0.36 & 0.81 & 1.00 & 0.80 \\ -0.50 & -0.35 & -0.37 & 0.83 & 0.80 & 1.00 \end{bmatrix} \tag{8.6.3}$$

(3) 求 R 的特征根以及对应的标准正交化特征向量,这一步对于 Excel 这样的工具显得有些吃力.使用数学软件或统计软件计算特征值是件很容易的事,不过使用 Excel 也不是完全无能为力.下面介绍求特征值的幂法以实现 Excel 上的特征值计算,这方面的详细内容可参阅相关书籍.

表 8.6.2 初三两个班 100 名学生的成绩

学生编号	1	2	3	4	5	6	7	8	9	10	11	12	13	14	15	16	17	18	19	20	21	22	23	24	25
数学	65	77	67	80	74	78	66	77	83	86	74	67	81	71	78	69	77	84	62	74	91	72	82	63	74
物理	61	77	63	69	70	84	71	71	100	94	80	84	62	64	96	56	90	67	67	65	74	87	70	70	79
化学	72	76	49	75	80	75	67	57	79	97	88	53	69	94	81	67	80	75	83	75	97	72	83	60	95
语文	84	64	65	74	84	62	52	72	41	51	64	58	56	52	80	75	68	60	71	72	62	79	68	91	59
历史	81	70	67	74	81	71	65	86	67	63	73	66	62	66	61	89	94	66	70	85	90	71	83	77	85	74
英语	79	55	57	63	74	64	57	71	50	55	66	56	52	52	76	80	60	63	77	73	66	76	85	82	59

学生编号	26	27	28	29	30	31	32	33	34	35	36	37	38	39	40	41	42	43	44	45	46	47	48	49	50
数学	66	90	77	91	78	90	80	58	72	64	77	72	72	73	77	61	79	81	85	68	85	91	74	88	63
物理	61	82	90	82	84	78	100	51	89	55	89	68	67	72	81	65	95	90	77	85	91	85	74	100	82
化学	77	98	85	84	100	78	83	67	88	50	69	77	61	70	62	81	83	79	75	70	95	100	84	85	66
语文	62	47	68	54	51	59	53	79	77	68	73	83	92	88	85	98	89	73	52	84	63	70	61	49	89
历史	73	71	73	62	60	72	73	91	80	75	77	92	86	92	90	94	89	85	73	89	77	65	69	71	78
英语	64	60	76	60	60	66	70	85	83	65	70	79	88	79	87	95	79	80	59	86	66	76	69	66	80

学生编号	51	52	53	54	55	56	57	58	59	60	61	62	63	64	65	66	67	68	69	70	71	72	73	74	75
数学	87	81	64	60	75	59	64	64	56	62	86	66	61	80	67	74	75	83	67	85	80	71	75	84	90
物理	84	98	79	51	84	59	61	48	45	78	72	66	98	76	89	87	71	83	98	81	58	84	89	83
化学	74	84	64	60	76	81	56	49	61	67	92	79	48	83	66	68	66	81	65	81	77	45	97	81	91
语文	74	57	72	78	65	82	71	100	85	78	87	81	98	58	86	59	69	63	68	61	60	83	64	72	58
历史	81	65	76	74	76	77	79	99	82	76	87	87	100	66	74	73	70	77	74	69	67	77	68	74	60
英语	76	69	74	76	73	75	67	95	80	82	77	66	96	66	79	73	71	73	60	66	67	73	65	64	59

学生编号	76	77	78	79	80	81	82	83	84	85	86	87	88	89	90	91	92	93	94	95	96	97	98	99	100
数学	73	87	69	72	84	79	68	87	85	76	99	78	72	90	69	68	62	66	100	78	52	70	74	72	68
物理	80	98	72	89	100	73	85	86	73	61	100	68	90	97	64	52	49	47	100	79	62	67	73	74	74
化学	64	87	79	69	73	69	76	88	68	73	99	52	69	76	60	70	61	51	100	62	65	56	66	75	70
语文	75	68	65	89	70	47	65	83	70	55	63	53	75	63	69	86	94	59	79	100	74	71	88	87
历史	80	78	82	80	50	73	93	73	73	60	63	74	80	58	74	65	86	96	73	87	96	82	88	91	87
英语	78	64	73	75	59	73	84	70	71	70	60	66	79	65	80	78	81	95	67	80	100	74	84	86	83

幂法求矩阵 R 的特征值和主特征向量步骤如下：

(1) 任给 n 维初始向量 $\xi_0 = 1$；

(2) 进行迭代，公式为 $\boldsymbol{\xi}_k = \boldsymbol{R}\boldsymbol{\xi}_{k-1}(k=1,2,\cdots)$；

(3) 如果 $\frac{(\boldsymbol{\xi}_k)_i}{(\boldsymbol{\xi}_{k-1})_i} \approx k$（常数）$(i=1,2,3,4,5,6)$ 则 $\lambda_1 = k$ 为 $\boldsymbol{R}$ 的最大特征值，$\boldsymbol{\eta}_1 = \boldsymbol{\xi}_k$ 即是与 λ_1 对应的一个近似特征向量.

按照上述方法，在单元格 Q2 和 Q7 内输入 1 作为初始向量，按住左键选择 Q9 到 Q14 共 6 个单元格，输入"=MMULT(J2:O7,Q2:Q7)"按 Ctrl+Shift 加 Enter 键就会在 Q9 到 Q14 输出 $\boldsymbol{\xi}_1 = \boldsymbol{R}\boldsymbol{\xi}_0$ 的结果，完成第一次迭代，在第 10 次迭代后，得到 $\lambda_1 = 3.741$，$\boldsymbol{\eta}_1 = (-0.417, -0.347, -0.351, 0.462, 0.426, 0.432)^T$. 根据谱分解公式对 $\boldsymbol{R} - \lambda_1 \boldsymbol{\eta}_1 \boldsymbol{\eta}_1^T$ 施行上述方法即可求出第二大的特征值 $\lambda_2 = 1.117$ 和相应的特征向量 $\boldsymbol{\eta}_2 = (0.329, 0.514, 0.466, 0.285, 0.409, 0.401)^T$.

(4) 根据累计贡献率的要求，这里 $(\lambda_1 + \lambda_2)/6 = 80.97\%$ 符合要求，取前两个特征根及相应的特征向量估计因子载荷矩阵

$$\hat{\boldsymbol{A}} = (\sqrt{\lambda_1}\boldsymbol{\eta}_1, \sqrt{\lambda_2}\boldsymbol{\eta}_2) = \begin{pmatrix} -0.807 & 0.348 \\ -0.671 & 0.544 \\ -0.680 & 0.493 \\ 0.893 & 0.301 \\ 0.825 & 0.433 \\ 0.836 & 0.424 \end{pmatrix} \tag{8.6.4}$$

表 8.6.3　因子载荷数据表

	F_1	F_2
数学	-0.807	0.348
物理	-0.671	0.544
化学	-0.680	0.493
语文	0.893	0.301
历史	0.825	0.433
英语	0.836	0.424

从表 8.6.3 可以看出未经因子旋转时，两个公共因子 F_1, F_2 的载荷分布不是很分散，因此很难给这两个公共因子以明确的解释.

(5) 对 $\hat{\boldsymbol{A}}$ 实施最大方差正交旋转，由于本例正好只有两个因子，旋转正交矩阵可选择为 $\boldsymbol{T} = \begin{pmatrix} \cos\phi & -\sin\phi \\ \sin\phi & \cos\phi \end{pmatrix}$，其中 ϕ 按式(8.4.2)进行计算，在 Excel 中通过一系列的列表计算，得到 $\phi = 0.703$（注：依照式(8.4.2)计算时，由于反正切的弧度值给在第四象限，是负值，而正弦和余弦的弧度值应在第二象限，因此反正切计算时出现了负值要加上 π），由

此得到正交旋转矩阵

$$T = \begin{pmatrix} 0.763 & -0.647 \\ 0.647 & 0.763 \end{pmatrix} \quad (8.6.5)$$

表 8.6.4 给出了因子旋转后的因子载荷. 很明显, 第一因子 F_1 主要是与语文、历史、英语有很强的正相关; 而第二因子 F_2 主要与数学、物理、化学有很强的正相关. 因此, 第一因子 F_1 可以命名为文科因子, 第二因子 F_2 可以命名为理科因子.

表 8.6.4 旋转后的因子载荷数据表

	F_1	F_2
数学	−0.391	0.787
物理	−0.161	0.849
化学	−0.200	0.815
语文	0.876	−0.348
历史	0.909	−0.203
英语	0.912	−0.217

(6) 计算因子得分, 由式(8.5.3)

$$\hat{F} = (\hat{A}'\hat{D}^{-1}\hat{A})^{-1}\hat{A}^{\mathrm{T}}\hat{D}^{-1}(X - \bar{X})$$

其中 $\hat{D} = R - \hat{A}\hat{A}^{\mathrm{T}}$, 从而可在 Excel 中利用矩阵求逆和矩阵乘积, 通过分步列表最终算出因子得分如下:

$$\hat{F}_1 = 114.76 + 0.037X_1 + 0.178X_2 + 0.147X_3 + 0.356X_4 + 0.419X_5 + 0.416X_6$$

$$\hat{F}_1 = 125.35 + 0.377X_1 + 0.487X_2 + 0.454X_3 + 0.051X_4 + 0.153X_5 + 0.145X_6$$

习 题 8

1. 设标准化变量 X_1, X_2, X_3 的相关系数矩阵为

$$R = \begin{pmatrix} 1.00 & 0.63 & 0.45 \\ 0.63 & 1.00 & 0.35 \\ 0.45 & 0.35 & 1.00 \end{pmatrix}$$

特征值和特征向量为

$$\lambda_1 = 1.9633, \quad \eta_1^{\mathrm{T}} = (0.6250, 0.5932, 0.5075)^{\mathrm{T}}$$
$$\lambda_2 = 0.6795, \quad \eta_2^{\mathrm{T}} = (-0.2186, -0.4911, 0.8432)^{\mathrm{T}}$$
$$\lambda_3 = 0.3672, \quad \eta_3^{\mathrm{T}} = (0.7494, -0.6379, -0.1772)^{\mathrm{T}}$$

若公共因子个数 $m=2$, 试计算因子载荷矩阵、特殊因子方差、公共因子方差和公共因子的方差贡献, 并分析受公共因子影响最大的变量以及最有影响的公共因子.

2. 试根据下列 5、6 号地区 15 家企业的出口创汇、利润、履约率等数据作因子分析.

15家企业的出口创汇、利润、履约率等数据表

企业编号	出口创汇/百万美元	利润/百万美元	人均创汇/百万美元	出口合同履约率/%	地区编号
1	162	51.5	79	90	5
2	171	54	85	89	5
3	166	51	80	89	3
4	158	48	82	85	5
5	170	58	85	91	5
6	166	60	80	90	5
7	168	55	81	93	5
8	170	60	89	92	5
9	171	56	89	91	5
10	168	55	85	89	5
11	169	57	87	91	6
12	163	50	83	91	6
13	181	67	85	95	6
14	162	51	80	90	6
15	167	55	83	91	6

3. 试根据"2001年我国内地各省、自治区、直辖市国有及国有控股工业企业主要经济效益指标数据表"作因子分析(资料摘自《中国统计年鉴2002》).

2001年我国内地各省、自治区、直辖市国有及国有控股工业企业主要经济效益指标数据表

地区	工业增加值率/%	总资产负债率/%	资产负债率/%	流动资产周转次数/(次/年)	工业成本费用利润/%	全员劳动生产率/(元/(人·年))	产品销售率/%
北京	25.49	6.06	53.82	1.35	3.99	68 404	98.39
天津	31.20	4.73	61.52	1.26	3.61	54 357	97.60
河北	36.71	7.46	64.07	1.47	4.45	45 604	98.59
山西	37.56	4.92	64.09	0.96	2.88	27 912	98.44
内蒙古	36.84	5.46	58.32	1.33	1.97	37 687	98.41
辽宁	29.04	5.59	59.63	1.29	2.60	50 433	98.38
吉林	30.26	7.53	63.45	1.36	4.61	48 042	97.25
黑龙江	55.69	20.34	58.27	1.54	32.13	73 840	98.58
上海	30.95	8.08	43.23	1.36	7.02	119 468	99.23
江苏	28.04	7.92	58.32	1.62	3.27	58 581	98.54
浙江	33.22	9.95	51.89	1.59	5.50	87 702	98.88

续表

地区	工业增加值率/%	总资产负债率/%	资产负债率/%	流动资产周转次数/(次/年)	工业成本费用利润/%	全员劳动生产率/(元/(人·年))	产品销售率/%
安徽	33.83	7.91	59.69	1.41	3.81	42 856	99.16
福建	38.13	9.75	61.22	1.63	5.82	84 237	98.55
江西	30.94	5.87	67.06	1.17	1.08	31 320	98.27
山东	36.83	10.54	59.37	1.78	7.65	60 731	98.97
河南	34.23	6.69	65.98	1.27	2.90	35 321	98.45
湖北	33.93	7.33	61.44	1.32	4.81	49 430	97.87
湖南	36.71	8.85	68.93	1.23	2.62	41 345	99.20
广东	32.71	9.53	53.99	1.55	6.91	115 378	100.00
广西	33.45	6.44	60.83	1.31	3.55	37 455	98.27
海南	29.18	6.53	63.17	1.24	2.72	48 747	97.19
重庆	31.38	5.86	62.38	1.00	1.51	38 511	99.29
四川	37.41	6.37	64.01	1.10	3.46	42 579	98.99
贵州	35.26	7.03	62.26	0.89	3.28	35 561	97.46
云南	55.08	15.64	52.62	1.19	10.18	95 851	98.99
西藏	49.47	3.74	23.43	0.67	12.83	29 143	89.98
陕西	34.42	6.64	67.19	1.10	4.51	38 099	98.03
甘肃	31.67	5.10	65.33	1.11	0.61	38 894	97.80
青海	38.86	4.63	70.31	0.83	2.83	55 021	93.18
宁夏	31.38	5.17	55.38	1.14	1.92	38 819	98.14
新疆	44.05	10.61	59.87	1.51	13.20	97 422	100.00

4. 结合工作实际或生活实际,列举一个因子分析问题,并回答以下问题:

(1) 因子分析的问题是什么?

(2) 因子分析过程?

(3) 因子分析结果?

附　录

常用数理统计表

表 1　标准正态分布表

$$\Phi(x) = \frac{1}{\sqrt{2\pi}} \int_{-\infty}^{x} e^{-\frac{t^2}{2}} dt = P(X \leqslant x)$$

x	0.00	0.01	0.02	0.03	0.04	0.05	0.06	0.07	0.08	0.09
0.0	0.5000	0.5040	0.5080	0.5120	0.5160	0.5199	0.5239	0.5279	0.5319	0.5359
0.1	0.5398	0.5438	0.5478	0.5517	0.5557	0.5596	0.5636	0.5675	0.5714	0.5753
0.2	0.5793	0.5832	0.5871	0.5910	0.5948	0.5987	0.6026	0.6064	0.6103	0.6141
0.3	0.6179	0.6217	0.6255	0.6293	0.6331	0.6368	0.6404	0.6443	0.6480	0.6517
0.4	0.6554	0.6591	0.6628	0.6664	0.6700	0.6736	0.6772	0.6808	0.6844	0.6879
0.5	0.6915	0.6950	0.6985	0.7019	0.7054	0.7088	0.7123	0.7157	0.7190	0.7224
0.6	0.7257	0.7291	0.7324	0.7357	0.7389	0.7422	0.7454	0.7486	0.7517	0.7549
0.7	0.7580	0.7611	0.7642	0.7673	0.7703	0.7734	0.7764	0.7794	0.7823	0.7852
0.8	0.7881	0.7910	0.7939	0.7967	0.7995	0.8023	0.8051	0.8078	0.8106	0.8133
0.9	0.8159	0.8186	0.8212	0.8238	0.8264	0.8289	0.8355	0.8340	0.8365	0.8389
1.0	0.8413	0.8438	0.8461	0.8485	0.8508	0.8531	0.8554	0.8577	0.8599	0.8621
1.1	0.8643	0.8665	0.8686	0.8708	0.8729	0.8749	0.8770	0.8790	0.8810	0.8830
1.2	0.8849	0.8869	0.8888	0.8907	0.8925	0.8944	0.8962	0.8980	0.8997	0.9015
1.3	0.9032	0.9049	0.9066	0.9082	0.9099	0.9115	0.9131	0.9147	0.9162	0.9177
1.4	0.9192	0.9207	0.9222	0.9236	0.9251	0.9265	0.9279	0.9292	0.9306	0.9319
1.5	0.9332	0.9345	0.9357	0.9370	0.9382	0.9394	0.9406	0.9418	0.9430	0.9441
1.6	0.9452	0.9463	0.9474	0.9484	0.9495	0.9505	0.9515	0.9525	0.9535	0.9535
1.7	0.9554	0.9564	0.9573	0.9582	0.9591	0.9599	0.9608	0.9616	0.9625	0.9633

续表

x	0.00	0.01	0.02	0.03	0.04	0.05	0.06	0.07	0.08	0.09
1.8	0.9641	0.9648	0.9656	0.9664	0.9672	0.9678	0.9686	0.9693	0.9700	0.9706
1.9	0.9713	0.9719	0.9726	0.9732	0.9738	0.9744	0.9750	0.9756	0.9762	0.9767
2.0	0.9772	0.9778	0.9783	0.9788	0.9793	0.9798	0.9803	0.9808	0.9812	0.9817
2.1	0.9821	0.9826	0.9830	0.9834	0.9838	0.9842	0.9846	0.9850	0.9854	0.9857
2.2	0.9861	0.9864	0.9868	0.9871	0.9874	0.9878	0.9881	0.9884	0.9887	0.9890
2.3	0.9893	0.9896	0.9898	0.9901	0.9904	0.9906	0.9909	0.9911	0.9913	0.9916
2.4	0.9918	0.9920	0.9922	0.9925	0.9927	0.9929	0.9931	0.9932	0.9934	0.9936
2.5	0.9938	0.9940	0.9941	0.9943	0.9945	0.9946	0.9948	0.9949	0.9951	0.9952
2.6	0.9953	0.9955	0.9956	0.9957	0.9959	0.9960	0.9961	0.9962	0.9963	0.9964
2.7	0.9965	0.9966	0.9967	0.9968	0.9969	0.9970	0.9971	0.9972	0.9973	0.9974
2.8	0.9974	0.9975	0.9976	0.9977	0.9977	0.9978	0.9979	0.9979	0.9980	0.9981
2.9	0.9981	0.9982	0.9982	0.9983	0.9984	0.9984	0.9985	0.9985	0.9986	0.9986
3	0.9987	0.9990	0.9993	0.9995	0.9997	0.9998	0.9998	0.9999	0.9999	0.9999

表2 t 分布分位数表

$P(t \leqslant t_p(n)) = p$

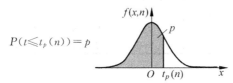

p \ n	0.9	0.95	0.975	0.99	0.995	0.999	0.9995
1	3.078	6.314	12.706	31.821	63.657	318.309	636.619
2	1.886	2.92	4.303	6.965	9.925	22.327	31.599
3	1.638	2.353	3.182	4.541	5.841	10.215	12.924
4	1.533	2.132	2.776	3.747	4.604	7.173	8.610
5	1.476	2.015	2.571	3.365	4.032	5.893	6.869
6	1.440	1.943	2.447	3.143	3.707	5.208	5.959
7	1.415	1.895	2.365	2.998	3.499	4.785	5.408
8	1.397	1.86	2.306	2.896	3.355	4.501	5.041
9	1.383	1.833	2.262	2.821	3.250	4.297	4.781
10	1.372	1.812	2.228	2.764	3.169	4.144	4.587
11	1.363	1.796	2.201	2.718	3.106	4.025	4.437
12	1.356	1.782	2.179	2.681	3.055	3.93	4.318
13	1.350	1.771	2.160	2.650	3.012	3.852	4.221

续表

p\n	0.9	0.95	0.975	0.99	0.995	0.999	0.9995
14	1.345	1.761	2.145	2.624	2.977	3.787	4.140
15	1.341	1.753	2.131	2.602	2.947	3.733	4.073
16	1.337	1.746	2.120	2.583	2.921	3.686	4.015
17	1.333	1.740	2.110	2.567	2.898	3.646	3.965
18	1.33	1.734	2.101	2.552	2.878	3.61	3.922
19	1.328	1.729	2.093	2.539	2.861	3.579	3.883
20	1.325	1.725	2.086	2.528	2.845	3.552	3.850
21	1.323	1.721	2.08	2.518	2.831	3.527	3.819
22	1.321	1.717	2.074	2.508	2.819	3.505	3.792
23	1.319	1.714	2.069	2.500	2.807	3.485	3.768
24	1.318	1.711	2.064	2.492	2.797	3.467	3.745
25	1.316	1.708	2.06	2.485	2.787	3.450	3.725
26	1.315	1.706	2.056	2.479	2.779	3.435	3.707
27	1.314	1.703	2.052	2.473	2.771	3.421	3.690
28	1.313	1.701	2.048	2.467	2.763	3.408	3.674
29	1.311	1.699	2.045	2.462	2.756	3.396	3.659
30	1.310	1.697	2.042	2.457	2.75	3.385	3.646
40	1.303	1.684	2.021	2.423	2.704	3.307	3.551
60	1.296	1.671	2.000	2.39	2.66	3.232	3.460
120	1.289	1.658	1.980	2.358	2.617	3.160	3.373
∞	1.282	1.645	1.960	2.326	2.576	3.090	3.291

表3 χ^2 分布分位数表

$P(\chi^2 \leqslant \chi_p^2(n)) = p$

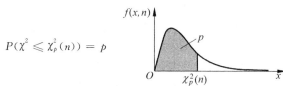

p\n	0.005	0.01	0.025	0.05	0.1	0.25	0.5	0.75	0.9	0.95	0.975	0.99	0.995
1	0.00	0.00	0.00	0.00	0.02	0.10	0.45	1.32	2.71	3.84	5.02	6.63	7.88
2	0.01	0.02	0.05	0.10	0.21	0.58	1.39	2.77	4.61	5.99	7.38	9.21	10.60
3	0.07	0.11	0.22	0.35	0.58	1.21	2.37	4.11	6.25	7.81	9.35	11.34	12.84
4	0.21	0.30	0.48	0.71	1.06	1.92	3.36	5.39	7.78	9.49	11.14	13.28	14.86
5	0.41	0.55	0.83	1.15	1.61	2.67	4.35	6.63	9.24	11.07	12.83	15.09	16.75
6	0.68	0.87	1.24	1.64	2.20	3.45	5.35	7.84	10.64	12.59	14.45	16.81	18.55
7	0.99	1.24	1.69	2.17	2.83	4.25	6.35	9.04	12.02	14.07	16.01	18.48	20.28
8	1.34	1.65	2.18	2.73	3.49	5.07	7.34	10.22	13.36	15.51	17.53	20.09	21.95

续表

p\n	0.005	0.01	0.025	0.05	0.1	0.25	0.5	0.75	0.9	0.95	0.975	0.99	0.995
9	1.73	2.09	2.70	3.33	4.17	5.90	8.34	11.39	14.68	16.92	19.02	21.67	23.59
10	2.16	2.56	3.25	3.94	4.87	6.74	9.34	12.55	15.99	18.31	20.48	23.21	25.19
11	2.60	3.05	3.82	4.57	5.58	7.58	10.34	13.70	17.28	19.68	21.92	24.72	26.76
12	3.07	3.57	4.40	5.23	6.30	8.44	11.34	14.85	18.55	21.03	23.34	26.22	28.30
13	3.57	4.11	5.01	5.89	7.04	9.30	12.34	15.98	19.81	22.36	24.74	27.69	29.82
14	4.07	4.66	5.63	6.57	7.79	10.17	13.34	17.12	21.06	23.68	26.12	29.14	31.32
15	4.60	5.23	6.26	7.26	8.55	11.04	14.34	18.25	22.31	25.00	27.49	30.58	32.80
16	5.14	5.81	6.91	7.96	9.31	11.91	15.34	19.37	23.54	26.30	28.85	32.00	34.27
17	5.70	6.41	7.56	8.67	10.09	12.79	16.34	20.49	24.77	27.59	30.19	33.41	35.72
18	6.26	7.01	8.23	9.39	10.86	13.68	17.34	21.60	25.99	28.87	31.53	34.81	37.16
19	6.84	7.63	8.91	10.12	11.65	14.56	18.34	22.72	27.20	30.14	32.85	36.19	38.58
20	7.43	8.26	9.59	10.85	12.44	15.45	19.34	23.83	28.41	31.41	34.17	37.57	40.00
21	8.03	8.90	10.28	11.59	13.24	16.34	20.34	24.93	29.62	32.67	35.48	38.93	41.40
22	8.64	9.54	10.98	12.34	14.04	17.24	21.34	26.04	30.81	33.92	36.78	40.29	42.80
23	9.26	10.20	11.69	13.09	14.85	18.14	22.34	27.14	32.01	35.17	38.08	41.64	44.18
24	9.89	10.86	12.40	13.85	15.66	19.04	23.34	28.24	33.20	36.42	39.36	42.98	45.56
25	10.52	11.52	13.12	14.61	16.47	19.94	24.34	29.34	34.38	37.65	40.65	44.31	46.93
26	11.16	12.20	13.84	15.38	17.29	20.84	25.34	30.43	35.56	38.89	41.92	45.64	48.29
27	11.81	12.88	14.57	16.15	18.11	21.75	26.34	31.53	36.74	40.11	43.19	46.96	49.64
28	12.46	13.56	15.31	16.93	18.94	22.66	27.34	32.62	37.92	41.34	44.46	48.28	50.99
29	13.12	14.26	16.05	17.71	19.77	23.57	28.34	33.71	39.09	42.56	45.72	49.59	52.34
30	13.79	14.95	16.79	18.49	20.60	24.48	29.34	34.80	40.26	43.77	46.98	50.89	53.67
31	14.46	15.66	17.54	19.28	21.43	25.39	30.34	35.89	41.42	44.99	48.23	52.19	55.00
32	15.13	16.36	18.29	20.07	22.27	26.30	31.34	36.97	42.58	46.19	49.48	53.49	56.33
33	15.82	17.07	19.05	20.87	23.11	27.22	32.34	38.06	43.75	47.40	50.73	54.78	57.65
34	16.50	17.79	19.81	21.66	23.95	28.14	33.34	39.14	44.90	48.60	51.97	56.06	58.96
35	17.19	18.51	20.57	22.47	24.80	29.05	34.34	40.22	46.06	49.80	53.20	57.34	60.27
36	17.89	19.23	21.34	23.27	25.64	29.97	35.34	41.30	47.21	51.00	54.44	58.62	61.58
37	18.59	19.96	22.11	24.07	26.49	30.89	36.34	42.38	48.36	52.19	55.67	59.89	62.88
38	19.29	20.69	22.88	24.88	27.34	31.81	37.34	43.46	49.51	53.38	56.90	61.16	64.18
39	20.00	21.43	23.65	25.70	28.20	32.74	38.34	44.54	50.66	54.57	58.12	62.43	65.48
40	20.71	22.16	24.43	26.51	29.05	33.66	39.34	45.62	51.81	55.76	59.34	63.69	66.77
41	21.42	22.91	25.21	27.33	29.91	34.58	40.34	46.69	52.95	56.94	60.56	64.95	68.05
42	22.14	23.65	26.00	28.14	30.77	35.51	41.34	47.77	54.09	58.12	61.78	66.21	69.34
43	22.86	24.40	26.79	28.96	31.63	36.44	42.34	48.84	55.23	59.30	62.99	67.46	70.62
44	23.58	25.15	27.57	29.79	32.49	37.36	43.34	49.91	56.37	60.48	64.20	68.71	71.89
45	24.31	25.90	28.37	30.61	33.35	38.29	44.34	50.98	57.51	61.66	65.41	69.96	73.17

表 4.1　F 分布分位数表

$P(F \leqslant F_p(m,n)) = p \quad (p = 0.90)$

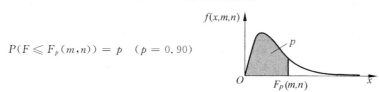

n \ m	1	2	3	4	5	6	7	8	9	10	11	12	15	20	30	50	∞
1	39.9	49.5	53.6	55.8	57.2	58.2	58.9	59.4	59.9	60.2	60.5	60.7	61.2	61.7	62.3	62.7	63.3
2	8.53	9.00	9.16	9.24	9.29	9.33	9.35	9.37	9.38	9.39	9.40	9.41	9.42	9.44	9.46	9.47	9.49
3	5.54	5.46	5.39	5.34	5.31	5.28	5.27	5.25	5.24	5.23	5.22	5.22	5.20	5.18	5.17	5.15	5.13
4	4.54	4.32	4.19	4.11	4.05	4.01	3.98	3.95	3.94	3.92	3.91	3.90	3.87	3.84	3.82	3.80	3.76
5	4.06	3.78	3.62	3.52	3.45	3.40	3.37	3.34	3.32	3.30	3.28	3.27	3.24	3.21	3.17	3.15	3.10
6	3.78	3.46	3.29	3.18	3.11	3.05	3.01	2.98	2.96	2.94	2.92	2.90	2.87	2.84	2.80	2.77	2.72
7	3.59	3.26	3.07	2.96	2.88	2.83	2.78	2.75	2.72	2.70	2.68	2.67	2.63	2.59	2.56	2.52	2.47
8	3.46	3.11	2.92	2.81	2.73	2.67	2.62	2.59	2.56	2.54	2.52	2.50	2.46	2.42	2.38	2.35	2.29
9	3.36	3.01	2.81	2.69	2.61	2.55	2.51	2.47	2.44	2.42	2.40	2.38	2.34	2.30	2.25	2.22	2.16
10	3.29	2.92	2.73	2.61	2.52	2.46	2.41	2.38	2.35	2.32	2.30	2.28	2.24	2.20	2.16	2.12	2.06
11	3.23	2.86	2.66	2.54	2.45	2.39	2.34	2.30	2.27	2.25	2.23	2.21	2.17	2.12	2.08	2.04	1.97
12	3.18	2.81	2.61	2.48	2.39	2.33	2.28	2.24	2.21	2.19	2.17	2.15	2.10	2.06	2.01	1.97	1.90
13	3.14	2.76	2.56	2.43	2.35	2.28	2.23	2.20	2.16	2.14	2.12	2.10	2.05	2.01	1.96	1.92	1.85
14	3.10	2.73	2.52	2.39	2.31	2.24	2.19	2.15	2.12	2.10	2.07	2.05	2.01	1.96	1.91	1.87	1.80
15	3.07	2.70	2.49	2.36	2.27	2.21	2.16	2.12	2.09	2.06	2.04	2.02	1.97	1.92	1.87	1.83	1.76
16	3.05	2.67	2.46	2.33	2.24	2.18	2.13	2.09	2.06	2.03	2.01	1.99	1.94	1.89	1.84	1.79	1.72
17	3.03	2.64	2.44	2.31	2.22	2.15	2.10	2.06	2.03	2.00	1.98	1.96	1.91	1.86	1.81	1.76	1.69
18	3.01	2.62	2.42	2.29	2.20	2.13	2.08	2.04	2.00	1.98	1.95	1.93	1.89	1.84	1.78	1.74	1.66
19	2.99	2.61	2.40	2.27	2.18	2.11	2.06	2.02	1.98	1.96	1.93	1.91	1.86	1.81	1.76	1.71	1.63
20	2.97	2.59	2.38	2.25	2.16	2.09	2.04	2.00	1.96	1.94	1.91	1.89	1.84	1.79	1.74	1.69	1.61
22	2.95	2.56	2.35	2.22	2.13	2.06	2.01	1.97	1.93	1.90	1.88	1.86	1.81	1.76	1.70	1.65	1.57
24	2.93	2.54	2.33	2.19	2.10	2.04	1.98	1.94	1.91	1.88	1.85	1.83	1.78	1.73	1.67	1.62	1.53
26	2.91	2.52	2.31	2.17	2.08	2.01	1.96	1.92	1.88	1.86	1.83	1.81	1.76	1.71	1.65	1.59	1.50
28	2.89	2.50	2.29	2.16	2.06	2.00	1.94	1.90	1.87	1.84	1.81	1.79	1.74	1.69	1.63	1.57	1.48
30	2.88	2.49	2.28	2.14	2.05	1.98	1.93	1.88	1.85	1.82	1.79	1.77	1.72	1.67	1.61	1.55	1.46
35	2.85	2.46	2.25	2.11	2.02	1.95	1.90	1.85	1.82	1.79	1.76	1.74	1.69	1.63	1.57	1.51	1.41
40	2.84	2.44	2.23	2.09	2.00	1.93	1.87	1.83	1.79	1.76	1.74	1.71	1.66	1.61	1.54	1.48	1.38
45	2.82	2.42	2.21	2.07	1.98	1.91	1.85	1.81	1.77	1.74	1.72	1.70	1.64	1.58	1.52	1.46	1.35
50	2.81	2.41	2.20	2.06	1.97	1.90	1.84	1.80	1.76	1.73	1.70	1.68	1.63	1.57	1.50	1.44	1.33
55	2.80	2.40	2.19	2.05	1.95	1.88	1.83	1.78	1.75	1.72	1.69	1.67	1.61	1.55	1.49	1.43	1.31
60	2.79	2.39	2.18	2.04	1.95	1.87	1.82	1.77	1.74	1.71	1.68	1.66	1.60	1.54	1.48	1.41	1.29
70	2.78	2.38	2.16	2.03	1.93	1.86	1.80	1.76	1.72	1.69	1.66	1.64	1.59	1.53	1.46	1.39	1.27
80	2.77	2.37	2.15	2.02	1.92	1.85	1.79	1.75	1.71	1.68	1.65	1.63	1.57	1.51	1.44	1.38	1.24
100	2.76	2.36	2.14	2.00	1.91	1.83	1.78	1.73	1.69	1.66	1.64	1.61	1.56	1.49	1.42	1.35	1.21
200	2.73	2.33	2.11	1.97	1.88	1.80	1.75	1.70	1.66	1.63	1.60	1.58	1.52	1.46	1.38	1.31	1.14
∞	2.71	2.30	2.08	1.94	1.85	1.77	1.72	1.67	1.63	1.60	1.57	1.55	1.49	1.42	1.34	1.26	1.00

表 4.2 F 分布分位数表

$P(F \leqslant F_p(m,n)) = p$ ($p = 0.95$)

n＼m	1	2	3	4	5	6	7	8	9	10	11	12	15	20	30	50	∞
1	161.4	199.5	215.7	224.6	230.2	234.0	236.8	238.9	240.5	241.9	243.0	243.9	245.9	248.0	250.1	251.8	254.3
2	18.51	19.00	19.16	19.25	19.30	19.33	19.35	19.37	19.38	19.40	19.40	19.41	19.43	19.45	19.46	19.48	19.50
3	10.13	9.55	9.28	9.12	9.01	8.94	8.89	8.85	8.81	8.79	8.76	8.74	8.70	8.66	8.62	8.58	8.53
4	7.71	6.94	6.59	6.39	6.26	6.16	6.09	6.04	6.00	5.96	5.94	5.91	5.86	5.80	5.75	5.70	5.63
5	6.61	5.79	5.41	5.19	5.05	4.95	4.88	4.82	4.77	4.74	4.70	4.68	4.62	4.56	4.50	4.44	4.36
6	5.99	5.14	4.76	4.53	4.39	4.28	4.21	4.15	4.10	4.06	4.03	4.00	3.94	3.87	3.81	3.75	3.67
7	5.59	4.74	4.35	4.12	3.97	3.87	3.79	3.73	3.68	3.64	3.60	3.57	3.51	3.44	3.38	3.32	3.23
8	5.32	4.46	4.07	3.84	3.69	3.58	3.50	3.44	3.39	3.35	3.31	3.28	3.22	3.15	3.08	3.02	2.93
9	5.12	4.26	3.86	3.63	3.48	3.37	3.29	3.23	3.18	3.14	3.10	3.07	3.01	2.94	2.86	2.80	2.71
10	4.96	4.10	3.71	3.48	3.33	3.22	3.14	3.07	3.02	2.98	2.94	2.91	2.85	2.77	2.70	2.64	2.54
11	4.84	3.98	3.59	3.36	3.20	3.09	3.01	2.95	2.90	2.85	2.82	2.79	2.72	2.65	2.57	2.51	2.40
12	4.75	3.89	3.49	3.26	3.11	3.00	2.91	2.85	2.80	2.75	2.72	2.69	2.62	2.54	2.47	2.40	2.30
13	4.67	3.81	3.41	3.18	3.03	2.92	2.83	2.77	2.71	2.67	2.63	2.60	2.53	2.46	2.38	2.31	2.21
14	4.60	3.74	3.34	3.11	2.96	2.85	2.76	2.70	2.65	2.60	2.57	2.53	2.46	2.39	2.31	2.24	2.13
15	4.54	3.68	3.29	3.06	2.90	2.79	2.71	2.64	2.59	2.54	2.51	2.48	2.40	2.33	2.25	2.18	2.07
16	4.49	3.63	3.24	3.01	2.85	2.74	2.66	2.59	2.54	2.49	2.46	2.42	2.35	2.28	2.19	2.12	2.01
17	4.45	3.59	3.20	2.96	2.81	2.70	2.61	2.55	2.49	2.45	2.41	2.38	2.31	2.23	2.15	2.08	1.96
18	4.41	3.55	3.16	2.93	2.77	2.66	2.58	2.51	2.46	2.41	2.37	2.34	2.27	2.19	2.11	2.04	1.92
19	4.38	3.52	3.13	2.90	2.74	2.63	2.54	2.48	2.42	2.38	2.34	2.31	2.23	2.16	2.07	2.00	1.88
20	4.35	3.49	3.10	2.87	2.71	2.60	2.51	2.45	2.39	2.35	2.31	2.28	2.20	2.12	2.04	1.97	1.84
22	4.30	3.44	3.05	2.82	2.66	2.55	2.46	2.40	2.34	2.30	2.26	2.23	2.15	2.07	1.98	1.91	1.78
24	4.26	3.40	3.01	2.78	2.62	2.51	2.42	2.36	2.30	2.25	2.22	2.18	2.11	2.03	1.94	1.86	1.73
26	4.23	3.37	2.98	2.74	2.59	2.47	2.39	2.32	2.27	2.22	2.18	2.15	2.07	1.99	1.90	1.82	1.69
28	4.20	3.34	2.95	2.71	2.56	2.45	2.36	2.29	2.24	2.19	2.15	2.12	2.04	1.96	1.87	1.79	1.65
30	4.17	3.32	2.92	2.69	2.53	2.42	2.33	2.27	2.21	2.16	2.13	2.09	2.01	1.93	1.84	1.76	1.62
35	4.12	3.27	2.87	2.64	2.49	2.37	2.29	2.22	2.16	2.11	2.07	2.04	1.96	1.88	1.79	1.70	1.56
40	4.08	3.23	2.84	2.61	2.45	2.34	2.25	2.18	2.12	2.08	2.04	2.00	1.92	1.84	1.74	1.66	1.51
45	4.06	3.20	2.81	2.58	2.42	2.31	2.22	2.15	2.10	2.05	2.01	1.97	1.89	1.81	1.71	1.63	1.47
50	4.03	3.18	2.79	2.56	2.40	2.29	2.20	2.13	2.07	2.03	1.99	1.95	1.87	1.78	1.69	1.60	1.44
55	4.02	3.16	2.77	2.54	2.38	2.27	2.18	2.11	2.06	2.01	1.97	1.93	1.85	1.76	1.67	1.58	1.41
60	4.00	3.15	2.76	2.53	2.37	2.25	2.17	2.10	2.04	1.99	1.95	1.92	1.84	1.75	1.65	1.56	1.39
70	3.98	3.13	2.74	2.50	2.35	2.23	2.14	2.07	2.02	1.97	1.93	1.89	1.81	1.72	1.62	1.53	1.35
80	3.96	3.11	2.72	2.49	2.33	2.21	2.13	2.06	2.00	1.95	1.91	1.88	1.79	1.70	1.60	1.51	1.32
100	3.94	3.09	2.70	2.46	2.31	2.19	2.10	2.03	1.97	1.93	1.89	1.85	1.77	1.68	1.57	1.48	1.28
200	3.89	3.04	2.65	2.42	2.26	2.14	2.06	1.98	1.93	1.88	1.84	1.80	1.72	1.62	1.52	1.41	1.19
∞	3.84	3.00	2.60	2.37	2.21	2.10	2.01	1.94	1.88	1.83	1.79	1.75	1.67	1.57	1.46	1.35	1.00

表 4.3 F 分布分位数表

$$P(F \leqslant F_p(m,n)) = p \quad (p=0.975)$$

n \ m	1	2	3	4	5	6	7	8	9	10	11	12	15	20	30	50	∞
1	647.8	799.5	864.2	899.6	921.8	937.1	948.2	956.7	963.3	968.6	973.0	976.7	984.9	993.1	1001	1008	1018
2	38.51	39.00	39.17	39.25	39.30	39.33	39.36	39.37	39.39	39.40	39.41	39.41	39.43	39.45	39.46	39.48	39.50
3	17.44	16.04	15.44	15.10	14.88	14.73	14.62	14.54	14.47	14.42	14.37	14.34	14.25	14.17	14.08	14.01	13.90
4	12.22	10.65	9.98	9.60	9.36	9.20	9.07	8.98	8.90	8.84	8.79	8.75	8.66	8.56	8.46	8.38	8.26
5	10.01	8.43	7.76	7.39	7.15	6.98	6.85	6.76	6.68	6.62	6.57	6.52	6.43	6.33	6.23	6.14	6.02
6	8.81	7.26	6.60	6.23	5.99	5.82	5.70	5.60	5.52	5.46	5.41	5.37	5.27	5.17	5.07	4.98	4.85
7	8.07	6.54	5.89	5.52	5.29	5.12	4.99	4.90	4.82	4.76	4.71	4.67	4.57	4.47	4.36	4.28	4.14
8	7.57	6.06	5.42	5.05	4.82	4.65	4.53	4.43	4.36	4.30	4.24	4.20	4.10	4.00	3.89	3.81	3.67
9	7.21	5.71	5.08	4.72	4.48	4.32	4.20	4.10	4.03	3.96	3.91	3.87	3.77	3.67	3.56	3.47	3.33
10	6.94	5.46	4.83	4.47	4.24	4.07	3.95	3.85	3.78	3.72	3.66	3.62	3.52	3.42	3.31	3.22	3.08
11	6.72	5.26	4.63	4.28	4.04	3.88	3.76	3.66	3.59	3.53	3.47	3.43	3.33	3.23	3.12	3.03	2.88
12	6.55	5.10	4.47	4.12	3.89	3.73	3.61	3.51	3.44	3.37	3.32	3.28	3.18	3.07	2.96	2.87	2.72
13	6.41	4.97	4.35	4.00	3.77	3.60	3.48	3.39	3.31	3.25	3.20	3.15	3.05	2.95	2.84	2.74	2.60
14	6.30	4.86	4.24	3.89	3.66	3.50	3.38	3.29	3.21	3.15	3.09	3.05	2.95	2.84	2.73	2.64	2.49
15	6.20	4.77	4.15	3.80	3.58	3.41	3.29	3.20	3.12	3.06	3.01	2.96	2.86	2.76	2.64	2.55	2.40
16	6.12	4.69	4.08	3.73	3.50	3.34	3.22	3.12	3.05	2.99	2.93	2.89	2.79	2.68	2.57	2.47	2.32
17	6.04	4.62	4.01	3.66	3.44	3.28	3.16	3.06	2.98	2.92	2.87	2.82	2.72	2.62	2.50	2.41	2.25
18	5.98	4.56	3.95	3.61	3.38	3.22	3.10	3.01	2.93	2.87	2.81	2.77	2.67	2.56	2.44	2.35	2.19
19	5.92	4.51	3.90	3.56	3.33	3.17	3.05	2.96	2.88	2.82	2.76	2.72	2.62	2.51	2.39	2.30	2.13
20	5.87	4.46	3.86	3.51	3.29	3.13	3.01	2.91	2.84	2.77	2.72	2.68	2.57	2.46	2.35	2.25	2.09
22	5.79	4.38	3.78	3.44	3.22	3.05	2.93	2.84	2.76	2.70	2.65	2.60	2.50	2.39	2.27	2.17	2.00
24	5.72	4.32	3.72	3.38	3.15	2.99	2.87	2.78	2.70	2.64	2.59	2.54	2.44	2.33	2.21	2.11	1.94
26	5.66	4.27	3.67	3.33	3.10	2.94	2.82	2.73	2.65	2.59	2.54	2.49	2.39	2.28	2.16	2.05	1.88
28	5.61	4.22	3.63	3.29	3.06	2.90	2.78	2.69	2.61	2.55	2.49	2.45	2.34	2.23	2.11	2.01	1.83
30	5.57	4.18	3.59	3.25	3.03	2.87	2.75	2.65	2.57	2.51	2.46	2.41	2.31	2.20	2.07	1.97	1.79
35	5.48	4.11	3.52	3.18	2.96	2.80	2.68	2.58	2.50	2.44	2.39	2.34	2.23	2.12	2.00	1.89	1.70
40	5.42	4.05	3.46	3.13	2.90	2.74	2.62	2.53	2.45	2.39	2.33	2.29	2.18	2.07	1.94	1.83	1.64
45	5.38	4.01	3.42	3.09	2.86	2.70	2.58	2.49	2.41	2.35	2.29	2.25	2.14	2.03	1.90	1.79	1.59
50	5.34	3.97	3.39	3.05	2.83	2.67	2.55	2.46	2.38	2.32	2.26	2.22	2.11	1.99	1.87	1.75	1.55
55	5.31	3.95	3.36	3.03	2.81	2.65	2.53	2.43	2.36	2.29	2.24	2.19	2.08	1.97	1.84	1.72	1.51
60	5.29	3.93	3.34	3.01	2.79	2.63	2.51	2.41	2.33	2.27	2.22	2.17	2.06	1.94	1.82	1.70	1.48
70	5.25	3.89	3.31	2.97	2.75	2.59	2.47	2.38	2.30	2.24	2.18	2.14	2.03	1.91	1.78	1.66	1.44
80	5.22	3.86	3.28	2.95	2.73	2.57	2.45	2.35	2.28	2.21	2.16	2.11	2.00	1.88	1.75	1.63	1.40
100	5.18	3.83	3.25	2.92	2.70	2.54	2.42	2.32	2.24	2.18	2.12	2.08	1.97	1.85	1.71	1.59	1.35
200	5.10	3.76	3.18	2.85	2.63	2.47	2.35	2.26	2.18	2.11	2.06	2.01	1.90	1.78	1.64	1.51	1.23
∞	5.02	3.69	3.12	2.79	2.57	2.41	2.29	2.19	2.11	2.05	1.99	1.94	1.83	1.71	1.57	1.43	1.00

表 4.4　F 分布分位数表

$$P(F \leqslant F_p(m,n)) = p \quad (p = 0.99)$$

m\n	1	2	3	4	5	6	7	8	9	10	11	12	15	20	30	50	∞
1	4052	4999	5403	5625	5764	5859	5928	5981	6022	6056	6083	6106	6157	6209	6261	6303	6366
2	98.50	99.00	99.17	99.25	99.30	99.33	99.36	99.37	99.39	99.40	99.41	99.42	99.43	99.45	99.47	99.48	99.50
3	34.12	30.82	29.46	28.71	28.24	27.91	27.67	27.49	27.35	27.23	27.13	27.05	26.87	26.69	26.50	26.35	26.13
4	21.20	18.00	16.69	15.98	15.52	15.21	14.98	14.80	14.66	14.55	14.45	14.37	14.20	14.02	13.84	13.69	13.46
5	16.26	13.27	12.06	11.39	10.97	10.67	10.46	10.29	10.16	10.05	9.96	9.89	9.72	9.55	9.38	9.24	9.02
6	13.75	10.92	9.78	9.15	8.75	8.47	8.26	8.10	7.98	7.87	7.79	7.72	7.56	7.40	7.23	7.09	6.88
7	12.25	9.55	8.45	7.85	7.46	7.19	6.99	6.84	6.72	6.62	6.54	6.47	6.31	6.16	5.99	5.86	5.65
8	11.26	8.65	7.59	7.01	6.63	6.37	6.18	6.03	5.91	5.81	5.73	5.67	5.52	5.36	5.20	5.07	4.86
9	10.56	8.02	6.99	6.42	6.06	5.80	5.61	5.47	5.35	5.26	5.18	5.11	4.96	4.81	4.65	4.52	4.31
10	10.04	7.56	6.55	5.99	5.64	5.39	5.20	5.06	4.94	4.85	4.77	4.71	4.56	4.41	4.25	4.12	3.91
11	9.65	7.21	6.22	5.67	5.32	5.07	4.89	4.74	4.63	4.54	4.46	4.40	4.25	4.10	3.94	3.81	3.60
12	9.33	6.93	5.95	5.41	5.06	4.82	4.64	4.50	4.39	4.30	4.22	4.16	4.01	3.86	3.70	3.57	3.36
13	9.07	6.70	5.74	5.21	4.86	4.62	4.44	4.30	4.19	4.10	4.02	3.96	3.82	3.66	3.51	3.38	3.17
14	8.86	6.51	5.56	5.04	4.69	4.46	4.28	4.14	4.03	3.94	3.86	3.80	3.66	3.51	3.35	3.22	3.00
15	8.68	6.36	5.42	4.89	4.56	4.32	4.14	4.00	3.89	3.80	3.73	3.67	3.52	3.37	3.21	3.08	2.87
16	8.53	6.23	5.29	4.77	4.44	4.20	4.03	3.89	3.78	3.69	3.62	3.55	3.41	3.26	3.10	2.97	2.75
17	8.40	6.11	5.18	4.67	4.34	4.10	3.93	3.79	3.68	3.59	3.52	3.46	3.31	3.16	3.00	2.87	2.65
18	8.29	6.01	5.09	4.58	4.25	4.01	3.84	3.71	3.60	3.51	3.43	3.37	3.23	3.08	2.92	2.78	2.57
19	8.18	5.93	5.01	4.50	4.17	3.94	3.77	3.63	3.52	3.43	3.36	3.30	3.15	3.00	2.84	2.71	2.49
20	8.10	5.85	4.94	4.43	4.10	3.87	3.70	3.56	3.46	3.37	3.29	3.23	3.09	2.94	2.78	2.64	2.42
22	7.95	5.72	4.82	4.31	3.99	3.76	3.59	3.45	3.35	3.26	3.18	3.12	2.98	2.83	2.67	2.53	2.31
24	7.82	5.61	4.72	4.22	3.90	3.67	3.50	3.36	3.26	3.17	3.09	3.03	2.89	2.74	2.58	2.44	2.21
26	7.72	5.53	4.64	4.14	3.82	3.59	3.42	3.29	3.18	3.09	3.02	2.96	2.81	2.66	2.50	2.36	2.13
28	7.64	5.45	4.57	4.07	3.75	3.53	3.36	3.23	3.12	3.03	2.96	2.90	2.75	2.60	2.44	2.30	2.06
30	7.56	5.39	4.51	4.02	3.70	3.47	3.30	3.17	3.07	2.98	2.91	2.84	2.70	2.55	2.39	2.25	2.01
35	7.42	5.27	4.40	3.91	3.59	3.37	3.20	3.07	2.96	2.88	2.80	2.74	2.60	2.44	2.28	2.14	1.89
40	7.31	5.18	4.31	3.83	3.51	3.29	3.12	2.99	2.89	2.80	2.73	2.66	2.52	2.37	2.20	2.06	1.80
45	7.23	5.11	4.25	3.77	3.45	3.23	3.07	2.94	2.83	2.74	2.67	2.61	2.46	2.31	2.14	2.00	1.74
50	7.17	5.06	4.20	3.72	3.41	3.19	3.02	2.89	2.78	2.70	2.63	2.56	2.42	2.27	2.10	1.95	1.68
55	7.12	5.01	4.16	3.68	3.37	3.15	2.98	2.85	2.75	2.66	2.59	2.53	2.38	2.23	2.06	1.91	1.64
60	7.08	4.98	4.13	3.65	3.34	3.12	2.95	2.82	2.72	2.63	2.56	2.50	2.35	2.20	2.03	1.88	1.60
70	7.01	4.92	4.07	3.60	3.29	3.07	2.91	2.78	2.67	2.59	2.51	2.45	2.31	2.15	1.98	1.83	1.54
80	6.96	4.88	4.04	3.56	3.26	3.04	2.87	2.74	2.64	2.55	2.48	2.42	2.27	2.12	1.94	1.79	1.49
100	6.90	4.82	3.98	3.51	3.21	2.99	2.82	2.69	2.59	2.50	2.43	2.37	2.22	2.07	1.89	1.74	1.43
200	6.76	4.71	3.88	3.41	3.11	2.89	2.73	2.60	2.50	2.41	2.34	2.27	2.13	1.97	1.79	1.63	1.28
∞	6.63	4.61	3.78	3.32	3.02	2.80	2.64	2.51	2.41	2.32	2.25	2.18	2.04	1.88	1.70	1.52	1.00

表 4.5 F 分布分位数表

$P(F \leqslant F_p(m,n)) = p$ ($p=0.995$)

n \ m	1	2	3	4	5	6	7	8	9	10	11	12	15	20	30	50	∞
1	16 211	19 999	21 615	22 500	23 056	23 437	23 715	23 925	24 091	24 224	24 334	24 426	24 630	24 836	25 044	25 211	25 464
2	198.5	199.0	199.2	199.2	199.3	199.3	199.4	199.4	199.4	199.4	199.4	199.4	199.4	199.4	199.5	199.5	199.5
3	55.55	49.80	47.47	46.19	45.39	44.84	44.43	44.13	43.88	43.69	43.52	43.39	43.08	42.78	42.47	42.21	41.83
4	31.33	26.28	24.26	23.15	22.46	21.97	21.62	21.35	21.14	20.97	20.82	20.70	20.44	20.17	19.89	19.67	19.32
5	22.78	18.31	16.53	15.56	14.94	14.51	14.20	13.96	13.77	13.62	13.49	13.38	13.15	12.90	12.66	12.45	12.14
6	18.63	14.54	12.92	12.03	11.46	11.07	10.79	10.57	10.39	10.25	10.13	10.03	9.81	9.59	9.36	9.17	8.88
7	16.24	12.40	10.88	10.05	9.52	9.16	8.89	8.68	8.51	8.38	8.27	8.18	7.97	7.75	7.53	7.35	7.08
8	14.69	11.04	9.60	8.81	8.30	7.95	7.69	7.50	7.34	7.21	7.10	7.01	6.81	6.61	6.40	6.22	5.95
9	13.61	10.11	8.72	7.96	7.47	7.13	6.88	6.69	6.54	6.42	6.31	6.23	6.03	5.83	5.62	5.45	5.19
10	12.83	9.43	8.08	7.34	6.87	6.54	6.30	6.12	5.97	5.85	5.75	5.66	5.47	5.27	5.07	4.90	4.64
11	12.23	8.91	7.60	6.88	6.42	6.10	5.86	5.68	5.54	5.42	5.32	5.24	5.05	4.86	4.65	4.49	4.23
12	11.75	8.51	7.23	6.52	6.07	5.76	5.52	5.35	5.20	5.09	4.99	4.91	4.72	4.53	4.33	4.17	3.90
13	11.37	8.19	6.93	6.23	5.79	5.48	5.25	5.08	4.94	4.82	4.72	4.64	4.46	4.27	4.07	3.91	3.65
14	11.06	7.92	6.68	6.00	5.56	5.26	5.03	4.86	4.72	4.60	4.51	4.43	4.25	4.06	3.86	3.70	3.44
15	10.80	7.70	6.48	5.80	5.37	5.07	4.85	4.67	4.54	4.42	4.33	4.25	4.07	3.88	3.69	3.52	3.26
16	10.58	7.51	6.30	5.64	5.21	4.91	4.69	4.52	4.38	4.27	4.18	4.10	3.92	3.73	3.54	3.37	3.11
17	10.38	7.35	6.16	5.50	5.07	4.78	4.56	4.39	4.25	4.14	4.05	3.97	3.79	3.61	3.41	3.25	2.98
18	10.22	7.21	6.03	5.37	4.96	4.66	4.44	4.28	4.14	4.03	3.94	3.86	3.68	3.50	3.30	3.14	2.87
19	10.07	7.09	5.92	5.27	4.85	4.56	4.34	4.18	4.04	3.93	3.84	3.76	3.59	3.40	3.21	3.04	2.78
20	9.94	6.99	5.82	5.17	4.76	4.47	4.26	4.09	3.96	3.85	3.76	3.68	3.50	3.32	3.12	2.96	2.69
22	9.73	6.81	5.65	5.02	4.61	4.32	4.11	3.94	3.81	3.70	3.61	3.54	3.36	3.18	2.98	2.82	2.55
24	9.55	6.66	5.52	4.89	4.49	4.20	3.99	3.83	3.69	3.59	3.50	3.42	3.25	3.06	2.87	2.70	2.43
26	9.41	6.54	5.41	4.79	4.38	4.10	3.89	3.73	3.60	3.49	3.40	3.33	3.15	2.97	2.77	2.61	2.33
28	9.28	6.44	5.32	4.70	4.30	4.02	3.81	3.65	3.52	3.41	3.32	3.25	3.07	2.89	2.69	2.53	2.25
30	9.18	6.35	5.24	4.62	4.23	3.95	3.74	3.58	3.45	3.34	3.25	3.18	3.01	2.82	2.63	2.46	2.18
35	8.98	6.19	5.09	4.48	4.09	3.81	3.61	3.45	3.32	3.21	3.12	3.05	2.88	2.69	2.50	2.33	2.04
40	8.83	6.07	4.98	4.37	3.99	3.71	3.51	3.35	3.22	3.12	3.03	2.95	2.78	2.60	2.40	2.23	1.93
45	8.71	5.97	4.89	4.29	3.91	3.64	3.43	3.28	3.15	3.04	2.96	2.88	2.71	2.53	2.33	2.16	1.85
50	8.63	5.90	4.83	4.23	3.85	3.58	3.38	3.22	3.09	2.99	2.90	2.82	2.65	2.47	2.27	2.10	1.79
55	8.55	5.84	4.77	4.18	3.80	3.53	3.33	3.17	3.05	2.94	2.85	2.78	2.61	2.42	2.23	2.05	1.73
60	8.49	5.79	4.73	4.14	3.76	3.49	3.29	3.13	3.01	2.90	2.82	2.74	2.57	2.39	2.19	2.01	1.69
70	8.40	5.72	4.66	4.08	3.70	3.43	3.23	3.08	2.95	2.85	2.76	2.68	2.51	2.33	2.13	1.95	1.62
80	8.33	5.67	4.61	4.03	3.65	3.39	3.19	3.03	2.91	2.80	2.72	2.64	2.47	2.29	2.08	1.90	1.56
100	8.24	5.59	4.54	3.96	3.59	3.33	3.13	2.97	2.85	2.74	2.66	2.58	2.41	2.23	2.02	1.84	1.49
200	8.06	5.44	4.41	3.84	3.47	3.21	3.01	2.86	2.73	2.63	2.54	2.47	2.30	2.11	1.91	1.71	1.31
∞	7.88	5.30	4.28	3.72	3.35	3.09	2.90	2.74	2.62	2.52	2.43	2.36	2.19	2.00	1.79	1.59	1.00

表 5 符号检验表

$$P(S \leqslant s_\alpha(n)) = \alpha$$

α \ n	0.01	0.05	0.1	0.25	α \ n	0.01	0.05	0.1	0.25	α \ n	0.01	0.05	0.1	0.25	α \ n	0.01	0.05	0.1	0.25
1					24	5	6	7	8	47	14	16	17	19	69	23	25	27	29
2					25	5	7	7	9	48	14	16	17	19	70	23	26	27	29
3				0	26	6	7	8	9	49	15	17	18	19	71	24	26	28	30
4				0	27	6	7	8	10	50	15	17	18	20	72	24	27	28	30
5			0	0	28	6	8	9	10	51	15	18	19	20	73	25	27	28	31
6		0	0	1	29	7	8	9	10	52	16	18	19	21	74	25	28	29	31
7		0	0	1	30	7	9	10	11	53	16	18	20	21	75	25	28	29	32
8	0	0	1	1	31	7	9	10	11	54	17	19	20	22	76	26	28	30	32
9	0	1	1	2	32	8	9	10	12	55	17	19	20	22	77	26	29	30	32
10	0	1	1	2	33	8	10	11	12	56	17	20	21	23	78	27	29	31	33
11	0	1	2	3	34	9	10	11	13	57	18	20	21	23	79	27	30	31	33
12	1	2	2	3	35	9	11	12	13	58	18	21	22	24	80	28	30	32	34
13	1	2	3	3	36	9	11	12	14	59	19	21	22	24	81	28	31	32	34
14	1	2	3	4	37	10	12	13	14	60	19	21	23	25	82	28	31	33	35
15	2	3	3	4	38	10	12	13	14	61	20	22	23	25	83	29	32	33	35
16	2	3	4	5	39	11	12	13	15	62	20	22	24	25	84	29	32	33	36
17	2	4	4	5	40	11	13	14	15	63	20	23	24	26	85	30	32	34	36
18	3	4	5	6	41	11	13	14	16	64	21	23	24	26	86	30	33	34	37
19	3	4	5	6	42	12	14	15	16	65	21	24	25	27	87	31	33	35	37
20	3	5	5	6	43	12	14	15	17	66	22	24	25	27	88	31	34	35	38
21	4	5	6	7	44	13	15	16	17	67	22	25	26	28	89	31	34	36	38
22	4	5	6	7	45	13	15	16	18	68	22	25	26	28	90	32	35	36	39
23	4	6	7	8	46	13	15	16	18										

表 6 秩和检验表

$$P(t_1(n,m) < T < t_2(n,m)) = 1-\alpha \quad (n \leqslant m)$$

n	m	α=0.025		α=0.05		n	m	α=0.025		α=0.05	
		t_1	t_2	t_1	t_2			t_1	t_2	t_1	t_2
2	4			3	11	3	3			6	15
	5			3	13		4	6	18	7	17
	6	3	15	4	14		5	6	21	7	20
	7	3	17	4	16		6	7	23	8	22
	8	3	19	4	18		7	8	25	9	24
	9	3	21	4	20		8	8	28	9	27
	10	4	22	5	21		9	9	30	10	29
							10	9	33	11	31

续表

n	m	$\alpha=0.025$		$\alpha=0.05$		n	m	$\alpha=0.025$		$\alpha=0.05$	
		t_1	t_2	t_1	t_2			t_1	t_2	t_1	t_2
4	4	11	25	12	24	6	6	26	52	28	50
	5	12	28	13	27		7	28	56	30	54
	6	12	32	14	30		8	29	61	32	58
	7	13	35	15	33		9	31	65	33	63
	8	14	38	16	36		10	33	69	35	67
	9	15	41	17	39	7	7	37	68	39	66
	10	16	44	18	40		8	39	73	43	76
5	5	18	37	19	36		9	41	78	43	76
	6	19	41	20	40		10	43	83	46	80
	7	20	45	22	43	8	8	49	87	52	84
	8	21	49	23	47		9	51	93	54	90
	9	22	53	25	50		10	54	98	57	95
	10	24	56	26	54	9	9	63	108	66	105
							10	66	114	69	111
						10	10	79	131	83	127

表7 相关系数临界值 r_α 表

$$P(|r|>r_\alpha(n-2))=\alpha$$

$n-2$	0.5	0.2	0.1	0.05	0.02	0.01	0.005	0.002	0.001
1	0.707	0.951	0.988	0.997	1	1	1	1	1
2	0.5	0.8	0.9	0.95	0.98	0.99	0.995	0.998	0.999
3	0.404	0.687	0.805	0.878	0.934	0.959	0.974	0.986	0.991
4	0.347	0.603	0.729	0.811	0.882	0.917	0.942	0.963	0.974
5	0.309	0.551	0.669	0.755	0.833	0.875	0.906	0.935	0.951
6	0.281	0.507	0.621	0.707	0.789	0.834	0.87	0.905	0.925
7	0.26	0.472	0.582	0.666	0.75	0.798	0.836	0.875	0.898
8	0.242	0.443	0.549	0.632	0.715	0.765	0.805	0.847	0.872
9	0.228	0.419	0.521	0.602	0.685	0.735	0.776	0.82	0.847
10	0.216	0.398	0.497	0.576	0.658	0.708	0.75	0.795	0.823
11	0.206	0.38	0.476	0.553	0.634	0.684	0.726	0.772	0.801
12	0.197	0.365	0.457	0.532	0.612	0.661	0.703	0.75	0.78
13	0.189	0.351	0.441	0.514	0.592	0.641	0.683	0.73	0.76

续表

$n-2$	0.5	0.2	0.1	0.05	0.02	0.01	0.005	0.002	0.001
14	0.182	0.338	0.426	0.497	0.574	0.623	0.664	0.711	0.742
15	0.176	0.327	0.412	0.482	0.558	0.606	0.647	0.694	0.725
16	0.17	0.317	0.4	0.468	0.542	0.59	0.631	0.678	0.708
17	0.165	0.308	0.389	0.456	0.529	0.575	0.616	0.622	0.693
18	0.16	0.299	0.378	0.444	0.515	0.561	0.602	0.648	0.679
19	0.156	0.291	0.369	0.433	0.503	0.549	0.589	0.635	0.665
20	0.152	0.284	0.36	0.423	0.492	0.537	0.576	0.622	0.652
25	0.136	0.255	0.323	0.381	0.445	0.487	0.524	0.568	0.597
30	0.124	0.233	0.296	0.349	0.409	0.449	0.484	0.526	0.554
35	0.115	0.216	0.275	0.325	0.381	0.418	0.452	0.492	0.519
40	0.107	0.202	0.257	0.304	0.358	0.393	0.425	0.463	0.49
45	0.101	0.19	0.243	0.288	0.338	0.372	0.403	0.439	0.465
50	0.096	0.181	0.231	0.273	0.322	0.354	0.384	0.419	0.443
60	0.087	0.165	0.211	0.25	0.295	0.325	0.352	0.385	0.408
70	0.081	0.153	0.195	0.232	0.274	0.302	0.327	0.358	0.38
80	0.076	0.143	0.183	0.217	0.257	0.283	0.307	0.336	0.357
90	0.071	0.135	0.173	0.205	0.242	0.267	0.29	0.318	0.338
100	0.068	0.128	0.164	0.195	0.23	0.254	0.276	0.303	0.321
150	0.055	0.105	0.134	0.159	0.189	0.208	0.227	0.249	0.264
200	0.048	0.091	0.116	0.138	0.164	0.181	0.197	0.216	0.23
300	0.039	0.074	0.095	0.113	0.134	0.148	0.161	0.177	0.188
500	0.03	0.057	0.074	0.088	0.104	0.115	0.125	0.138	0.146
700	0.026	0.048	0.062	0.074	0.088	0.097	0.106	0.116	0.124
1000	0.021	0.041	0.052	0.062	0.073	0.081	0.089	0.098	0.104

表 8　正交表

$L_4(2^3)$

试验号	列　号		
	1	2	3
1	1	1	1
2	1	2	2
3	2	1	2
4	2	2	1

注：任意二列间的交互作用出现于另一列。

$L_8(2^7)$

试验号	列 号						
	1	2	3	4	5	6	7
1	1	1	1	1	1	1	1
2	1	1	1	2	2	2	2
3	1	2	2	1	1	2	2
4	1	2	2	2	2	1	1
5	2	1	2	1	2	1	2
6	2	1	2	2	1	2	1
7	2	2	1	1	2	2	1
8	2	2	1	2	1	1	2

$L_8(2^7)$：二列间的交互作用表

试验号	列 号						
	1	2	3	4	5	6	7
	(1)	3	2	5	4	7	6
		(2)	1	6	7	4	5
			(3)	7	6	5	4
				(4)	1	2	3
					(5)	1	2
						(6)	1

$L_{12}(2^{11})$

试验号	列 号										
	1	2	3	4	5	6	7	8	9	10	11
1	1	1	1	1	1	1	1	1	1	1	1
2	1	1	1	1	1	2	2	2	2	2	2
3	1	1	2	2	2	1	1	1	2	2	2
4	1	2	1	2	2	1	2	2	1	1	2
5	1	2	2	1	2	2	1	2	1	2	1
6	1	2	2	2	1	2	2	1	2	1	1
7	2	1	2	2	1	1	2	2	1	2	1
8	2	1	2	1	2	2	2	1	1	1	2
9	2	1	1	2	2	2	1	2	2	1	1
10	2	2	2	1	1	1	1	2	2	1	2
11	2	2	1	2	1	2	1	1	1	2	2
12	2	2	1	1	2	1	2	1	2	2	1

$L_{16}(2^{15})$

试验号	列 号														
	1	2	3	4	5	6	7	8	9	10	11	12	13	14	15
1	1	1	1	1	1	1	1	1	1	1	1	1	1	1	1
2	1	1	1	1	1	1	1	2	2	2	2	2	2	2	2
3	1	1	1	2	2	2	2	1	1	1	1	2	2	2	2
4	1	1	1	2	2	2	2	2	2	2	2	1	1	1	1
5	1	2	2	1	1	2	2	1	1	2	2	1	1	2	2
6	1	2	2	1	1	2	2	2	2	1	1	2	2	1	1
7	1	2	2	2	2	1	1	1	1	2	2	2	2	1	1
8	1	2	2	2	2	1	1	2	2	1	1	1	1	2	2
9	2	1	2	1	2	1	2	1	2	1	2	1	2	1	2
10	2	1	2	1	2	1	2	2	1	2	1	2	1	2	1
11	2	1	2	2	1	2	1	1	2	1	2	2	1	2	1
12	2	1	2	2	1	2	1	2	1	2	1	1	2	1	2
13	2	2	1	1	2	2	1	1	2	2	1	1	2	2	1
14	2	2	1	1	2	2	1	2	1	1	2	2	1	1	2
15	2	2	1	2	1	1	2	1	2	2	1	2	1	1	2
16	2	2	1	2	1	1	2	2	1	1	2	1	2	2	1

$L_{16}(2^{15})$：二列间的交互作用表

试验号	列 号														
	1	2	3	4	5	6	7	8	9	10	11	12	13	14	15
	(1)	3	2	5	4	7	6	9	8	11	10	13	12	15	14
		(2)	1	6	7	4	5	10	11	8	9	14	15	12	13
			(3)	7	6	5	4	11	10	9	8	15	14	13	12
				(4)	1	2	3	12	13	14	15	8	9	10	11
					(5)	3	2	13	12	15	14	9	8	11	10
						(6)	1	14	15	12	13	10	11	8	9
							(7)	15	14	13	12	11	10	9	8
								(8)	1	2	3	4	5	6	7
									(9)	3	2	5	4	7	6
										(10)	1	6	7	4	5
											(11)	7	6	5	4
												(12)	1	2	3
													(13)	3	2
														(14)	1

$L_9(3^4)$

试验号	列 号			
	1	2	3	4
1	1	1	1	1
2	1	2	2	2
3	1	3	3	3
4	2	1	2	3
5	2	2	3	1
6	2	3	1	2
7	3	1	3	2
8	3	2	1	3
9	3	3	2	1

$L_{27}(3^{13})$

试验号	列 号												
	1	2	3	4	5	6	7	8	9	10	11	12	13
1	1	1	1	1	1	1	1	1	1	1	1	1	1
2	1	1	1	1	2	2	2	2	2	2	2	2	2
3	1	1	1	1	3	3	3	3	3	3	3	3	3
4	1	2	2	2	1	1	1	2	2	2	3	3	3
5	1	2	2	2	2	2	2	3	3	3	1	1	1
6	1	2	2	2	3	3	3	1	1	1	2	2	2
7	1	3	3	3	1	1	1	3	3	3	2	2	2
8	1	3	3	3	2	2	2	1	1	1	3	3	3
9	1	3	3	3	3	3	3	2	2	2	1	1	1
10	2	1	2	3	1	2	3	1	2	3	1	2	3
11	2	1	2	3	2	3	1	2	3	1	2	3	1
12	2	1	2	3	3	1	2	3	1	2	3	1	2
13	2	2	3	1	1	2	3	2	3	1	3	1	2
14	2	2	3	1	2	3	1	3	1	2	1	2	3
15	2	2	3	1	3	1	2	1	2	3	2	3	1
16	2	3	1	2	1	2	3	3	1	2	2	3	1
17	2	3	1	2	2	3	1	1	2	3	3	1	2
18	2	3	1	2	3	1	2	2	3	1	1	2	3
19	3	1	3	2	1	3	2	1	3	2	1	3	2
20	3	1	3	2	2	1	3	2	1	3	2	1	3
21	3	1	3	2	3	2	1	3	2	1	3	2	1
22	3	2	1	3	1	3	2	2	1	3	3	2	1
23	3	2	1	3	2	1	3	3	2	1	1	3	2

续表

试验号	列号												
	1	2	3	4	5	6	7	8	9	10	11	12	13
24	3	2	1	3	3	2	1	1	3	2	2	1	3
25	3	3	2	1	1	3	2	3	2	1	2	1	3
26	3	3	2	1	2	1	3	1	3	2	3	2	1
27	3	3	2	1	3	2	1	2	1	3	1	3	2

$$L_{16}(4^5)$$

试验号	列号				
	1	2	3	4	5
1	1	1	1	1	1
2	1	2	2	2	2
3	1	3	3	3	3
4	1	4	4	4	4
5	2	1	2	3	4
6	2	2	1	4	3
7	2	3	4	1	2
8	2	4	3	2	1
9	3	1	3	4	2
10	3	2	4	3	1
11	3	3	1	2	4
12	3	4	2	1	3
13	4	1	4	2	3
14	4	2	3	1	4
15	4	3	2	4	1
16	4	4	1	3	2

$$L_8(4\times 2^4)$$

试验号	列号				
	1	2	3	4	5
1	1	1	1	1	1
2	1	2	2	2	2
3	2	1	1	2	2
4	2	2	2	1	1
5	3	1	2	1	2
6	3	2	1	2	1
7	4	1	2	2	1
8	4	2	1	1	2

$L_{12}(3\times2^4)$

试验号	列号				
	1	2	3	4	5
1	1	1	1	1	1
2	1	1	1	2	2
3	1	2	2	1	2
4	1	2	2	2	1
5	2	1	2	1	1
6	2	1	2	2	2
7	2	2	1	1	1
8	2	2	1	2	2
9	3	1	2	1	2
10	3	1	1	2	1
11	3	2	1	1	2
12	3	2	2	2	1

$L_{12}(6\times2^2)$

试验号	列号		
	1	2	3
1	2	1	1
2	5	1	2
3	5	2	1
4	2	2	2
5	4	1	1
6	1	1	2
7	1	2	1
8	4	2	2
9	3	1	1
10	6	1	2
11	6	2	1
12	3	2	2

$L_{16}(8\times2^3)$

试验号	列号								
	1	2	3	4	5	6	7	8	9
1	1	1	1	1	1	1	1	1	1
2	1	2	2	2	2	2	2	2	2
3	2	1	1	1	1	2	2	2	2

续表

试验号	列号								
	1	2	3	4	5	6	7	8	9
4	2	2	2	2	2	1	1	1	1
5	3	1	1	2	2	1	1	2	2
6	3	2	2	1	1	2	2	1	1
7	4	1	1	2	2	2	2	1	1
8	4	2	2	1	1	1	1	2	2
9	5	1	2	1	2	1	2	1	2
10	5	2	1	2	1	2	1	2	1
11	6	1	2	1	2	2	1	2	1
12	6	2	1	2	1	1	2	1	2
13	7	1	2	2	1	1	2	2	1
14	7	2	1	1	2	2	1	1	2
15	8	1	2	2	1	2	1	1	2
16	8	2	1	1	2	1	2	2	1

$$L_{18}(2\times 3^7)$$

试验号	列号							
	1	2	3	4	5	6	7	8
1	1	1	1	1	1	1	1	1
2	1	1	2	2	2	2	2	2
3	1	1	3	3	3	3	3	3
4	1	2	1	1	2	2	3	3
5	1	2	2	2	3	3	1	1
6	1	2	3	3	1	1	2	2
7	1	3	1	2	1	3	2	3
8	1	3	2	3	2	1	3	1
9	1	3	3	1	3	2	1	2
10	2	1	1	3	3	2	2	1
11	2	1	2	1	1	3	3	2
12	2	1	3	2	2	1	1	3
13	2	2	1	2	3	1	3	2
14	2	2	2	3	1	2	1	3
15	2	2	3	1	2	3	2	1
16	2	3	1	3	2	3	1	2
17	2	3	2	1	3	1	2	3
18	2	3	3	2	1	2	3	1

习题提示与解答

习 题 1

1. (1)

X	1	2	3	4	5
P	0.9	0.09	0.009	0.0009	0.0001

(2) $F(x)=\begin{cases} 0, & x<1 \\ 0.9, & 1\leq x<2 \\ 0.99, & 2\leq x<3 \\ 0.999, & 3\leq x<4 \\ 0.9999, & 4\leq x<5 \\ 1, & x\geq 5 \end{cases}$

(3) $P(X\leq 3)=0.999$

2. 0.0047

3. (1) $A=0.5$

(2) $F(x)=\begin{cases} 0.5e^x, & x\leq 0 \\ 0.5+0.25x, & 0<x\leq 2 \\ 1, & x>2 \end{cases}$

(3) 0.25

4. 0.6826

5. (1) $p^{5\bar{x}}(1-p)^{5(1-\bar{x})}, x_i=0,1, i=1,2,3,4,5$

(2) $\dfrac{\lambda^{5\bar{x}}e^{-5\lambda}}{x_1!\ x_2!\ x_3!\ x_4!\ x_5!}, x_i=0,1,2,\cdots; i=1,2,3,4,5$

(3) $\dfrac{1}{(b-a)^5}, a\leq x_i\leq b, i=1,2,3,4,5$

(4) $(2\pi)^{-2.5}e^{-0.5\sum\limits_{i=1}^{5}(x_i-\mu)^2}$

6. (1) $f_X(x)=\begin{cases} 2x, 0<x<1 \\ 0 \end{cases}$, $f_Y(y)=\begin{cases} 1-|y|, |y|\leq 1 \\ 0 \end{cases}$

(2) 不独立

(3) $r=0$

7. 5.216 万元

8. $\sqrt{\dfrac{2}{\pi}}$

9. (1) $EZ=1/3, DZ=3$; (2) $r=0$

10. $EX=0.6, DX=0.46$

习 题 2

1.

X	0	1	2	3	4
f	3/10	7/20	3/20	1/10	1/10

$$F_n(x)=\begin{cases}0, & x<0\\ 0.3, & 0\leqslant x<1\\ 0.65, & 1\leqslant x<2\\ 0.8, & 2\leqslant x<3\\ 0.95, & 3\leqslant x<4\\ 1, & x\geqslant 4\end{cases}$$

3. $k=0.33$

4. 0.8293

5. 0.6744

6. 73.24

7. (1) $n\geqslant 40$; (2) $n\geqslant 255$; (3) $n=16$

8. $\overline{Y}=\dfrac{1}{b}(\overline{X}-a), S_Y^2=\dfrac{1}{b^2}S_X^2$

9. (1) $c_1=\dfrac{1}{2}, d_1=\dfrac{1}{3}, n=2$; (2) $c_2=3/2, m=2, n=1$

11. $n\geqslant 62$

12. (1) $X_{(1)}$ 的密度函数

$$f_{(1)}(x)=nf(x)[1-F(x)]^{n-1}=\begin{cases}n\left(\dfrac{1}{b-a}\right)^n(b-x)^{n-1}, & a\leqslant x\leqslant b\\ 0, & \text{其他}\end{cases}$$

(2) $X_{(n)}$ 的密度函数

$$f_{(n)}(x)=nf(x)F^{n-1}(x)=\begin{cases}n\left(\dfrac{1}{b-a}\right)^n(x-a)^{n-1}, & a\leqslant x\leqslant b\\ 0, & \text{其他}\end{cases}$$

13. (1) $P(X_{(1)}<10) \approx 0.5785$; (2) $P(X_{(5)}<15) \approx 0.7078$
14. 0.05
15. (1) 0.8413; (2) 0.90; (3) $C=3.3676$

习 题 3

1. 矩估计值与极大似然估计值均为 0.5833.

2. $\hat{a}_1 = \dfrac{1-2\overline{X}}{\overline{X}-1}$, $\hat{a}_2 = -\left(1 + \dfrac{n}{\sum\limits_{i=1}^{n} \ln X_i}\right)$, $\hat{a}_1 \approx 0.3079$, $\hat{a}_2 \approx 0.2112$

3. $\hat{\lambda} = 0.05$

4. 该星期中生产的灯泡能使用 1300h 以上的概率为 0.

5. 平均每升水中大肠杆菌个数为 1 时,出现上数情况的概率最大.

6. (1) $\hat{A} = \overline{X} + u_{0.95}$; (2) $\hat{A} = \overline{X} + S u_{0.95}$

7. $\hat{a}_2$ 的方差最小.

8. $C = \dfrac{1}{n}$

9. $c_1 = \dfrac{1}{3}$, $c_2 = \dfrac{2}{3}$

10. 有效估计量 $\hat{g}(\theta) = -\dfrac{1}{n}\sum\limits_{i=1}^{n} \ln X_i$, C-R 下界 $\dfrac{1}{n\theta^2}$.

11. (1) θ 的极大似然估计量为 $\hat{\theta} = \dfrac{1}{n}\sum\limits_{i=1}^{n} |X_i|$;

(2) 提示:只需验证极大似然估计量的无偏性,说明极大似然估计也是有效估计;
并且 $D\hat{\theta} = \dfrac{\theta(1-\theta)}{n}$, $I(\theta) = \dfrac{1}{\theta(1-\theta)}$.

12. (1) [2.121, 2.129]; (2) [2.115, 2.135]
13. [7.4310, 21.0722]
14. [−0.0022, 0.0063]
15. [0.2217, 3.6008]

习 题 4

1. 总体均值有显著变化;总体方差有显著变化.
2. 不合格.
3. 可以认为总体标准差 $\sigma = 12$.
4. σ^2 明显变大.

5. 此项新工艺提高了产品的质量(检验 $H_0: p > p_0, H_1: p \leq p_0$)
6. 无显著差异.
7. 甲的抗拉强度比乙的高.
8. (1) 这个医生的看法正确；(2) 0.671
9. $\chi^2 = 24.9 > \chi^2_{0.95}(9) = 16.92$，说明这些数字不服从均匀分布.
10. 认为次品数服从二项分布 $B(10, 0.1)$.
11. B 的画面显著比 A 的要好.
12. 显著不同.
13. 认为相同.
14. 认为两样本来自同一总体.
15. 不能认为"聋哑人与性别无关".
16. 药的疗效与年龄有关.

习 题 5

1. $\hat{y} = 24.6286 + 0.0589x$
2. $\hat{y} = -1809.97 + 0.054x, R = 0.9855, X$ 与 Y 显著的线性相关
3. $\hat{y} = 0.3145 - 0.0472t$
4. (1) $\hat{y} = 3.0332 - 2.0698x, \hat{\sigma}^2 = 0.0020$
(2) 显著
(3) $(\hat{y} - \delta(x), \hat{y} + \delta(x)), \delta(x) = 0.0949 \sqrt{1.0588 + \frac{(x - 0.7029)^2}{0.7094}}$
(4) $(0.696, 0.9015)$
6. (1) $\hat{y} = 106.3013 + 1.1947\sqrt{x}, R = 0.8861$
(2) $\hat{y} = 106.3147 + 1.7140\ln x, R = 0.9367$
(3) $\hat{y} = 111.4875 - 9.8334/x, R = 0.9870$
7. $\hat{\beta}_1 = \frac{1}{6}(Y_1 + 2Y_2 + Y_3), \hat{\beta}_2 = \frac{1}{6}(-Y_2 + 2Y_3)$
8. (1) $\hat{\beta}_0 = \frac{1}{3}(y_1 + y_2 + y_3), \hat{\beta}_1 = \frac{1}{2}(-y_1 + y_3), \hat{\beta}_2 = \frac{1}{6}(y_1 - 2y_2 + y_3)$
9. $\hat{y} = -15.9384 + 0.5223x_1 + 0.4738x_2$
10. $\hat{y} = 111.6918 + 0.0143x_1 - 7.1882x_2$
11. (1) $\hat{y} = 8.3595 + 34.8267x - 3.7623x^2$
(2) $R = 0.9937, F = 476.5153 > F_{0.99}(2, 7) = 9.55$，说明建立的回归效果较好.
12. (1) $\hat{y} = 162.8759 - 1.2103x_1 - 0.6659x_2 - 8.613x_3$

(2) $R=0.8201$,$F=13.0145>F_{0.95}(3,19)=3.13$,说明建立的线性回归效果较好;

(3) 最佳回归方程: $\hat{y}=121.8318-1.527x_1$, $R=0.7737$, $F=31.3149>F_{0.95}(1,21)=4.33$.

习 题 6

1. 单因素方差分析表如下:

方差来源	平方和	自由度	均方	F值
因素A	58 300	3	19 430	0.8064
误差	385 600	16	24 100	
总和	443 900	19		

因为$F<F_{0.95}(3,16)=3.24$,所以接受H_0,即认为检验不同日期生产的钢锭平均重量无显著差异.

2.

方差分析

差异源	平方和	自由度	均方	F值	P值	临界值
组间	64.294	3	21.4313	1.6582	0.2158	3.2389
组内	206.788	16	12.9243			
总计	271.082	19				

因为$F=1.6582<F_{0.95}(3,16)=3.24$,所以接受$H_0$,即认为这四种不同的储藏方法对粮食的含水率无显著影响.

3.

方差来源	平方和	自由度	均方	F值
试验温度	62.53	3	20.84	23.15
含铜量	60.66	2	30.33	33.68
误差	5.403	6	0.9005	
总和	128.6	11		

$F_{0.95}(3,6)=4.76$,$F_{0.95}(2,6)=5.14$,经检验知,试验温度、含铜量都会对冲击值产生显著影响.

4.

方差分析

差异源	平方和	自由度	均方	F 值	P 值	临界值
行	1243.8	3	414.6	10.559	0.0011	3.4903
列	778.8	4	194.7	4.9584	0.0136	3.2592
误差	471.2	12	39.2667			
总计	2493.8	19				

$F_{0.95}(3,6)=10.599$, $F_{0.95}(2,6)=3.4903$, 经检验知, 配料方案及硫化时间对产品的抗断强度有显著影响.

5.

来源	平方和	自由度	均方	F 值
操作工	27.17	2	13.58	7.887
机器	2.75	3	0.9167	0.5323
交互作用	73.5	6	12.25	7.113
误差	41.33	24	1.722	
总和	144.7	35		

$F_{0.95}(2,24)=3.40$, $F_{0.95}(3,24)=3.01$, $F_{0.95}(6,24)=2.51$, 经检验知, 操作工和交互作用对日产量有显著影响.

6.

方差分析

差异源	平方和	自由度	均方	F 值	P 值	临界值
样本	12.4583	3	4.1528	2.4309	0.1157	3.4903
列	14.3333	2	7.1667	4.1951	0.0415	3.8853
交互	43.6667	6	7.2778	4.2602	0.0157	2.9961
内部	20.5	12	1.7083			
总计	90.9583	23				

习 题 7

1. $L_{12}(2^{11})$: (1)字母"L"表示正交表;(2)数字"12"表示这张表共有 12 行,共安排了 12 次试验;(3)数字"11"表示这张表共有 11 列,说明这张表最多可安排 11 个因素;

(4)数字"2"表示在表的主体部分只出现 1,2 两个数字,它们分别代表因素的 2 个水平,说明各个因素都是 2 水平的.类似可以解释 $L_{16}(4^5)$.

$L_{16}(4^2×2^8)$ (1)字母"L"表示正交表;(2)数字"16"表示这张表共有 16 行,共安排了 16 次试验;(3)数字"2+8=10"表示这张表共有 10 列,说明这张表最多可安排 10 个因素,其中两列可安排 4 水平的因素,剩余 8 列可安排 2 水平的因素;(4)数字"4"表示安放 4 水平因素的列在表的主体部分只出现 1,2,3,4 四个数字,它们分别代表因素的 4 个水平,数字"2"表示安排 2 水平因素的列在表的主体部分只出现 1,2 两个数字,说明各个因素都是 2 水平的.类似可以解释 $L_{16}(8×2^8)$.

2. (1)选用正交表 $L_8(2^7)$,若表头设计为

因素	A	B	A×B	C	A×C	B×C	空列
列号	1	2	3	4	5	6	7

则第 3 号试验方案是:上升温度为 800℃,保温时间为 8h,出炉温度为 400℃.

(2)最佳试验方案:上升温度(A_2)820℃,保温时间(B_1)6h,出炉温度(C_1)400℃.

3. (1)选用正交表 $L_9(3^4)$,若表头设计为

因素	A	B	C	
列号	1	2	3	4

则第三号试验方案是:充磁量 110 010^{-4}T,定位角度 11(π/180)rad,定子线圈匝数 90 匝.

(2)因素对试验指标影响的顺序→最佳试验方案:充磁量 110 010^{-4}T,定位角度 11(π/180)rad,定子线圈匝数 70 匝.

4. (1)选用正交表 $L_{18}(2×3^7)$,若表头设计为

因素	E		A	B		C	D	
列号	1	2	3	4	5	6	7	8

第 6 号试验方案为:大喉管直径 36mm,中喉管直径 20mm,环形小喉管直径 10mm,气量孔直径 1.2mm,高气压.

(2)因素对试验指标影响的顺序→最佳试验方案:大喉管直径 32mm,中喉管直径 22mm,环形小喉管直径 8mm,空气量孔直径 0.8mm,低气压.

习　题　8

1.

变量	因子载荷估计 $\hat{a}_{ij}=\sqrt{\lambda_i}\eta_{ij}$		变量共同度估计 $\hat{h}_i^2$	特殊因子方差 $\hat{\sigma}_i^2=1-\hat{h}_i^2$
	F_1	F_2		
1	0.8757	−0.1802	0.7994	0.2006
2	0.8312	−0.4048	0.8547	0.1453
3	0.7111	0.6951	0.988 78	0.011 22
方差贡献	1.9634	0.6795		

受公因子影响最大的变量是 X_3；最有影响的公因子是 F_1.

2. 因子旋转前的两个因子载荷表：

	因子	
	1	2
创汇/百万美元	0.841	0.451
利润/百万美元	0.880	0.320
均汇/百万美元	0.199	0.968
出口合同履约率/%	0.929	0.045

因子与原变量的相关系数表：

	因子	
	1	2
创汇/百万美元	0.297	0.149
利润/百万美元	0.373	−0.12
均汇/百万美元	−0.286	0.983
出口合同履约率/%	0.515	−0.335

3. 因子旋转后的因子载荷表：

	因子	
	1	2
工业增加值率/%	0.879	0.005
总资产负债率/%	0.630	0.700
资产负债率/(次/年)	−0.618	0.244
流动资产周转次数/%	−0.036	0.878
工业成本费用利润/%	0.878	0.306
全员劳动生产率/(元/(人·年))	0.369	0.666
产品销售率/%	−0.357	0.841

因子与原变量的相关系数表：

	因子	
	1	2
工业增加值率/%	0.351	−0.063
总资产负债率/%	0.200	0.236
资产负债率/(次/年)	−0.266	0.145
流动资产周转次数/%	−0.080	0.357
工业成本费用利润/%	0.328	0.058
全员劳动生产率/(元/(人·年))	0.098	0.242
产品销售率/%	−0.205	0.366

参 考 文 献

1. Anscombe F J, Turkey J W. The examition and analysis of residuals. Technometrics, 1963, 5: 141~160
2. Weisberg S. Applied Linear Regression. John Wiley & Sons, 1980
3. Box G E P, Cox D R. An analysis of transformations (with discussion). J. Roy. Statist Soc., B., 1964, 26: 211~246
4. Cook R D, Weisberg S. Characterizations of an empirical influence function for detection influntial cases in regression. Technometrics, 1980, 22: 495~508
5. Utts J M, Heckard R F. Mind on Statistics. 北京：机械工业出版社，2002
6. George Casella, Berger R L. Statistical Inferece. 北京：机械工业出版社，2002
7. Yang Hu, Yang Ting. Outlier Mining Based on Principal Components Estimation. Acta Mathematica Applicatae Sinica, 2005, 20(2): 303~310
8. 杨虎. 权回归与一般影响度量. 应用数学和力学，1992，13(9): 843~847
9. 杨虎，刘琼荪，钟波. 数理统计. 北京：高等教育出版社，2004
10. 陈希孺. 概率论与数理统计. 合肥：中国科学技术大学出版社，2002
11. 陈希孺等. 近代回归分析——原理、方法及应用. 合肥：安徽教育出版社，1987
12. 张尧庭等. 数据采掘入门及应用. 北京：中国统计出版社，2001
13. 中国科学院数学研究所统计组. 方差分析. 北京：科学出版社，1977
14. 茆诗松等. 回归分析及其试验设计. 上海：华东师范大学出版社，1981
15. 范金城等. 数据分析. 北京：科学出版社，2002
16. 何晓群. 现代统计分析方法与应用. 北京：中国人民大学出版社，1998
17. 陆璇. 数理统计基础. 北京：清华大学出版社，1998
18. 孙荣恒. 应用数理统计. 北京：科学出版社，2003
19. 孙荣恒等. 数理统计. 重庆：重庆大学出版社，2000
20. 吴翊等. 应用数理统计. 长沙：国防科技大学出版社，1995
21. 黄良文等. 统计学原理. 北京：中国统计出版社，2000
22. 潘承毅等. 数理统计的原理与方法. 上海：同济大学出版社，1993
23. 庄楚强等. 应用数理统计基础. 广州：华南理工大学出版社，2000
24. 吴贵生. 试验设计与数据处理. 北京：北京冶金工业出版社，1997
25. 栾军. 现代试验设计优化方法. 上海：上海交通大学出版社，1995
26. 汪仁官等译. 试验设计与分析. 北京：中国统计出版社，1998
27. 王学仁，王松桂 编译. 实用多元统计分析. 上海：上海科学技术出版社，1990
28. 马国庆. 管理统计. 北京：科学出版社，2003
29. 陈峰. 医用多元统计分析方法. 北京：中国统计出版社，2001